Dieses Buch wurde für Projektmenschen geschrieben – für Frauen und Männer, die Außergewöhnliches vorhaben. Es ist ein Werkzeugkasten und zugleich eine Vitaminspritze für jeden, der Projekte macht. Der Autor führt die Leserinnen und Leser zur „Projekt-Weltmeisterschaft", von der Qualifikationsrunde über das Trainingslager bis zum Endspiel. Sein Credo: Nur wenn ich immer wieder den Schuss aufs Tor wage, werde ich genügend Treffer erzielen, um das Spiel zu gewinnen. Und: Clever bleiben, Ideen entwickeln, das Überraschende suchen. Seine Aufforderung: Mehr Mut zur Veränderung, mehr Begeisterung und Durchhaltevermögen, Führung und Inspiration – in Wirtschaft und Politik, in den Medien, in Familie, Schule und Kirche.

Bernhard M. Scheurer ist Mathematiker mit Nebenfach Physik. Er hat das Handwerk der Computerprogrammierung erlernt und mehr als dreißig Jahre lang Projekte entworfen und geplant, durchgeführt und begleitet – als Mitarbeiter und Projektleiter, als Promotor und Coach. Seit einigen Jahren arbeitet er als Dozent und Lehrer für Projektmanagement, Mathematik und Philosophie. 2002 erschien sein erstes Buch „Intelligentes Projektmanagement – Planen Wagen Gewinnen", in welchem er den Begriff der Projektintelligenz, die vier Projektarchetypen sowie die DAFFODIL-Methode einführte. Diese Konzepte werden im vorliegenden Buch durch weitere Begriffe und Modelle ergänzt und zu einer umfassenden Darstellung des Projektgeschehens zusammengefügt.

www.projektintelligenz.de ist die Internetplattform, auf der Sie laufend aktuelle Zusatzinformationen zu den von Bernhard Scheurer entwickelten Modellen und Fachbegriffen finden.

Bernhard M. Scheurer

Projektherz

Das Handwerk der Inspiration

Daedalus

Für meinen Vater, der mir gezeigt hat,
dass es geht. Und wie es geht.

© 2010 Daedalus Verlag Joachim Herbst, Münster
Alle Rechte vorbehalten
Umschlaggestaltung: Hedwig Scheurer
Layout: Rudolf Gier-Seibert
Printed in Germany
ISBN 978-3-89126-256-6
www.daedalusbuch.de

Inhalt

TURNIER-VORRUNDE
Das traditionelle Projektmanagement

ENDSPIEL
Projektbudgets und Projektrisiken

OBEN BLEIBEN
Qualitätssicherung und Controlling im Projekt

Der große Weg an sich
ist ruhig und weit – weder
leicht noch schwer.
Kleinliches Denken führt
zu Zweifel und Zaudern.
Je mehr man eilt, desto
mehr bleibt man zurück.

Seng-Ts'an

1 Vernunft, Wahn, Sinn

Ist dies schon Tollheit, hat es doch Methode.
William Shakespeare

Einer meiner Freunde, ich nenne ihn Alex, wollte als junger Bursche unbedingt Schauspieler werden. Er hatte sich die Sache in den Kopf gesetzt, als er zum ersten Mal in seinem Leben auf einer Bühne stand. Sein Deutschlehrer hatte ihm eine Nebenrolle in der Schüleraufführung eines Dürrenmatt-Stücks angeboten, und Alex nutzte seine Chance. Mit seiner Ausstrahlung und Begeisterung spielte er in wenigen Minuten sämtliche Hauptdarsteller an die Wand, er bekam bei jedem seiner kurzen Auftritte stürmischen Szenenapplaus.

Bei Alex' Vater kam keinerlei Begeisterung auf, als sein Sohn ihm kurz vor dem Abitur eröffnete: Theater und Film – da will ich hin! Mit sorgfältig gesammelten Statistiken über arbeitslose Schauspieler und sonstige gescheiterte Künstler gelang es dem alten Herrn, Alex „zur Vernunft" zu bringen. Die Schauspielerei, so sah es Alex plötzlich mit den Augen seines Vaters, war ein schöner Traum gewesen, aber als Broterwerb machte sie wenig Sinn. Alex begann ein Studium an der Universität, heute ist er leitender Angestellter mit Sekretärin und Dienstwagen.

Als der Schuljunge Boris Becker beschloss, Berufstennisspieler zu werden, hielt Vater Becker dies nicht für einen Spleen oder für Größenwahn. Er hatte seinen Sprössling schon bei etlichen Trainingsstunden und vor allem im Match beobachtet. Er kannte die Motorik, das Ballgefühl, das gute Auge des Jungen. Und sein Kämpferherz. Er fand deshalb, dass die Pläne seines Sohnes Sinn machten. Er sagte zu ihm: Okay, Junge, hau' rein! Ich helfe dir.

Beides, der Entschluss des Juniors und die väterliche Reaktion, waren zu dieser Zeit im deutschen Tennis durchaus ungewöhnlich. Das Ergebnis des Boris-Projekts ebenfalls: Becker gewann mit siebzehn Jahren das Finale in Wimbledon – nicht nur als erster deutscher, sondern auch als jüngster Spieler aller Zeiten. Wahnsinn.

Es ist verrückt, wir sehen den überwältigenden Erfolg eines Menschen und übersehen allzu leicht den langen, systematischen Weg zu diesem Triumph – den Durchhaltewillen und den Fleiß, die Methodik, die Unterstützung durch Eltern, Freunde und Mentoren. Der Erfolg wird zum märchenhaften Glücksfall heruntergeredet.

Wir sind verrückt, nicht der Teenager namens Boris Becker. Wir erkennen nicht die Erfolgspotenziale in uns selbst oder in unseren Kindern, weil wir auf einem Auge blind sind. Wir sehen die Dinge zu sehr mit dem Verstand und haben zu wenig Herz. Und als Einäugige richten wir es uns bequem ein; wir meiden die Sehenden, und ab und zu fühlen wir uns wie ein König – wenn genügend Blinde um uns herum sind.

Bei jeder tollen Idee, die uns über den Weg läuft, stellen wir zuallererst die Frage: Macht das überhaupt Sinn? Oder ist es nicht etwas übertrieben, überspannt, absurd? Unter „normalen" Menschen wird sie gern gestellt: die Sinnfrage. Wir tun ein Leben lang Dinge, die unsere Eltern, unser Chef oder unsere Nachbarn für sinnvoll halten; wir führen ein Leben im Sinne der anderen, und wenn es „gut" läuft, führen wir irgendwann eine Abteilung, eine Firma oder eine Behörde. Auf der Strecke bleibt fast immer die Begeisterung, die Inspiration – wegen guter Führung vorzeitig entlassen.

Schade. Beides zusammen, Führung und Inspiration – das wärs gewesen. Denn eines Tages, wenn wir zu alt geworden sind, um noch irgendein „Ding zu drehen", werden wir uns fragen: Soll das alles gewesen sein? Was für einen Sinn hat ein solches Leben gehabt?

Wenn Sie das Leben lieben und noch nicht allzu gebrechlich sind: Geben Sie sich einen Ruck, rücken Sie ein Stück näher heran zu Franz von Assisi[1] und Hildegard von Bingen, zu Pablo Picasso und Peter Ustinov – sie alle waren ziemlich verrückt aus der Sicht ihrer normalen Zeitgenossen. Finden Sie über den Unfug zur Methode, und geben Sie Ihrem Wahn Sinn!

Übrigens: Das Wort „Wahn" geht zurück auf das althochdeutsche „wan" und ist verwandt mit „Wonne", „Wunsch" und „gewinnen".

QUALIFIKATIONSRUNDE

Projekt – Intelligenz – Projektintelligenz

2 Anstoß

Die größte Gefahr unter allen Gefahren ist es, sein eigenes Selbst zu verlieren. Dies kann sehr leise und unauffällig geschehen wie kaum ein anderer Verlust. Jeder andere – ein Arm, ein Bein, ein Geldbetrag ... – wird ganz sicher bemerkt werden.

Søren Kierkegaard

Dies ist nicht ein weiteres Buch über Projektmanagement. Im Laufe der Jahre sind zahlreiche Bücher zu diesem Thema erschienen, darunter einige sehr gute. Weshalb also eine weitere Perle auf die lange Schnur ziehen? Genug der Perlen, hier ist die Schnur.

Die Welt der Projekte ist mein Thema. Und diese Welt hat wenig mit Perlenketten zu tun – sie ist nicht linear, sondern außerordentlich, vielfältig und spannend. Sie spannt ein gewaltiges Netz auf, welches weit über die ingenieurmäßige Projektplanung und -steuerung hinausgeht. Die erfolgreichsten Projekte wurden mehr durch die darin arbeitenden Menschen geprägt als durch irgendwelche Techniken.

Von solchen Menschen wird in diesem Buch die Rede sein, von Frauen und Männern aus den verschiedensten Fachbereichen, Ländern und Kulturen. Manche dieser „Projektmenschen" haben vor einigen tausend Jahren gelebt, andere sind unsere Zeitgenossen. Jeder von ihnen hat einen Knoten in dem erwähnten großen Netz geknüpft. Und was alle miteinander verbindet, das ist der Stoff, aus dem die Träume sind, die wir verwirklichen: Projekte.

Noch einmal: Es gibt sehr viele Bücher zum Thema Projektmanagement, zum Thema Projekt im Grunde kein einziges. Es geht immerzu um Planung, Organisation, Überwachung – nicht nur Abläufe und Produkte, auch Projektleiter und Teams sind zu optimieren. Außer Tom DeMarco hat sich kaum jemand mit dem „Faktor Mensch" im Projekt ernsthaft auseinandergesetzt, erst recht nicht mit der Frage: Warum machen Menschen Projekte, was treibt sie an?

Auf einer ganz eigenen Schiene, unter der Überschrift „Selbstmanagement-Lebenshilfe-Ratgeber", wird ebenfalls laufend und massenhaft gedruckt: Wie werde ich Millionär in fünf Minuten? Friss dich schlank! Lauf dich frei! Die Geheimnisse des Erfolgs! Der sanfte Weg zum Glück ... etc. etc.

Über die Wechselwirkung zwischen diesen beiden Herausforderungen – Projektarbeit und Selbstverwirklichung – habe ich bisher nichts Nennenswertes gelesen. Also habe ich angefangen zu schreiben.

Ich finde, es wird höchste Zeit, dass wir das Projektmanagement vom Kopf wieder auf die Füße stellen. Dass wir nicht noch weitere fünf Jahrzehnte in unseren Workshops fast ausschließlich über Balkenpläne und Statusberichte reden. Das alles ist mir zu viel Management, zu wenig Projekt.

Inspiration ist Führung

Was halten Sie von dem folgenden Satz, der Variation eines alten Sokrates-Themas:

Ein Leben ohne Inspiration ist es nicht wert gelebt zu werden.

Nicht schlecht, werden Sie vielleicht sagen. Aber damit gebe ich mich nicht zufrieden. Ich werde den Verdacht nicht los, dass Sie hier falsch sind. „Nein, nein", höre ich Sie entgegnen, „ich habe das schon verstanden, dies ist kein Lehrbuch über Projektmanagement, es geht um Inspiration. Mich interessiert das Thema, ich lasse mich gern inspirieren. In meinem Bücherregal stehen schon einige Breviere dieser Art: Die kreative Bewerbung. Der spirituelle Lehrer. Charismatische Führung. Der kleine Buddha für Abteilungsleiter und Oberstudienräte. Hypothalamus für Manager. Oder Hippokrates, oder so ähnlich."

Wenn Sie meine ehrliche Meinung dazu hören wollen: Pipifax. Ich mache Ihnen ein Angebot. Lassen Sie mich kurz umreißen, auf welchem Dampfer Sie sich hier befinden; danach entscheiden Sie selbst, ob es für Sie der falsche ist.

Fangen wir einmal so an: Was ist ein spiritueller Krieger? Jemand, der meditiert, bevor er in den Kampf zieht? Genau das nicht. Der Kampf *ist* die Meditation. Und umgekehrt. Es ist eins.

Wenn Sie also am Abend nur ein wenig Inspiration für den morgen wieder startenden Kampf am Arbeitsplatz suchen, warum gehen Sie nicht ins Kino oder in die Oper?

Mir geht es um etwas ganz anderes: Inspiration als Quintessenz von Führung; ein Projekt, eine Idee als Triebfeder und Richtschnur meines Handelns. Indem ich für mein Projekt kämpfe, richten sich meine Aktionen wie in einem Kraftfeld aus, in Richtung auf das neue Ziel. Ich bin kein Getriebener mehr, ich führe mein eigenes Leben. Und ich führe meine Firma, meine Abteilung, meine Schulklasse. Inspiration ist Führung. Und jetzt Ihre Entscheidung: Ist das für Sie der falsche Dampfer?

Projekte gut, alles gut

Gut, Sie bleiben an Bord. Ich komme zum Punkt. Zum Projekt. Und lassen Sie uns versuchen, ohne Tunnelblick an das Thema heranzugehen. Kein vernünftiger Mensch wird erwarten, den Kölner Dom komplett aufs Bild zu kriegen, wenn er mit der Kamera dicht davor steht. Genauso jedoch verhalten sich die meisten Leute, wenn es um Projekte geht. Es fehlt die Distanz und damit die umfassende Sicht. Der Grund: Routine hat sich breit gemacht – tödlich für jedes Projekt.

Schön und gut, werden Sie jetzt sagen, das war die Diagnose. Aber was ist die Therapie? Wie kann ich es besser machen, was hilft mir im harten, manchmal zermürbenden Projektalltag? Konstruktivisten wie Heinz von Foerster oder Paul Watzlawick würden Ihnen antworten: Du musst das Projektmanagement neu erfinden!

Vielleicht ist Ihnen dieser eine Satz als Antwort zu wenig. Oder so unverständlich wie der ganze Konstruktivismus. Aber, wenn Sie schon an Bord geblieben sind, lesen Sie einfach noch ein wenig weiter. Sie werden sehen, dies ist ein praktisches Buch, keine Abhandlung über Erkenntnistheorie.

Allerdings: Durchgehend leichte Kost kann ich Ihnen in meinem Bordrestaurant nicht bieten. Theorie steht zwar selten auf der Speisekarte, dafür Erkenntnis umso häufiger. Das Projektgeschäft ist, verglichen mit dem normalen Tagesgeschäft, ziemlich knifflig und vielschichtig; keine Wissenschaft, aber ein Handwerk, das es über viele Jahre zu erlernen gilt. Wenn Ihnen das gelingt, wenn Sie es schaffen, wirklich gute Projekte zu machen, dann läuft es einfach besser – das Berufliche, das Private, alles.

Von Bochum nach Hawaii

In der wirtschaftswissenschaftlichen Fachliteratur und auf den entsprechenden Internetplattformen wird fast durchgängig der Eindruck vermittelt, Projektmanagement sei ein Teilgebiet des Managements. Das klingt durchaus schlüssig, aber es ist genau umgekehrt. *Überzeugung*.

Eine gute Projektleiterin ist mehr als nur Managerin. Selbstverständlich muss sie Menschen führen, alle Einsatzmittel planen und steuern, ebenso Kosten, Qualität und Termine, aber das reicht nicht. Anders gesagt: In jedem Unternehmen gibt es Sprinter – die Leute vom Vertrieb; daneben die Mittelstreckenläufer – die Controller der Firma; unter den Abteilungsleitern findet man vorzugsweise Radfahrer, und Geschäftsführung ist Crosslauf oder Querfeldeinrennen. Und Projektleitung? Ironman.

Die Projektplanung und -steuerung ist also mehr als nur ein weiterer Werkzeugkasten zur Steigerung der Produktivität von Maschinen und Menschen. Und sie ist kein Selbstzweck.

Am Anfang jeglichen Projektmanagements steht das Projekt. Und am Anfang jedes Projekts steht eine Idee, die schöpferische Leistung eines Menschen. Die Verwirklichung dieser Idee ist der alleinige Sinn und Zweck des Projektmanagements.

Damit Sie mich nicht falsch verstehen: Die zentrale Bedeutung der traditionellen Techniken, der Strukturpläne und Balkendiagramme für das Gelingen eines Projekts steht für mich völlig außer Frage. Wer meint, dies alles sei nur lästiger Formalismus, ist absolut auf dem Holzweg. Wenn ich beim Ironman Hawaii unter extremen Bedingungen bestehen will, muss ich zunächst intensiv das Laufen, Schwimmen und Radfahren mit allen Tricks und Feinheiten trainieren – in Bochum, Kiew oder Birmingham. Erst danach kommt Hawaii.

Das traditionelle Projektmanagement wird uns also durchaus noch beschäftigen. Zunächst aber will ich gemeinsam mit Ihnen einmal den Dingen auf den Grund gehen. Was überhaupt ist ein Projekt? Was ist Intelligenz? Und wie hängt beides miteinander zusammen? Wie schlau muss jemand sein, um in einem Projekt zum Erfolg zu kommen? Was zählt am Ende mehr: herkömmliche oder emotionale Intelligenz – IQ oder EQ?

Ein anstößiges Buch ...

... bringt Ihnen, dachte ich mir, etwas mehr als ein glatt polierter Text. Dieses Buch soll ein Anstoß für Sie sein. Ich will Ihnen konkrete Hinweise, nicht unbedingt fertige Antworten, zu verschiedenen Fragen geben: Was sind die Gründe für Erfolg und Misserfolg im Leben? Wie schaffe ich es, meine Ziele so zu planen, dass „alles passt" – vor allem mit der Zeit und mit dem Geld? Lässt sich Qualität planen? Wie setze ich ein Projekt optimal auf die Schiene? Wie wird aus einer Arbeitsgruppe ein Projektteam? Wie kontrolliere ich den Fortschritt eines Projekts? Wie umgehe ich Fallgruben, und wie erkenne ich sie früh genug? Wie werde ich souveräner und ausgeglichener – im Beruf und in meinem Privatleben? Und vor allem: Wie werde und bleibe ich authentisch?

Moment mal, höre ich Sie jetzt entgegnen, wieso wird so oft der einzelne Mensch und so selten das Team hervorgehoben? Nun, zum einen wird es einen kompletten Block mit vier Kapiteln („Halbfinale") über Projektteams geben. Zum anderen ist guter Teamgeist keineswegs ausreichend für den

Projekterfolg. Manchmal ist er nicht einmal notwendig – nehmen Sie „One Man Shows" wie etwa Einsteins Relativitätstheorie oder die Entwicklung des Linux-Betriebssystemkerns durch Torvalds. In beiden Fällen war das Ergebnis brillant – aus einem Guss. Und eine Initialzündung für viele Folgeprojekte!

Ob im Team oder in Einzelregie: Projekte werden immer dann am besten gelingen, wenn jeder der Projektbeteiligten sich selbst gut motivieren und organisieren kann. Und umgekehrt wird jeder Mensch mehr Selbstbestätigung und Zufriedenheit finden, wenn er lernt, konsequent in Projekten zu denken und zu handeln – Ideen zu erzeugen, zu prüfen und dann in die Tat umzusetzen. Ein wenig überspitzt gesagt:

Projektmanagement und Selbstmanagement sind ein und dasselbe.

Vor einigen Jahren, bei einem meiner Projektmanagementkurse, sprach mich einer der Seminarteilnehmer in der Kaffeepause an. Der ältere Herr strahlte Gediegenheit aus, mit einem Schuss Selbstgefälligkeit. „Für mich", meinte er, „ist das Thema Projekte im Grunde nicht wirklich interessant. Ich muss staunen, wie engagiert Sie als Referent mit dieser eigentlich doch trockenen Materie umgehen. Aber, mal ganz unter uns: Wenn ich Karriere machen will, werde ich den Teufel tun und die Leitung irgendeines Projekts übernehmen. Das Risiko steht einfach in keinem Verhältnis zu den Chancen."

Mein erster Gedanke damals: Armleuchter. Was will der in meinem Kurs? Heute sage ich, der Mann hatte Recht – innerhalb seines Bezugssystems. In der Begrüßungsrunde hatte er sich vorgestellt als Hauptabteilungsleiter eines deutschen Stahlkonzerns. Das Seminar war für ihn eine Art Ausflug, er wollte sich nur darüber informieren, ob der Kurs für seine Mitarbeiter nützlich wäre.

Für viele Menschen gibt es Erfolg nur in der Karriere, und das heißt für sie: Aufstieg auf einer möglichst hohen Leiter in einer möglichst großen Organisation. Um einen „Traumjob" mit viel Geld, Macht und ein wenig Glamour zu ergattern, haben sie ihre Jugendträume in aller Stille begraben. Glück und Gier, das reimt sich schwier[2].

Und es wird, speziell in Deutschland, seit Jahrzehnten viel zu viel verwaltet, bürokratisiert, abgewartet, taktiert und lamentiert. Ein großer Teil der Mannschaft hat nur ein Ziel: eine ruhige Kugel schieben, gern auch auf Kosten anderer. Dabei sind diese Drückeberger und Nassauer im Grunde auf die gleiche simple Logik programmiert wie die Karrieristen: Vorsicht bei jeglicher *Innovation*; in der Deckung bleiben, wenn es um die *Erkundung von Neuland* geht; abwarten, bis klar ist, woher der Wind der Geschäftsleitung weht; auf einen Zug erst dann aufspringen, wenn man sicher sein kann, dass er in die richtige Richtung fährt – beim Karrieretrip sind zu frühe Buchungen gefährlich.

Wer so programmiert ist, wird sich nicht als Lokführer verschleißen oder gar *Weichen stellen*, neue Gleise bauen, neuartige Transport- oder Antriebssysteme *entwerfen* – so etwas kann schnell ins Auge gehen, womöglich wird man *verantwortlich* gemacht; nein, der Zug ist nur Transport-Mittel zum Zweck, und als Trittbrettfahrer kann man im Falle eines Falles immer noch auf einen anderen Zug aufspringen.

Den großen Wurf wagen

Sie haben es vielleicht längst bemerkt, die in den letzten Absätzen hervorgehobenen Wörter sind die Schlüsselbegriffe eines Projekts. Also das, was ein Karrierist im herkömmlichen – oder genauer: nostalgischen – Sinne scheut wie der Teufel das Weihwasser: Innovation, Verantwortung, neue Entwürfe. Etwas „nach vorn werfen", lateinisch „projicere", diese Beschreibung eines *statisch –* dynamischen Vorgangs ist die Wurzel. Das „projectum" ist das Resultat des Vorgangs, das nach vorn Geworfene – das, was zählt.

Falls Sie nach einem vorbildlichen Menschen suchen, an dessen Leben und Handeln Sie all dies festmachen können, empfehle ich den römischen Konsul Appius Claudius Caecus, wobei „Caecus" übrigens „der Blinde" bedeutet. Er ließ vor etwa 2300 Jahren nicht nur den „Appischen Aquädukt" bauen, also die erste in geschlossenen Röhren vermauerte Wasserleitung Roms; ihm verdanken wir auch die „Via Appia", den ersten Highway dieses Planeten, und damit die ersten Meilensteine – Markierungen nach jeweils einer römischen Meile. Nicht zuletzt ersann er den Wahlspruch für alle Projektmenschen: „Jeder ist seines Glückes Schmied."

& Trotzdem Dr.! Das Projektgeschäft ist also nichts für schwache Nerven, nicht die richtige Baustelle für Zauderer, Sicherheits- und Hierarchie-Fuzzis. Ein Projekt ist keine Amtsstube und kein Uni-Hörsaal, sondern eine Werkstatt. Hier zählen keine Titel und Statussymbole, sondern Qualität und Termintreue, Ideenreichtum und handwerkliches Können. Den Oberministerialrat also bitte vor Betreten der Werkstatt im Umkleideraum abgeben, ebenso den Key Account Manager.

Interessanterweise trägt man gerade in großen Unternehmen diesem Gedanken mehr und mehr Rechnung. Bei Siemens beispielsweise schuf man durch das Programm PROMISE völlig neue Standards für die Projektarbeit. Als Grundlage diente hierbei der Projektmanagement-Kanon der Deutschen Gesellschaft für Projektmanagement (GPM), welcher wiederum vom PMBOK (Project Management Body of Knowledge) des Project Management Institute (PMI) abgeleitet wurde.

In PROMISE hat man erstmals für den Siemens-Konzern konkrete Ausbildungsgänge und Qualifikationsstufen definiert, vom Junior-Projektleiter bis zum Senior-Projektmanager. Der Pfiff des Konzepts: Die Tätigkeit eines Projektleiters soll nicht bloß „Durchgangsstation in der üblichen Führungslaufbahn" sein, sondern eine eigenständige Aufgabe. Wer also ein guter Projektleiter ist, soll das auch bleiben dürfen, bei angemessener Honorierung und mit Chancen auf größere Verantwortung.

[handwritten: Erfolg = #1 sein]

*[handwritten: * Erfolg ist meines Erachtens ... ... Anerkennung, gewinnen ... Geld ... Freude an Taten]*

Sportsgeist

*[handwritten: * good question ...]*

Was heißt für Sie Erfolg? Wer legt die Höhe der Latte fest, die Sie überspringen wollen, und für wen springen Sie? Für Ihren Chef? Für Ihre Eltern, Ihren Lebenspartner, Ihre Kinder? Oder springen Sie aus eigenem Antrieb, aus Freude am Springen? Nehmen Sie das Leben eher von der sportlichen Seite?

Vielleicht waren Sie in Ihrer Schulzeit, genau wie ich, kein begnadeter Hochspringer und kamen selten über die Sport-Note „befriedigend" hinaus. Möglicherweise haben Sie Übergewicht. Keine Sorge, dies hier ist keine Veranstaltung für Modellathleten und Siegertypen.

Was wir hier machen, ist eine Projekt-Weltmeisterschaft. Im Augenblick befinden wir uns im ersten Spiel der Qualifikationsrunde, kurz vor dem Schlusspfiff. Das Ziel ist natürlich, den Cup zu gewinnen. Und wie jeder Coach einer guten Turniermannschaft will ich Ihren Kampfgeist wecken. Diderot sagte hierzu: „Es genügt nicht, mehr zu wissen als unsere Feinde – wir müssen ihnen zeigen, dass wir besser sind." *[handwritten: Bekanntheit + Spitzenleistung = #1]*

Doch bevor Sie kämpfen – überlegen Sie gut, wofür. Kämpfen Sie nicht gegen Ihre innersten Wünsche und Überzeugungen, auch nicht – das ist meine Diderot-Interpretation – ständig gegen irgendwelche Feinde. Kämpfen Sie für Ihre Ideen und Ziele, für Ihr Projekt! Und wenn Sie noch keins haben, finden Sie es!

3 Die schweinische Mehrheit: Wie zerstöre ich ein Projekt?

Wir liegen alle in der Gosse; manche von uns
jedoch schauen dabei zu den Sternen empor.
Oscar Wilde

Stellen Sie sich vor, Sie sind Anwalt. Ihre Mandanten sind Opfer von arglistiger Täuschung, Betrug und unterlassener Hilfeleistung; in anderen Fällen geht es um Missbrauch oder Diebstahl bis hin zu fahrlässiger Tötung und Mord.

Die Täter sind „ganz normale" Männer und Frauen. Sie sind oft Wiederholungstäter, und in den meisten Fällen fehlt jegliches Unrechtsbewusstsein. Nein, es geht nicht um Versicherungsbetrug oder Steuerhinterziehung, aber es ist eine ähnliche Situation: Es gibt zu viele Täter, da fällt es schwer, sich schuldig zu fühlen. Die Schweinerei wird zum Regelfall, allenfalls zum Kavaliersdelikt. In einem solchen Umfeld kämpfen Sie als Anwalt gegen eine schweigende Mehrheit, oder sagen wir ruhig: schweinische Mehrheit.

Es sind keine Gerichtsfälle, um die es hier geht. Es gibt keine Richter, Staatsanwälte oder Angeklagten; aber wir haben Täter, sensationsgierige oder auch gleichgültige Zuschauer und vor allem ungezählte Opfer: Projekte.

Projektbiographien: klägliches Scheitern, grandioser Erfolg

Tag für Tag werden Projekte vernachlässigt, verstolpert und verschludert, verbogen und zerredet. Sie werden missbraucht und ausgebeutet. Es wird abgekupfert, boykottiert und sabotiert. Einige von ihnen werden kurzerhand abgemurkst, andere sterben einen langsamen Tod, viele sind nie mit Leben erfüllt worden.

Der Rest dieses Kapitels, ja ein ganzes Buch ließe sich füllen mit akribischen Berichten und Analysen gigantischer Projekt-Flops. Falls Sie zufällig Software-Entwickler sind und konkrete Tipps suchen in Richtung „Möglichkeiten, ein Projekt zu zerstören", sollten Sie einmal im Internet zum Begriff „Anti-Pattern" recherchieren.

Aber, wie Sie wissen, lautet der Titel dieses Buchs nicht „Projektgurke – Die Kunst der Kapitulation". Ich möchte deshalb Ihren Blick auf die Projekte richten, die Jahr für Jahr zum Erfolg geführt werden – verblüffende und grandiose Unternehmungen wie etwa Neil Armstrongs und Edwin Aldrins Landung auf dem Mond mit der Landefähre „Eagle" im Jahr 1969; von „Apollo 11" und von weiteren „Adlern" werde ich noch berichten. Oder nehmen Sie die Fußballweltmeisterschaft 2006 in Deutschland, bei welcher der Funke der Begeisterung von den deutschen Trainern Klinsmann und Löw auf ihre Spieler und dann auf Millionen Zuschauer übersprang, sodass am Ende das gesamte gastgebende Volk in Erstaunen geriet – über sich selbst! Über die eigene Fähigkeit, Disziplin und Nationalstolz mit Gastfreundschaft zu verbinden. Gemeinsam mit Menschen aus den verschiedensten Ländern wurde ausgelassen und fröhlich ein einzigartiges Fest des Sports gefeiert.

Ganz nebenbei: Joachim Löw stand ja während dieses großartigen Turniers noch im Schatten von Chefcoach Jürgen Klinsmann, welcher damals auf Grund seiner Ausstrahlung und auch wegen seiner überragenden Leistungen als ehemaliger Nationalspieler eine Ikone des deutschen Fußballs war. Nachdem jedoch Klinsmann nach Abschluss des WM-Projekts 2006 sein Amt an Löw übergeben hatte, trat dieser nicht nur aus dem Schatten seines Vorgängers heraus, sondern wurde innerhalb weniger Jahre zu einem der erfolgreichsten Fußballnationaltrainer in Deutschland.

Schon jetzt sei verraten: Gerade der zunächst unterschätzte Jogi Löw verkörpert mit seinem Auftreten, seiner Vorgehensweise und sinnigerweise sogar mit seinem Namen auf besondere Weise eine Eigenschaft, die uns noch ein wenig beschäftigen wird. Sobald Sie das neunte Kapitel mit der dort vorgestellten musikalischen Raubkatze gelesen haben, werden Sie meiner Einschätzung sicher zustimmen.

Management by Projects – vom Radfahrer zum Ironman

Angenommen, Sie sind Abteilungs- oder Bereichsleiter. Dann werden Sie möglicherweise einwenden: Mich betrifft das alles nicht, mit Projekten habe ich selbst nicht so viel am Hut, die gebe ich in Auftrag. Vergessen Sie Ihren Hut, ziehen Sie eine wetterfeste Kappe über und krempeln Sie die Ärmel hoch. Hören Sie auf, nur über Projekte zu reden oder sich über Projekte berichten zu lassen. Kreieren Sie neue Projekte und übernehmen Sie Verantwortung – als Projektleiter oder als Promotor.

Sie sind kein Manager? Na, dann erst recht. Machen Sie mehr Projekte, auch in Ihrer Familie oder im Sportverein, bleiben Sie nicht im Abseits oder auf der Reservebank. Und noch etwas: Schweinische Mehrheiten sind nicht naturgegeben. Es sind Betonklötze, nicht die Rocky Mountains. Jammern Sie also nicht, dass Ihr Vorhaben zu wenig Unterstützung bekommt. Warum sollte alle Welt gerade auf Sie und Ihr Projekt gewartet haben? Schaffen Sie neue Mehrheiten, suchen Sie Verbündete! *Gleichgesinnte, Partner*

Gefallen Sie sich nicht zu lange in der Opferrolle, und lassen Sie Ihr Projekt nicht zum Opfer werden. Sehr schnell kann Ihnen nämlich das passieren, was auch in Justiz und Politik nicht ungewöhnlich ist: Das Opfer wird kurzerhand auf die Anklagebank verfrachtet.

Faire Verhandlung

Jeder, der auch nur wenige Jahre in Projekten gearbeitet hat, wird dieses Spiel in der einen oder anderen Variante erlebt haben: Ein Projekt wird mit vielen frommen Wünschen aus der Taufe gehoben, von Anfang an jedoch nicht ausreichend gefördert, und plötzlich kommen die ersten Klagen: Warum werden die Termine nicht gehalten? Wo bleiben die Erfolge? Die Projektleitung ist in der Defensive, sie muss sich rechtfertigen. Vermutlich kennen auch Sie die sarkastische Variante der

Phasen eines Projekts:

- ▶ Begeisterung
- ▶ Ernüchterung
- ▶ Verwirrung
- ▶ Suche nach dem Schuldigen
- ▶ Bestrafung der Unschuldigen
- ▶ Auszeichnung der Nichtbeteiligten

Das alles passt auch zum Eigenregie-Fall. Sie erinnern sich an Alex, den verhinderten Schauspieler aus dem Anfangskapitel? Vielleicht sind Sie in einer ähnlichen Situation – Sie beginnen gerade ein Studium, Sie wollen einen neuen Beruf erlernen oder den Schritt in Richtung berufliche Selbständigkeit wagen. Lassen Sie sich nicht irritieren oder entmutigen, schon gar nicht von denen, die selbst nie durch besonderen Mut aufgefallen sind.

22 J. selbstst. Ferust. Trainerin. PL! Genau!
2× Pferd. 1× Hund, Autorin.

Von der Grundlinie nach vorn, ans Netz

Falls also Ihr Projekt in die Schusslinie geraten ist: Verlassen Sie für eine Weile das Getümmel, suchen Sie sich einen Raum, wo Sie ungestört sind. Prüfen Sie alle Fakten, alle Lösungsmöglichkeiten. Prüfen Sie auch sich selbst. Haben Sie für dieses Projekt engagiert und geschickt genug geworben? Wie viel wiegen die Argumente derer, die von Anfang an gegen das Vorhaben waren, vor allem: gegen jede Veränderung? *Bewerbung.*

Natürlich kommt es vor, dass solch gravierende Fehler im Projekt gemacht wurden, dass ein harter Schnitt notwendig ist. Im Klartext: Nicht weiter verschlimmbessern, sondern einen neuen Anfang machen – mit neuem Konzept und mit neuen Köpfen.

Der weitaus häufigere Fall ist auch der kniffligste. Das Projekt hat zwar einige Teilerfolge gebracht, aber es ist in eine Grauzone gegenläufiger Interessen geraten. Auch Sie selbst haben bereits Zweifel. Nun müssen Sie entscheiden, ob Sie weiter für Ihr Projekt kämpfen oder ob Sie dem von außen kommenden Druck nachgeben werden. In diesem Fall sollten Sie im Sinne der alten römischen Regel „In dubio pro reo" entscheiden:

Im Zweifel fürs Projekt!

4 Lernfreude, IQ und EQ

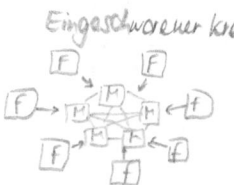

Eingeschworener Kreis

*Gewisse Menschen werden nie etwas lernen, weil sie alles zu schnell
begreifen. Weisheit ist kein Bahnhof, an dem man ankommt,
sondern eine Art zu reisen. Reist man zu schnell, übersieht man
die Landschaft. Genau zu wissen, wohin man will, kann der beste Weg
sein, sich zu verirren. Nicht alle, die bummeln, verlaufen sich.*

Anthony de Mello

Mann   Frau

kein entgegengebrachter Respekt.   will sich behaupten
Abstempeln.   kreis lässt
Hausfrau   nicht zu.   Idioten.

In den Chefetagen bilden die Männer nach wie vor die überwältigende Mehrheit, und die meisten von ihnen finden das auch völlig in Ordnung. Denn
sie halten sich für die – im Vergleich zur weiblichen Konkurrenz – besseren
Manager. Und die Frauen? Sie *sind* sehr oft die besseren Manager, und einige
von ihnen wissen es schon.

auf einander zugehen → Respekt!

Der endlose Geschlechterkrieg, der Evergreen mit den beliebten Stan-
dardrollen „Macho im reiferen Alter" und „kampferprobte Feministin" – ist
das noch spannend oder wertschöpfend? In einer beschleunigt komplexer
werdenden Welt sehe ich die einzige Chance für unsere Zukunft im Lernen,
im Voneinander-Lernen zwischen Frauen, Männern und Kindern – ebenso
zwischen den verschiedenen Kulturen und Religionsgemeinschaften.

In den vergangenen Jahrzehnten ist viel über Chancengleichheit und Wettbewerb und dabei stets über „Lernfähigkeit" gesprochen worden. Ich finde
diesen Begriff einigermaßen fragwürdig, er bringt mir das Lernen zu sehr in
die Nähe von Eignung und Verwendbarkeit eines Menschen.

Was in dem Wort nicht zum Ausdruck kommt, ist der Grund für das rasche
und völlig unbeschwerte Lernen eines Kleinkinds: die Freude am Entdecken,
der Neu-Lustgewinn. Im Wörterbuch finden wir neben „lernfähig" noch die
Begriffe „lernbegierig" und „lernbehindert". Nach „lernfreudig" oder „Lernfreude" sucht man vergebens.

Einsteins Charme und Hofstadters Liste

Habe ich das Richtige gewählt?

„Ich sehe einfach nicht ein, etwas zu lernen, was mir keine Freude bereitet."
Als Albert Einstein dies sagte, war er kein Kind mehr – oder eben doch: in seinem Herzen, in seiner Einstellung zum Leben und zur Natur. Offensichtlich

war er als junger Mensch weitgehend immun gegenüber den Versuchen von besorgten Lehrern oder anderen „vernünftigen Erwachsenen", ihm die Flausen aus dem Kopf zu treiben und ihn dazu zu bringen, sich gewissenhaft auf den Ernst des Lebens vorzubereiten.

Dieser Mann war nicht nur hochbegabt, er war auch hochbeseelt. Damit meine ich nicht, dass er ein Tugendbold war, sondern dass er außer einem extrem hohen Intelligenzquotienten auch Charme und Esprit hatte. Er brachte stets neue Projekte auf den Weg: am Schreibtisch, im Labor, im Hörsaal. Er hat an den Erfolg seiner Projekte wirklich geglaubt – an sich selbst, an seine Mission. Und er hat hart und diszipliniert gearbeitet.

Außergewöhnliche Menschen wie er werden, das ist meine Erfahrung, allzu schnell in die Schublade „Genie" geschoben; sie werden auf ihre Genialität reduziert. Dies ist zweifellos eine krasse Fehleinschätzung, oder präziser: Unterschätzung. Herausragende Erfolge eines Menschen lassen sich niemals allein auf einen hohen Intelligenzquotienten zurückführen, das hat Daniel Goleman 1995 in seinem Buch „Emotionale Intelligenz"[3] auf eindrucksvolle und systematische Weise dargelegt.

Bevor wir uns aber dem Thema EQ zuwenden, sollten wir uns zunächst einmal die Frage stellen: Was überhaupt ist menschliche Intelligenz? Woran lässt sie sich festmachen, wenn wir einmal ganz bewusst die herkömmlichen IQ-Tests beiseite lassen? In seinem legendären und in jeder Hinsicht gewichtigen Werk „Gödel, Escher, Bach" formuliert Douglas R. Hofstadter[4] bereits 1979 die

Acht Voraussetzungen für Intelligenz („Hofstadter-Liste")

(1) sehr flexibel auf die jeweilige Situation reagieren
(2) günstige Umstände ausnützen
(3) aus mehrdeutigen oder kontradiktorischen Botschaften klug werden
(4) die relative Wichtigkeit verschiedener Elemente
    in einer Situation erkennen
(5) trotz trennender Unterschiede Ähnlichkeiten
    zwischen Situationen finden
(6) trotz Ähnlichkeiten, die sie zu verbinden scheinen,
    zwischen Situationen unterscheiden können
(7) neue Begriffe herstellen, indem man alte Begriffe
    auf neuartige Weise zusammenfügt
(8) Ideen haben, die neuartig sind. → Kreativität?

Diese präzise Beschreibung von acht Merkmalen finde ich in mehrfacher Hinsicht beachtlich. Zum einen geht es in den Punkten (1) bis (6) stets um Situationen, Umstände oder Botschaften, also um Beziehungen zwischen den Menschen. Der Physiker Hofstadter plädiert somit schon Ende der siebziger Jahre für ein umfassendes Verständnis von Intelligenz, er hat sich längst gelöst von der einseitigen IQ-Definition – etliche Jahre, bevor dies Goleman und andere Psychologen tun.

Zum anderen hebt Hofstadter unter (7) und (8) die Kreativität hervor, und um sie geht es mir, wenn ich Sie dazu ermuntere, mehr von Kindern zu lernen. Ein Säugling oder ein Kleinkind ist im Gegensatz zu uns Erwachsenen noch nicht verbogen durch Normen und Klischees. Kinder schämen sich nicht ihrer „verrückten" Ideen und bizarren Assoziationen, sie sind unverschämt originell und unkonventionell. Diese Art zu denken, die für uns alle einmal ganz natürlich und selbstverständlich war, ist uns im Laufe der Jahre abhanden gekommen. Als Erwachsene müssen wir sie wieder mühsam trainieren – in aufwändigen Seminaren und Workshops oder völlig kostenlos beim Spielen und Herumalbern mit Kindern.

[handschriftliche Randnotiz: Dagegen sträube ich mich. Nicht mit mir!]

Auflockerungstraining mit Charlie

Ist es nicht faszinierend? Seit R. E. Olds (nicht Henry Ford!) im Jahre 1902 die ersten Fließbänder in seinen Automobilwerken einführte, sind kaum mehr als hundert Jahre vergangen, und schon entdecken einige Psychologen und Managementexperten, dass Wertschöpfung auch etwas mit schöpferischem Geist zu tun haben könnte; dass Phantasie unter Umständen einen Wert hat.

Charlie Chaplin hat nicht ganz so lange gebraucht, seine „Modernen Zeiten" hat er 1936 gedreht. Wenn wir uns heute diesen Film anschauen, erkennen wir mit Bestürzung, wie methodisch schon damals der organisierte Schwachsinn in Fabrikhallen und Büros war und dass diese Methoden sich in der Zeit danach nur geringfügig gewandelt und verfeinert haben. Und wir sind auf der Seite von Charlie – dem zierlichen, subversiv-lebensklugen Tramp, der den groben Unfug um ihn herum durchschaut und das Kindliche und Unverkrampfte bei uns allen wieder hervorzaubert.

Zweifellos gibt man der Kreativität bei der Personalauswahl auch heute noch zu wenig Gewicht. Als Intelligenzfaktor sollten wir sie aber auch nicht überschätzen, ihren praktischen Wert wird die Phantasie immer erst in der Kombination mit anderen Eigenschaften erhalten.

Wenn ich im Beruf und im privaten Umfeld zum Erfolg kommen will, reicht es nicht, möglichst viele originelle Ideen zu haben. Die Fähigkeit zum

Abwägen, Einordnen und Bewerten muss hinzukommen. Hofstadter hat dies bei seiner Beschreibung von Intelligenz unter Punkt 4 festgehalten.

Ich möchte die Hofstadter-Liste nicht verlassen, ohne Ihren Blick noch einmal auf den vorletzten Punkt zu richten: „neue Begriffe herstellen, indem man alte Begriffe auf neuartige Weise zusammenfügt".

Das ist mein Favorit! Wir kommen hier einem Merkmal sehr nahe, welches man schlagwortartig mit „Projektintelligenz" umreißen könnte. In den nächsten Kapiteln werde ich auf diesen Gedanken zurückkommen und ihn präzisieren.

Wenn andere klüger sind als wir ...

... das macht uns selten nur Pläsier; doch die Gewissheit, dass sie dümmer, erfreut fast immer – soweit Wilhelm Busch zum Thema IQ. Und nun zu unseren Freunden und Helfern, den Psychologen; jedoch nicht zu den eher konventionellen „Seelenklempnern", sondern zu denen, die uns weiterhelfen durch Projekte. Nennen wir sie Projekt-Psychologen.

Howard Gardner beispielsweise, so berichtet Goleman in seinem bereits erwähnten Buch, ist der „Visionär, der hinter dem ‚Project Spectrum' steht" – einem Lehrplan zur Förderung verschiedener Arten von Intelligenz schon im Vorschulalter. Sein Fazit: „Wir unterwerfen jeden einer Erziehung, bei der man sich, wenn man erfolgreich ist, am besten zum Professor eignet. [...] Wir sollten ihnen (den Kindern) stattdessen helfen, ihre natürlichen Kompetenzen und Gaben zu erkennen und diese zu pflegen. Es gibt Hunderte und Aberhunderte von Wegen zum Erfolg ...".

Vereinfacht gesagt haben sich eine Reihe von Psychologen, allen voran Daniel Goleman, irgendwann die schlichte Frage gestellt: Was nützt ein hoher IQ, wenn man ein emotionaler Trottel ist?

Und sie alle kommen nach verschiedenen langjährigen Untersuchungen im Wesentlichen zu den folgenden Resultaten:

(a) Es gibt, entgegen der herkömmlichen IQ-Denkweise, nicht eine einzige, monolithische Art von Intelligenz. Intelligenz ist viel mehr multipel, das heißt: In jedem Menschen ist ein breites Spektrum von Fähigkeiten angelegt.

(b) Intelligenz ist nicht ein von Geburt an unwandelbarer Faktor, sondern ein dynamischer Prozess.

→ wissbegierig auf seinem Gebiet!

× Natürlichkeit → kein Zwang!

29

Punkt (b) ist tröstlich für alle Schüler und Lehrer, denn er besagt, dass man durch Lernen klüger werden kann. Vor allem dann, wenn man nicht lediglich Fakten paukt, sondern neue Denk- und Verhaltensweisen kennen lernt und ausprobiert. Goleman sagt dazu an einer Stelle: „Während vom IQ behauptet wird, dass sich durch Erfahrung oder Schulung nicht viel an ihm ändern lasse, werde ich [...] zeigen, dass Kinder die wichtigsten emotionalen Kompetenzen tatsächlich erlernen und Fortschritte in ihnen machen können – sofern wir uns die Mühe machen, sie darin zu unterweisen."

Ich füge hinzu: Zum einen gilt dies ohne Zweifel auch für erwachsene Menschen, zum anderen sind neben den emotionalen auch die kognitiven Fähigkeiten wesentlich stärker veränderbar als dies noch vor Jahren angenommen wurde. Die neurologische Forschung hat inzwischen zu völlig neuen Erkenntnissen geführt; einige davon sind erschreckend, andere ermutigend. So können wir unter anderem davon ausgehen, dass sich selbst im Alter noch neue Gehirnzellen bilden[5]. Entscheidend ist auch hierbei der Reiz des Neuen, hervorgerufen beispielsweise durch Lesen, Reisen oder das Lernen von Fremdsprachen.

Zur Beschreibung der in Punkt (a) angesprochenen Spielarten von Intelligenz gibt es eine Reihe von Ansätzen. Ausgehend von Gardner kommt Peter Salovey zum umfassenden Begriff der emotionalen Intelligenz, wobei er fünf grundlegende Fähigkeiten aufführt[6]:

Emotionale Intelligenz

(1) Die eigenen Emotionen kennen (Selbstwahrnehmung)

(2) Emotionen handhaben (Fähigkeit, sich selbst zu beruhigen und Angst, Schwermut oder Gereiztheit abzuschütteln)

(3) Emotionen in die Tat umsetzen, Emotionen in den Dienst eines Ziels stellen, emotionale Selbstbeherrschung

(4) Empathie (wissen, was andere fühlen)

(5) Umgang mit Beziehungen (Kunst, mit den Emotionen anderer umzugehen; soziale Kompetenz).

Damit sind wir definitiv bei Fähigkeiten, die Erwachsene kaum von Kindern lernen können, aber vielleicht ein großer Teil der Männer von ihren Frauen, Töchtern und Müttern. Das Problem ist, dass viele Männer (noch) nicht einsehen, warum es für sie hier etwas zu lernen und vor allem: zu gewinnen gibt. Und was halten Sie von den an dritter Stelle genannten Eigenschaften:

- ► Emotionen in die Tat umsetzen
- ► Emotionen in den Dienst eines Ziels stellen
- ► Emotionale Selbstbeherrschung

Hier wird mit Schwung und Durchhaltewillen auf ein Ziel zugesteuert, es wird etwas unternommen – es sind die Kernkompetenzen eines Projektmenschen. Damit die Sache nicht nur abstrakt bleibt, rufen wir uns noch einmal Appius Claudius Caecus ins Gedächtnis – den Menschen, der die Idee hatte, eine Brücke fürs Wasser statt nur übers Wasser zu bauen, und der dies auch in die Tat umsetzte; dem wir neben dem Appischen Aquädukt und der Via Appia auch den Appischen Satz verdanken: Jeder ist seines Glückes Schmied.

Ein kurzer Satz, fünf Wörter. Jeder von uns hat ihn mehr als hundertmal gehört. Haben Sie einmal über ihn nachgedacht? Fünf Sekunden lang oder sogar länger? Ist Ihnen dabei aufgefallen, was der alte Römer *nicht* gesagt hat? Er hat beispielsweise nicht vom Poeten des Glücks gesprochen, ebenso wenig vom Professor oder vom Advokaten des Glücks.

Falls Sie Gedichte schreiben oder Rechtsanwältin sind: Keine Sorge, ich will nicht mit Ihnen darüber streiten, wie bedeutend dieser oder jener Beruf ist. Die Frage lautet: Warum wählte der römische Konsul das Bild vom Schmied, um zu beschreiben, was ein gutes Leben ausmacht?

Vier Jungs in der Cafeteria – Espresso oder Café au lait?

Ort der Handlung: das Paradies. Wir befinden uns in einer hellen, gemütlichen Cafeteria. An einem der zahlreichen Tische sitzen vier Männer. Der Mann links auf der Bank ist – wie übrigens auch die anderen – um die dreißig Jahre alt. Seine Augen blicken ruhig und konzentriert auf die Cappuccinotasse, die er gerade auf die Untertasse zurücksetzt. Appius Claudius weiß das einwandfreie Sehen zu schätzen, er war völlig blind in seinen späteren Lebensjahren.

Ihm gegenüber sitzt René Descartes[7]. Er hat seinen Café au lait noch nicht angerührt. Er redet sich mehr und mehr in Rage. „Was heißt hier Schmied, Claude? Warum sollte ausgerechnet ein Schmied mir das Glück erklären, während er so vor sich hin hämmert? Etwa kraft seines Bizeps'? Ich glaube an die Kraft des Geistes."

„Ich auch", sagt Picasso, rechts neben ihm. „Aber das ist mir zu wenig." Der Franzose ist äußerst ungehalten: „Wieso, was fehlt dir denn? Schau in die Bibel, Pablo – am Anfang war das Wort."

„Stimmt, aber gleich danach hat der liebe Gott sechs Tage lang richtig malocht, sonst säßen wir jetzt nicht hier in seiner Sommerresidenz. Und erst nach der Maloche hat er sich selbst auf die Schulter geklopft und gesagt: Gar nicht schlecht, was ich da fabriziert habe." Pause. „Mal 'ne Frage, René: Wann hast du das letzte Mal so vor dich hingehämmert?" Der Angesprochene schaut verdutzt seinen Herausforderer an, der Milchkaffee bekommt weitere Zeit zum Abkühlen. „Was meinst du damit?"

„Ich meine es ernst, Monsieur Descartes." Der durchdringende Blick des Spaniers verrät seine Angriffslust. „Haben Euer Durchlaucht jemals einen Schmiedehammer in der Hand gehabt? Oder ein Schweißgerät? So wie ich?" „Na, ich dachte, du kennst dich hauptsächlich mit dem Pinsel aus." Descartes grinst breit, Picasso grinst zurück: „Du denkst zu viel. Du weißt 'ne Menge, aber du schweißt zu selten."

„Nun mal langsam", schaltet sich Appius Claudius wieder ein. „Ich denke ..." – „... also bist du", unterbricht ihn Erich Kästner, der Vierte im Bunde, der bisher geschwiegen hat. Schallendes Gelächter. Descartes ist plötzlich so entspannt, dass er zum ersten Mal seine geräumige Tasse in die Hand nimmt und sich den Milchkaffee schmecken lässt. Dann verkündet er in aller Seelenruhe: „Ich bleibe dabei: Allein indem ich denke, existiere ich. Auch das Glück spielt sich letztlich nur im Kopf ab. Schon im 21. Jahrhundert war jeder mittelmäßige Hirnforscher dazu in der Lage, das zu belegen."

Der Mann aus Rom meldet sich erneut zu Wort: „Was ich sagen wollte, bevor du mir ins Wort gefallen bist, Erich: Ich denke, ihr beiden – René und Pablo – seid gar nicht so weit auseinander. Ich will es mal so ausdrücken: Dein Amboss, Pablo, ist die Leinwand – wenn du nicht gerade beim Schmieden oder Schweißen bist. Dein Eisen sind die Farben. Unser Freund Erich arbeitet mit Wörtern, die er mit einer Schreibmaschine aufs Papier bringt. Seine Skulpturen sind Gedichte, Zeitungsartikel und Bücher."

Er fährt fort: „Und dich, René, frage ich: Ist das Denken dir stets genug? Bringst du nie etwas zu Papier und damit unter die Leute? Ich könnte dich auch fragen, ob du den Kaffee immer schwarz trinkst. Nimmst du niemals Milch oder Zucker? Warum trinkst du Café au lait, wenn du eher der Espressotyp bist?"

Das hat gesessen. Der Schnelldenker nimmt sich ein wenig Zeit, bevor er antwortet. „Schon gut, Claude. Ich weiß, worauf du hinaus willst. Pablo hat ja schon vorhin vom Fabrizieren gesprochen, als er den lieben Gott ins Spiel brachte." „Hey, Moment", kontert Picasso mit gespielter Entrüstung, „wer hat denn hier die Bibelstunde eröffnet?"

Descartes geht nicht weiter auf den Scherz ein. „Wir hätten uns von Anfang an in Lateinisch unterhalten sollen. Dann hätten wir über den ‚faber', nicht über den ‚Schmied' geredet, und wir wären uns schnell einig geworden. Es geht nicht speziell ums Schmieden oder um körperliche Kraft, sondern ums Fabrizieren, ums Handwerk. Es geht um Geschicklichkeit und Kunstfertigkeit – egal, ob ich ein Möbelstück, eine Skulptur oder einen mathematischen Beweis anfertige. Aber, es bleibt dabei: Im Kopf geht's los."

„Und zwar", ergänzt Picasso mit erhobenem Zeigefinger, „im Kopf des unvergleichlichen Herrn von und zu Cartesius." Die Runde brüllt jetzt vor Vergnügen. Der Lauteste ist Erich Kästner, der Mann aus Berlin: „Selten so jelacht, Freunde. Und, René, damit du nicht wieder das letzte Wort hast: Es gibt nichts Gutes, außer man tut es."

5 Die Idee des Projekts – Mut zur Veränderung

Wie kommt es, dass der Begriff „Projekt" so oft missverständlich oder auch bewusst irreführend verwendet wird? Im Grunde geht es doch um eine handfeste und relativ einfach zu beschreibende Sache, nicht um Wahrheit oder Gerechtigkeit, den Ödipuskomplex oder die Heisenbergsche Unschärferelation.

Ständig und überall ist von Projekten die Rede, aber in vielen Fällen ist es blanker Etikettenschwindel. Allenfalls Wörter wie „Bildung" oder „Team" sehe ich als ernstzunehmende Konkurrenten beim Wettbewerb „Sprache manipulieren – aber richtig".

Allzu verwunderlich ist die Sache nicht, denn das Wort „Projekt" hat einen guten Klang, es wird verknüpft mit positiven Charaktereigenschaften wie Pioniergeist, Mut, Zielstrebigkeit – das kommt gut an, die Menschen mögen so etwas. Andererseits, wenn's ernst wird, wenn es heißt, du bist dabei, am Montag geht's los, und in spätestens fünf Monaten müssen wir fertig sein, kriegen einige von uns plötzlich kalte Füße.

Ich behaupte: Das hat nicht nur mit Bequemlichkeit oder Verzagtheit zu tun. Die wahre Ursache für diese Abkühlung nach anfänglicher Begeisterung liegt in den tieferen Schichten unseres Bewusstseins – es geht um unsere Angst vor Veränderung, ja mehr noch: Angst vor Abschied und Trennung, Angst vor einem definitiven Ende. Wir wollen die Vergänglichkeit, vor allem unsere eigene Sterblichkeit nicht wahrhaben.

Wir alle lassen gern das Definitive beiseite und denken bei dem Wort „Projekt" lieber an Dinge wie:

► Wunsch, Idee, Vision
► Ziel, Plan, Entwurf.

Aber ein Projekt ist mehr als eine Projektion. Auch Dinge wie

► Modell, Prototyp, Meilenstein, Deadline
► Team, Task Force, Problemlösung

treffen nicht den Kern der Sache. Zwar begegnen wir all diesen Elementen in jedem gut geführten Projekt. Aber es sind eben nur Teile, es ist zu klein gedacht.

Projekte haben mit Menschen zu tun und sind somit komplexer als irgendeine Maschine. Wer sie nur durch die Brille des Technokraten betrachtet, bringt sie in die Gefahr zu scheitern.

Der Teil und das Ganze

Für die Hinwendung zu einer umfassenden statt einer rein wirtschaftlich-technischen Betrachtungsweise plädierte schon vor über zwanzig Jahren der Atomphysiker Capra. In seinem Buch „Wendezeit im Christentum"[8] schlägt er im Dialog mit dem Theologen Steindl-Rast eine Brücke von der Naturwissenschaft zur Ethik und zur Philosophie. Gleich im ersten Kapitel werden Kriterien für das „neue Denken" aufgelistet:

► Wechsel vom Teil zum Ganzen
► Wechsel von der Struktur zum Prozess
► Wechsel von der Hierarchie zum Netzwerk
► Wechsel von dem Glauben an Gewissheit
   zu annähernden Beschreibungen.

Das sind keineswegs nur philosophisch-formale Beschreibungen, dies ist eine vierfache Aufforderung zur Tat, zu einer radikalen Änderung unseres Denkens und Handelns.

Jetzt, zu Beginn eines neuen Jahrtausends, stellen wir fest: In weiten Teilen von Wirtschaft und Politik herrscht nach wie vor das „alte Denken" – Selbstzufriedenheit und Behäbigkeit, Zynismus gegenüber der bedrohlichen Entwicklung von Umwelt und Erdbevölkerung, gegenüber der wachsenden Kluft zwischen Arm und Reich; erstarrte Strukturen und Engstirnigkeit nicht nur bei Fundamentalisten und totalitären Machthabern, sondern ebenso in den Chefetagen der Industrie- und Bankkonzerne, der politischen Parteien, Kirchen und Gewerkschaften. Und das trotz der immer schrilleren Alarmsignale in der Natur, auf den Weltmärkten und Kriegsschauplätzen.

Nur wenige sehen sich selbst in der unmittelbaren Verantwortung, als Teil des Netzwerks „Erde". Bei uns Menschen gibt es zunehmend Anmaßung, Verweigerung und Verdrängung. Aber ein Entrinnen gibt es nicht.

Als nicht ganz so engstirnig habe ich in den vergangenen Jahrzehnten das Denken im Umfeld der Informationstechnologie erlebt. Hier verloren schon vor Jahrzehnten feste Strukturen und Hierarchien mehr und mehr an Bedeutung – an ihre Stelle trat das permanente Denken in Prozessen, das Entwerfen und Benutzen von Netzwerken.

Ich gehe noch einen Schritt weiter: Die „alten" Naturforscher und Philosophen, etwa Heraklit oder später dann Newton und Bacon, waren in ihren Überlegungen keineswegs so beschränkt, wie es heute bisweilen dargestellt wird – sie alle haben sich nicht nur mit Strukturen und einzelnen Teilen eines Systems beschäftigt, sondern darüber hinaus mit Wechselwirkungen und dynamischen Vorgängen.

Das Neue ist ja nicht immer das Bessere. Oft bezeichnen wir auch Dinge als neu, die lediglich jüngeren Datums sind. Es bleibt abzuwarten, inwieweit sich in naher Zukunft ein tatsächlich neues Denken entwickeln wird. Meine Überzeugung jedoch ist:

Was wir für dieses neue Jahrtausend dringend brauchen, ist die Renaissance eines alten Paradigmas: Projekte als Fort-Schritte auf dem Weg der Zivilisation.

Selbstverständlich wird durch Projekte nicht automatisch alles besser in einer Firma oder in einem Staat. Triebfeder vieler großer Unternehmungen waren schon in der Antike Macht- und Geldgier, Ruhmsucht bis hin zum Größenwahn, und heute ist es kaum anders. Wie wäre es, wenn wir zur Abwechslung einmal völlig neue Projekt-Wege gehen würden, um Palästinenser und Juden, Mohammedaner und Christen zu versöhnen? Oder um der drohenden Klimakatastrophe wirksam zu begegnen?

Von Gänsen und Adlern

Ein Projekt ist, sofern es nicht um zweifelhafte oder gar verbrecherische Ziele geht, stets etwas sehr Wertvolles. Und es ist ein Abenteuer, einmalig und vergänglich, mit besonderen Risiken und begrenzten Mitteln. Sinn und Zweck des gesamten Unternehmens ist das pünktliche Erreichen eines eindeutig definierten Zieles. Im Augenblick der Zielerreichung findet das Projekt sein natürliches, im Voraus festgelegtes Ende. Gerade dies kann im Einzelfall schmerzlich sein. So zögern beispielsweise viele Schüler und Studenten ihren Schul- bzw. Hochschulabschluss hinaus, weil sie spüren: Bei aller Freude über den erzielten Erfolg heißt es dann auch Abschied nehmen von der Jugend, von einem Maximum an Freiheit und einem Minimum an Verantwortung.

Ein weiteres Beispiel sind Väter und Mütter, die ihren heranwachsenden Kindern die Trennung vom Elternhaus unnötig schwer machen; sie schaffen es nicht, das Projekt „Familie" zu einem guten Ende zu bringen. Das Elternhaus wird zum „Hotel Mama" – stets geöffnet.

Was also ist definitiv *kein* Projekt und wird auch nie eins werden?

- ▶ Eine ständige Baustelle, eine unendliche Geschichte
- ▶ Ein Fass ohne Boden
- ▶ Eine Hierarchie, eine feste Struktur oder ein Teil davon
- ▶ Eine Routineaufgabe
- ▶ Ein Hobby, ein Spielbein, ein Machen-wir-mal-so-nebenbei
- ▶ Eine Aktion in der „Projektwoche" einer Schule
- ▶ Eine Arbeitsbeschaffungsmaßnahme
- ▶ Eine Altersversorgung, ein warmes Plätzchen
- ▶ Ein Auffangbecken für Leute, die anderswo auch kein Mensch braucht.

All das sind bestenfalls Gänsefüßchen-Projekte. Denken Sie einfach an einen ausgewachsenen Adler – etwa den im Cartoon „Kick-off", der aus der Entfernung einen recht majestätischen Eindruck macht; weil aber der seltsam starre Adlerblick Sie ein wenig misstrauisch gemacht hat, gehen Sie näher heran und sehen: alles Maskerade! Unter dem Saum des naturgetreuen Adlerkostüms gucken die Füße einer dummen Gans hervor.

Kick-off

Und nun lassen wir alle aufgetakelten Gänse und lahmen Enten beiseite. Wir schauen uns ein paar echte Adler an:

- ► Bau der Via Appia
- ► Das Christoph-Kolumbus-Projekt
- ► Erlernen eines neuen Berufs nach Arbeitslosigkeit oder Krankheit
- ► Gründung einer eigenen Firma
- ► Gründung der Vereinigten Staaten von Europa
- ► Erwerb eines Bachelor-Grades, eines Doktor- oder Meistertitels
- ► Auslandsaufenthalt einer Schülergruppe
- ► Ein Musical komponieren
- ► Lernen, Klarinette zu spielen; Projektziel: „Petite fleur" fehlerfrei.

Sie sehen, es gibt große und kleine Adler, Steinadler und Seeadler. Ein Adler kann bei extrem schlechten Bedingungen abstürzen, er kann abgeschossen werden oder sein natürliches Ende finden. Aber ein Adler ist ein Adler, keine Ente oder Gans. Die Kriterien sind: Spannweite, Flughöhe, außergewöhnlich schnelles Entscheiden und Zugreifen. Das Adlerauge steht für Weitblick, Präzision, Klarheit.

Neues Denken

Die Idee des Projekts wirklich zu begreifen, heißt mehr als ein guter Manager zu sein. Ebenso wenig reichen Phantasie und künstlerische Begabung. Wenn wir in der „Adler-Liga" mitspielen wollen, sollten wir nicht nur aufgeschlossen sein gegenüber Neuerungen und Veränderungen, wir müssen bereit sein, uns selbst zu verändern – stetig, Tag für Tag.

Ab und zu an etwas Neues denken, das ist gut. Weitaus besser und natürlich schwieriger ist *neues Denken* – die Dinge aus einer anderen Perspektive betrachten, auf eine neue Weise. Nur so können wir bisher unsichtbare Zusammenhänge erkennen, unseren Blick weiten für die *Idee des Projekts.*

Um aus einem Wunsch oder einer Absicht ein Projekt zu machen, müssen wir uns aus den Niederungen des grauen Alltags erheben und uns begeistern für neue Ideen und Ziele. Um aber unser Projekt zum Erfolg zu führen, müssen wir auch zupacken können, wir brauchen einen Sinn für das Machbare und Nützliche. Es geht – ganz einfach – um die Quadratur des Kreises, um das Verknüpfen zweier gegensätzlicher Elemente: Spirit und Pragma.

6 Spirit und Pragma – ein seltsames Paar

Es ist kein großer Vorteil, einen lebhaften Geist zu besitzen,
der nicht auch urteilsscharf ist. Der Vorteil einer Uhr besteht
nicht darin, schnell, sondern richtig zu gehen.
Vauvenargues

Woran denken Sie bei dem Wort „spirituell"? Möglicherweise springen Ihre Gedanken dabei unwillkürlich hinüber zu Spiritismus und übersinnlichen Wahrnehmungen. Kahlköpfige, asketische Yogis und Fakire drängen in Ihr Bewusstsein, sie steigen empor aus den Kellerräumen Ihrer Erinnerungen und beginnen, auf Nagelbrettern zu meditieren. Vielleicht taucht noch ein Einsiedler auf, eine alte Zigeunerin, die Ihnen aus der Hand lesen will, oder andere merkwürdige Gestalten.

Mag sein, ich habe ein wenig übertrieben. Aber woran haben Sie wirklich gedacht? An Klarheit? Schlichtheit? An innere Ruhe, Gelassenheit und Achtsamkeit? Wer war auf Ihrer inneren Bühne? Ein Töpfer, der in entspannter Konzentration mit seinen Händen eine Schale formt? Ein kleines Mädchen, das aus Knetmasse ein Pferd „erschafft" und dann liebevoll mit Farben bemalt? Ein Ingenieur, eine Krankenschwester, eine Journalistin bei der Arbeit? Sie selbst?

Lassen wir die Spiritualität einmal beiseite und nehmen stattdessen den etwas kompakteren „Spirit". In den gängigen deutschen Wörterbüchern heißt es, dieser Begriff stehe bisweilen für den Geist eines Verstorbenen. Meist wird er jedoch in ähnlicher Bedeutung verwendet wie im Englischen: Mut, Temperament, Begeisterung eines lebendigen Menschen. Wenn es also in einem Zeitungsartikel von einem Manchester-United-Fußballer heißt: „Er war der einzige in seinem Team, der mit Spirit gegen die Mannschaft von Bayern München spielte", so können wir annehmen, dass gerade dieser Spieler sich an dem betreffenden Tag bester Gesundheit erfreute und seinen Geist noch nicht aufgegeben hatte.

Um hinsichtlich der Wortbedeutung sicher zu sein, sollten wir zurück zu den Wurzeln gehen, in diesem Fall zur lateinischen Sprache:

spiritus

- Luft, Hauch, Atem
- Lebenshauch, Seele, Geist
- Begeisterung, Schwung, Mut, Gesinnung.

Rollenspiele

Vielleicht kommen wir mit „Spirit" besser und schneller zu dem Punkt, auf den ich hinaus will – auf etwas ganz Einfaches, aber mittlerweile äußerst Seltenes: dass ein erwachsener Mensch mit Inspiration und Freude sein Handwerk betreibt, als Schreiner oder Tierärztin, als Lehrer, Fußballspieler oder Regisseur, als Designerin, Saxophonistin oder Projektmanagerin.

Ich finde, es spielt schon eine Rolle, wie jemand seine Rolle spielt. Wie sehen Sie sich selbst? Spulen Sie lustlos Ihren Text herunter? Spielen Sie auf Zeit? Haben Sie vielleicht schon Ihren Job aufs Spiel gesetzt? Und verloren?

Oder sind Sie süchtig nach Applaus und spielen sich die Seele aus dem Leib? Kann es sein, dass Sie sich auf elegante, geschmeidige Weise ausbeuten und verschaukeln lassen? Wie hoch ist der Preis für Ihre Seele? Ich empfehle: halten, nicht verkaufen. Der Kurs wird steigen.

Wenn Sie so weit gekommen sind, sind Sie „bei sich selbst angekommen". Sie sind nicht nur ein kleiner Aktionär, der hier und da ein paar Anteile hat. Sie sind Akteur, mit 100 Prozent Beteiligung. Das ist nicht im platten Sinne gemeint, ich will niemanden dazu drängen, ein festes Angestelltenverhältnis aufzugeben und in die berufliche Selbständigkeit einzusteigen. Genau das wird in vielen Fällen eine Fehlbesetzung sein. Zudem sollten wir bei alldem nicht vergessen: Alles hat seine Zeit. Was für den Schuljungen Boris richtig ist, wird zum vierzigjährigen Herrn Becker nicht passen.

Wenn Sie nun im weiteren Sinne des Wortes zum Unternehmer geworden sind, werden Sie weiterhin auch reagieren müssen, Sie werden fragen, zuhören, lernen – aber vor allem tun Sie eins: handeln.

Sieh das doch mal pragmatisch!

„Achtung, Autofahrer ..." – das ist in der Regel der Beginn einer Radiowarnung vor einem Falschfahrer. Ich habe leider noch nie eine Durchsage bezüglich Falschpragmatikern gehört. Aber zum Glück warnen diese ganz besonderen Zeitgenossen fast immer vor sich selbst. Sie müssen nur die Ohren spitzen, wenn demnächst wieder jemand sagt: „Wir werden an diese Sache ganz pragmatisch herangehen ...".

Da sagt einer, er wolle auf unbürokratische Weise, durch Umgehung lästiger Vorschriften helfen – und er will nur eins: die Gesetze umgehen und seinem eigenen Geldbeutel helfen.

Ein anderer gibt vor, sich im Interesse großer Ziele nicht mit läppischem Kleinkram abgeben zu wollen, er lehne jede Art von Perfektionismus ab – und er hat nur ein einziges, für ihn selbst hochinteressantes Ziel: sich durch Hinnahme von Schlamperei und letztlich auf Kosten anderer einen schönen Lenz zu machen.

Oder nehmen Sie den netten, feigen Zyniker von nebenan. Wenn er einem „armen Trottel" begegnet, der sich für die Rechte von Minderheiten einsetzt, der zum Kampf gegen Diskriminierung und Unterdrückung aufruft, hat er für ihn nur ein mitleidiges Lächeln: „Mensch, sieh das doch mal pragmatisch ...".

Als Faustregel gilt: Wer zuviel von Pragmatismus redet, hat sich selbst entlarvt, denn „pragma" steht für Handeln.

pragma (πραγμα)

- Handeln, Tat, Ereignis, Wirklichkeit
- Handlungsweise, Verfahren
- Unternehmen, Vorhaben.

Merkwürdigerweise wurde das kurze, schlichte „pragma" nicht ebenso wie „magma" aus dem Altgriechischen original ins Deutsche übernommen. Es gibt nur die vielsilbigen Ableitungen „Pragmatismus" und „Pragmatik". Deshalb meine Forderung: Pragma in den Duden!

Spirit und Pragma sind die beiden wesentlichen Voraussetzungen für das Gelingen eines Projekts. In einem Projektteam werden beide Elemente immer unterschiedlich stark ausgeprägt sein – im einen Fall sind die Strategen und Künstler in der Überzahl, im anderen Fall die Kaufleute und Techniker. Gute Teamchefs schaffen es, die verschiedenen Denkmuster miteinander in Einklang zu bringen.

Wir kommen somit zu einem besseren Verständnis des Begriffs, der so oft falsch benutzt oder aufgefasst wird:

Projekt (DIN 69901)

Vorhaben, das im Wesentlichen durch Einmaligkeit der Bedingungen in ihrer Gesamtheit gekennzeichnet ist, wie zum Beispiel

- Zielvorgabe
- zeitliche, finanzielle, personelle oder andere Begrenzung
- Abgrenzung gegenüber anderen Vorhaben
- projektspezifische Organisation.

7 Führung und Inspiration – die Erfolgsdiagonale

Nehmen wir einmal an, wir sind Schüler der achten Klasse und unsere Physiklehrerin zeigt uns die folgende Versuchsanordnung:

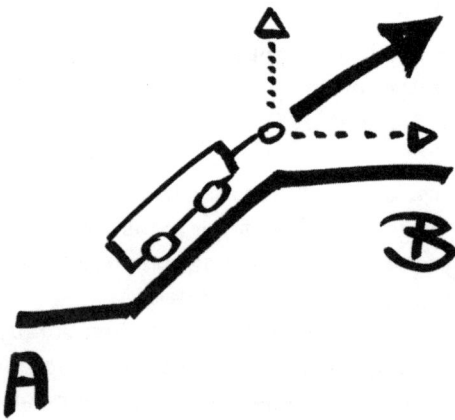

Es geht darum, einen kleinen Holzwagen an einem Bindfaden vom Niveau A entlang einer schiefen Ebene auf das Niveau B zu ziehen.

Das Parallelogramm der Kräfte

In welchem Winkel, so fragt die Lehrerin, sollten wir den Faden halten, um möglichst wenig Kraft aufwenden zu müssen? Sie wird uns nun vermutlich etwas über das Parallelogramm der Kräfte erzählen, über das Addieren von Kraftvektoren und die so genannte „Resultierende". Aber auch ohne Vektorrechnung wird schnell klar: Die ideale Richtung für das Ziehen des Wägelchens ist durch die Diagonale gegeben, die Richtung entlang der schiefen Ebene.

Lassen Sie mich das kleine Experiment kurz in die Alltagspraxis übersetzen. Denkbar wäre:

► Der Wagen ist mein Projekt, beispielsweise
  die Überwindung meiner Erwerbslosigkeit.
► Niveau A: kein Job, Existenzangst, wenig Geld.
► Niveau B: neue Stelle, mehr Sicherheit, mehr Geld.
► Links ist die Vergangenheit, rechts die Zukunft.
► Der waagerechte gestrichelte Pfeil steht für Pragma,
  der senkrechte für Spirit.

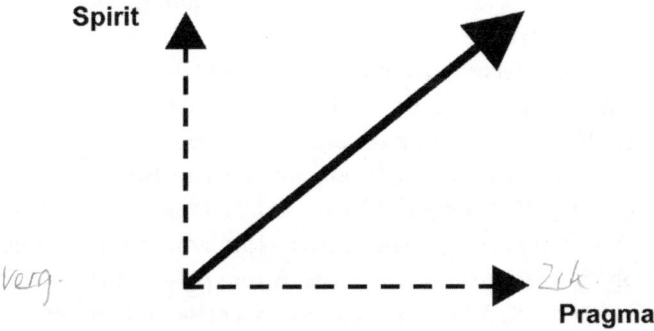

Der Idealist in mir sagt: Ich will nicht immer nur kleine Brötchen backen, ständig vom Regen in die Traufe kommen, ich will wirklich nach oben, endlich eine Tätigkeit ausüben, die anspruchsvoll ist und die mir Freude macht. Ich brauche eine Superidee, einen Traumjob!

Der Pragmatiker in mir sieht das völlig anders: Ich muss irgendwie weiterkommen, den Karren aus dem Dreck ziehen, langes Grübeln oder Diskutieren bringt mich nicht weiter.

Mein Pragma will also den Karren einfach horizontal weiterziehen, und das bedeutet: hoher Energieaufwand mit bescheidenem Ergebnis. Mein Spirit will am liebsten das Projektwägelchen zum Fesselballon umfunktionieren, aber mein Wägelchen wird sich wehren, wenn ich es stramm nach oben ziehe; es wird kippen und die *Führung* verlieren. Das heißt, ich werde alles verlieren. Es muss also mein Ziel sein, beide Kräfte zu kombinieren und dadurch zur optimalen Ausrichtung meiner Energien zu kommen.

Durch unser physikalisch-psychologisches Experiment lässt sich in ersten groben Umrissen erschließen, worauf „Projektintelligenz" hinausläuft und was mit „Führung und Inspiration" gemeint ist. Halten wir als Zwischenergebnis fest:

Ohne Inspiration läuft's schwer, ohne Führung gar nicht.

43

Vom praktischen Nutzen verrückter Ideen

Vor einigen Jahren habe ich mir einmal überlegt, welche bekannten, noch lebenden Persönlichkeiten die Vereinigung von Spirit und Pragma zu diesem Zeitpunkt in hohem Maße erreicht hatten. Auf Anhieb fiel mir der Verpacker des Berliner Reichstagsgebäudes ein, der bulgarische Künstler Christo.

Wenn wir den Begriff „Führung" nicht nur durch die Management-Brille betrachten, sondern aus gehörigem Abstand mit einem „Christo-Fernrohr", dann lautet die Frage: Wie führe ich mein Leben? Wie ziehe ich „mein Wägelchen", wenn der Weg schräg nach oben geht? In waagerechter, senkrechter oder diagonaler Richtung? Oder ziehe ich es vor, überhaupt nicht zu ziehen, sondern einen Dummen zu suchen, der meine Karre schiebt?

Ich habe an einem wundervollen Sommerabend des Jahres 1995 in Berlin den von Christo verhüllten Reichstag gesehen. Bei strahlendem Sonnenschein hatte sich eine riesige Menschenmenge rund um das gewaltige Geschenkpaket versammelt. Gekommen waren Studenten, Kinder, alte Menschen, Berliner und Touristen aus aller Welt; es gab Musik, Zaubertricks und heiße Würstchen. Ich bin an jenem Abend, wie viele andere Nörgler und Kritiker des lange umstrittenen Projekts, verstummt. In dieser Atmosphäre, dieser Mischung aus kindlicher Fröhlichkeit, Weltoffenheit und Geschäftstüchtigkeit fehlten mir schlicht die Worte. Seither weiß ich: Christo hat, zusammen mit seiner Gefährtin Jeanne-Claude, viele Projektwägelchen gezogen. Er zog sie stets mit Kraft zum Erfolg, denn er hielt das Projekt-Seil in der Diagonalen. Nennen wir sie die *Erfolgsdiagonale*.

Eine Art Gegenentwurf zu Christos Art, zu arbeiten und zu leben, finden wir heute an den deutschen Hochschulen. Wie viele andere Experten kritisiert Wolf Wagner, der ehemalige Rektor der Fachhochschule Erfurt, die neuen, streng reglementierten Bachelor-Studiengänge, die nach seiner Auffassung den ursprünglichen Ideen der Bologna-Reform widersprechen. Er fordert, die Verschulung an den Universitäten einzudämmen, die Macht der Professorenschaft zu begrenzen und den Studierenden mehr Zeit zu geben – für Selbstbestimmung, kreatives Arbeiten in Projekten und „verrücktes Denken"[9].

Einen feuchten Kehricht um Hochschulvorschriften haben sich in ihrer Jugend zwei ausgeflippte US-Amerikaner geschert, die unser Denken und Handeln inzwischen mehr beeinflusst haben als tausend Durchschnittsprofessoren: Steve Jobs und Bill Gates, die Gründer von Apple und Microsoft, brachen beide ihr Studium ab, und beiden ist es offensichtlich gut bekommen.

8 Die vier Projektarchetypen: Hase, Gans, Fuchs und Adler

Eigentlich bin ich ganz anders, ich komme nur so selten dazu.
Ödön von Horvath

Wir alle brauchen Orientierung. Wenn der Wind rauer wird und die Strömung schneller, wird das Navigieren schwieriger. Das spüren wir nirgendwo so ungefiltert und pausenlos wie bei der Flut von Informationen, der wir uns täglich stellen müssen. Diese Flut ist im Laufe der Jahre immer größer und aggressiver geworden, mit freundlicher Unterstützung von Bill Gates und Steve Jobs. Jeder von uns empfängt jeden Tag zahllose Signale von Menschen und Geräten, die Natur bleibt meist auf der Strecke. Und die Signale werden unaufhörlich elektronisch aufgemotzt, verzerrt und sinnlos vervielfältigt.

Wenn ich in diesem Ozean nicht untergehen will, wenn ich die großen Zielhäfen meines Lebens erreichen will, brauche ich zuverlässige Navigationshilfen. Dabei geht es im Grunde nicht um Technologien, das Problem sind die Menschen.

Ich kann Fernseher, Radio, Computer abschalten, mein Telefon umschalten auf einen Anrufbeantworter, das alles weiß ich. Was ich nicht so genau weiß: Warum fällt es mir so schwer, ab- oder umzuschalten? Was treibt mich an, was langweilt oder nervt mich, was macht mir Angst?

Für Gedanken und Gefühle gibt es bisher keine Landkarten. Was hier und da als Karte angepriesen wird, ist allenfalls ein Reisebericht, ein Verzeichnis oder Katalog – nicht immer brauchbar für die praktische Navigation. Aber, wenn es schon keine Karte gibt, eine grobe Richtschnur könnte uns helfen, ein Kompass. Und nicht zu vergessen: Hier geht es ja nicht um eine Erörterung menschlicher Beziehungsprobleme aller Art, es geht um Projekte. Es wird also kein allgemein gültiger Leitfaden gesucht, sondern ein „Projekt-Kompass".

Mit den Begriffen Spirit und Pragma habe ich bereits versucht, Ihnen eine erste Orientierungshilfe zu geben, ebenso mit dem daran anknüpfenden Bild von der Erfolgsdiagonalen. Zur Ergänzung wie auch zur Aufmunterung stelle ich Ihnen nun das folgende Modell vor – eine kleine Projekt-Typologie.

Wie Sie auf der folgenden Abbildung sehen, haben wir bei diesem Kompaktmodell auf den bereits bekannten Achsen „Spirit" und „Pragma" eine grobe Maßeinteilung mit den Ausprägungen „schwach" und „stark". Ich gebe zu, wie in jeder Karikatur und auch jeder Portfolio-Darstellung wird hier stark vereinfacht. Aber darum geht es ja gerade, die Vereinfachung gibt uns Orientierung.

Es ist ähnlich wie bei den vier Temperamenten, die auf Hippokrates, den berühmten Arzt der Antike, zurückgehen. Einem Sanguiniker, Choleriker, Phlegmatiker oder Melancholiker in Reinkultur werden wir in der realen Welt kaum begegnen. Jeder Mensch stellt eine ganz spezielle Mischung dar, und darüber hinaus wird es immer wieder Schwankungen geben. Ich kann am Vormittag noch zur Melancholie neigen und schon wenige Stunden später einen cholerischen Anfall bekommen.

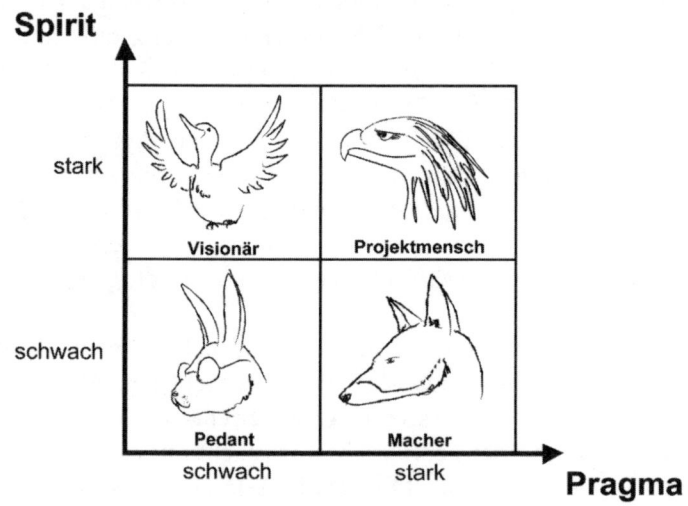

Die Projektarchetypen

Ein solches Typen-Modell soll also nicht schlichtes Schubladendenken fördern, sondern im Gegenteil unsere Urteilskraft erhöhen, wenn wir mit den Stärken und Schwächen eines Menschen konfrontiert sind – bei Mitarbeitern, Kollegen oder Chefs, und vor allem bei uns selbst.

Es gibt bei den Projektarchetypen auch inhaltlich durchaus Anklänge in Richtung Temperament-Typen, aber die Kernfrage in meinem Modell lautet: Wie stark sind bei einem Menschen Spirit und Pragma ausgeprägt und miteinander verknüpft? Oder anders gefragt: Inwieweit ist ein Mensch willens und in der Lage, sich Projekte auszudenken, sie zu planen und dann konsequent durchzuführen – bis zum triumphalen oder auch bitteren Ende?

Schauen wir uns die vier Projektarchetypen einmal genauer an:

Der Pedant – akademisch-hasenfüßig

Die gefährlichste Sache auf der Welt ist die Überquerung eines Abgrunds in zwei Sprüngen. (Lloyd George)

- ▶ Kein Sinn fürs Praktische
- ▶ Oberlehrersyndrom: weiß alles besser, hat aber so gut wie nichts in der Praxis ausprobiert und begriffen
- ▶ Kleinkariert, verliert sich in Belanglosigkeiten
- ▶ Verwechselt Bildung mit Bücherwissen
- ▶ Manchmal sarkastisch, meist humorlos, ohne Selbstironie
- ✓ ▶ Stets bemüht, Niederlagen zu vermeiden
- ✓ ▶ Neigt zu Weinerlichkeit, Neid und Spießertum
- ✓ ▶ Schon als junger Mensch vergreist im Denken
- ▶ Geht zu wenig auf andere zu und auf deren Gefühle ein
- ▶ Entweder antriebsschwach oder Workaholic.

Der Visionär – chronisch pleite

Manches beginnt als Abenteuer und endet als teurer Abend. (Willy Reichert)

- ✓ ▶ Hat „verrückte" Ideen
- ▶ Ist großzügig, aber bisweilen unvernünftig
- ▶ Zu wenig praxis- und nutzenorientiert
- ▶ Zu geringe Beherrschung der eigenen Gefühle
- ▶ Kann andere begeistern, hört aber anderen zu wenig zu
- ✓ ▶ Eher Einzelgänger, zu wenig Teamgeist
- ✓ ▶ Geistig flexibel, stets kreativ, bisweilen brillant
- ✓ ▶ Querdenker: stellt gern alles in Frage oder auf den Kopf.

Der Macher – zynisch-cool

Ein Zyniker ist ein Mensch, der von allen Dingen den Preis und von keinem den Wert weiß. (Oscar Wilde)

- ✓ ▶ Immer auf Nutzen und Vorteil ausgerichtet
- ✓ ▶ Sortiert auch Menschen danach, ob sie ihm nützlich sind
- ▶ Als schlauer Fuchs stets auf der Suche nach klugen, arglosen Gänsen
- ▶ Meistens Herr der eigenen Gefühle, hält den Ball flach

- ▶ Blick für das Wesentliche und Machbare
- ✓ ▶ Kann zupacken, ist entscheidungsfreudig
- ▶ Kann geschickt mit den Gefühlen anderer umgehen
- ▶ Hält ungewöhnliche Ideen eher für Spinnerei
- ▶ Wird sich selten verlieben oder gar vergessen
- ▶ Liebt keine Überraschungen, das Risiko muss überschaubar sein; aber bei einer guten Gewinnchance greift er zu.

Der Projektmensch – pragmatisch-spirituell

Auf der Suche nach der Wahrheit gibt es gewisse Fragen, die nicht wichtig sind. Aus welchem Stoff ist die Welt zusammengesetzt? Hat das Universum Grenzen oder nicht? Was ist die ideale Organisationsform für die menschliche Gesellschaft?

Würde ein Mensch sein Suchen und Praktizieren von Erleuchtung aufschieben, bis solche Fragen geklärt wären, so würde er sterben, bevor er den Pfad gefunden hätte. (Buddha)

- ▶ Hat Herz und Verstand, Spirit und Pragma
- ▶ Bringt widersprüchliche Dinge und Eigenschaften unter einen Hut: bei sich selbst und auch im Team
- ✓ ▶ Verbindet das Angenehme mit dem Nützlichen
- ✓ ▶ Hat stets Ideen für neue Projekte
- ▶ Kann sich selbst und andere begeistern
- ✓ ▶ Prüft Ideen und analysiert Risiken vor einer Entscheidung
- ✓ ▶ Setzt sich klare Ziele und konzentriert seine Kräfte
- ✓ ▶ Verzichtet notfalls auf Annehmlichkeiten, schirmt sich ab gegenüber Ablenkungen und kämpft um den Erfolg
- ▶ Findet für seine Projekte stets Verbündete und Ratgeber
- ▶ Verkraftet Niederlagen und lernt daraus für künftige Vorhaben
- ▶ Kann sich entspannen, loslassen, andere machen lassen und anderen den Erfolg gönnen.

Und nun meine Frage an Sie: Welchem der vier Archetypen kommen Sie am nächsten? Falls Sie noch nicht den Adler in sich sehen, sondern eher den Fuchs oder die Gans, sollten Sie sich unverzüglich an die Arbeit machen. Durch beharrliches Training können Sie sich zum Projektmenschen entwickeln. Für die Hasen empfiehlt es sich, zunächst einmal das Teilziel „Gans" oder „Fuchs" anzustreben.

9 Projektintelligenz – einfach multipel

Stürze Dich in die Hitze der Schlacht und lege
Dein Herz zu Füßen der Lotosblume des Herrn.
Aus der Bhagavad-Gita

Was meinen Sie: Warum wurde „Good Vibrations" von den Beach Boys zu einem der erfolgreichsten Popsongs aller Zeiten? Der Hauptgrund ist zweifellos das Zusammenspiel sehr unterschiedlicher Rhythmen und Klangbilder, ja völlig gegensätzlicher Musikrichtungen in einem einzigen Stück von ein paar Minuten Dauer.

Genauso ist es mit dem Charakter eines Menschen. Das Arrangement muss stimmen, die Mischung macht's. Denn das ist es, was uns an Menschen wie Doris Dörrie oder Peter Ustinov fasziniert: die gelungene Kombination von Fähigkeiten, die oft für unvereinbar gehalten werden – beharrlich und experimentierfreudig, wagemutig und einfühlsam, ernst und voller Humor, männlich-weiblich. Es ist das schier Unmögliche: ein Löwe, der leise und versonnen auf einer Harfe spielt.

Lenny Harper, der unmögliche Löwe

Wenn Sie mich fragen, wie man das alles in einem Wort zusammenbringen kann, sage ich ohne zu zögern:

Projektintelligenz.

Für Personengruppen wie etwa Projektteams, Firmen oder politische Parteien bietet sich ein umfassenderer Begriff an, die „Projektfähigkeit", womit wir uns im nächsten Kapitel noch intensiv beschäftigen werden. Wie auch immer, es geht um die Frage: Inwieweit schafft es der betreffende Mensch oder die Gruppe von Menschen, Gegensätze miteinander zu vereinbaren, Konflikte und Probleme zu bewältigen? Denn genau das gelingt einem Menschen oder einem Team umso besser, je mehr neue Ideen entwickelt werden, von denen dann genügend viele zu realen und erfolgreichen Projekten heranreifen.

Definition der Projektintelligenz (PI)

Wie lässt sich Projektintelligenz messen? Eine erste, ganz einfache Möglichkeit liegt auf der Hand: die Zahl der erfolgreichen Projekte eines Menschen, bezogen auf einen bestimmten Zeitraum. Statt einer einzelnen Person können wir, wie schon erwähnt, auch eine Gruppe von Menschen nehmen: eine Familie, einen mittelständischen Betrieb oder einen Verein. Wenn zum Beispiel eine Regierungspartei sich nach vier Jahren wieder dem Wähler stellt, empfehle ich als Entscheidungshilfe den folgenden

Projektfähigkeits-Check

► Wie viele neue Projekte wurden im abgelaufenen
   Zeitintervall auf die Schiene gesetzt?
► Wie viele wurden mit Erfolg abgeschlossen?
► Wie viele sind gescheitert und was waren die Gründe dafür?
► Welches sind die Projekte für das nächste Zeitintervall?

Die Grundlage für eine solche Überprüfung bilden Daten aus bereits abgeschlossenen Projekten. Solche Informationen liegen aber meistens nicht vor, wenn es um die Auswahl von Mitarbeitern für ein neues Projekt geht. In einem solchen Fall wäre natürlich ein Verfahren hilfreich, mit dem man die Projektintelligenz der Kandidaten vorab ermitteln könnte.

Nehmen wir einmal an, folgende Voraussetzungen sind gegeben:

1. Es gibt einen zuverlässigen Test zur Messung des
   Intelligenzquotienten (IQ) eines Menschen.
2. Es gibt ein ebenso zuverlässiges Verfahren zur Messung
   der emotionalen Intelligenz der betreffenden Person,
   wobei der Messwert mit EQ bezeichnet wird.
3. Der Mittelwert liegt für beide Verfahren bei 100.

4. Die beiden Messverfahren sind unabhängig voneinander, d. h. weder beeinflussen sich die Messvorgänge gegenseitig noch gibt es nennenswerte Überschneidungen bei den gemessenen Teilintelligenzen.

Unter diesen Voraussetzungen schlage ich folgende Definition vor:

$$PI \; = \; 0{,}01 \cdot EQ \cdot IQ$$

Die Zahl 0,01 wird dabei nur gebraucht, damit sich für den Projektintelligenzwert (PI) ebenso wie für IQ und EQ ein Mittelwert von 100 ergibt.

Ich gebe zu, eine solche mathematische Formel hat für die meisten Menschen keinen allzu großen Charme. Wesentlich anschaulicher wird die Sache in der folgenden Grafik. Schauen wir uns einmal die dort aufgeführten drei beispielhaften Fälle A, B und C an.

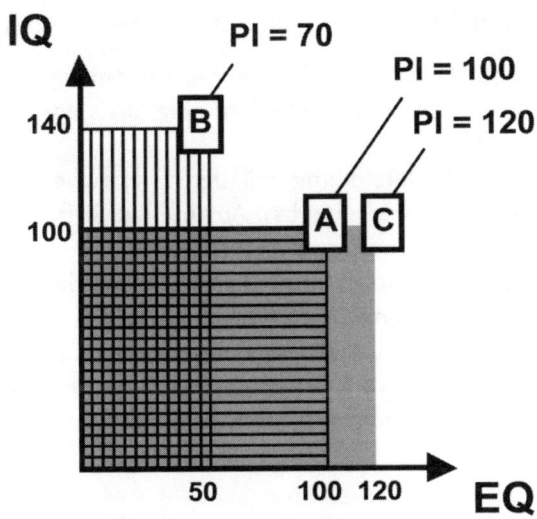

Die drei Fallbeispiele

In jedem der drei Fälle haben wir ein Rechteck mit dem jeweiligen EQ- und IQ-Wert einer fiktiven Person als Seitenlänge. Im Fall B beispielsweise betragen die Seitenlängen 50 und 140. Der zugehörige PI-Wert ergibt sich dann aus der Fläche des Rechtecks, multipliziert mit 0,01. Im Fall B erhalten wir somit

$$PI \; = \; 0{,}01 \cdot 50 \cdot 140 \; = \; 70 \, .$$

Wie lassen sich nun die drei Fallbeispiele ganz konkret deuten?

Vom emotionalen Trottel zum Projektmenschen

Fall A: IQ und EQ der betreffenden Person haben beide den Wert 100. Der resultierende PI-Wert beträgt ebenfalls 100.

Fall B: Wir müssen hier von einem „emotionalen Trottel" sprechen, der hochintelligent ist. Trotz des sehr hohen IQ liegt der PI-Wert bei 70 und somit weit unter dem Durchschnitt.

Fall C: In diesem Fall haben wir einen Menschen von absolut durchschnittlichem IQ, der mit seinen eigenen Gefühlen und denen seiner Mitmenschen gut umgehen kann. Sein EQ liegt mit 120 deutlich über dem Durchschnitt, und damit ergibt sich auch für die Projektintelligenz ein überdurchschnittlicher Wert.

Jetzt werden Sie vielleicht sagen: Das alles hatten wir doch schon in ähnlicher Form bei der Erfolgsdiagonale und den vier Projektarchetypen. Sie haben völlig Recht, aber lassen Sie mich kurz die Unterschiede hervorheben:

▶ Wir haben jetzt auf beiden Achsen nicht nur eine grobe Einteilung in „schwach" und „stark", sondern eine Skala von 0 bis 100 und darüber hinaus.

▶ Dabei wirkt die Darstellung mit den zwei Achsen immer noch sehr einfach und überschaubar. Aus meiner Sicht ist das, ähnlich wie bei den Archetypen, gerade ihre Stärke.

▶ Statt der Begriffe „Spirit" und „Pragma", mit denen im Archetypenmodell die beiden Achsen bezeichnet wurden, werden nun die Größen IQ und EQ verwendet – ein durchaus gewagter Schritt, aber nur so kommen wir bezüglich der Projektintelligenz (PI) zur Messbarkeit und damit zu einer Skala.

Eine Prise Skepsis

Sie merken schon, wir bewegen uns inzwischen auf sehr dünnem Eis. Selbstverständlich können EQ und IQ uns nur ansatzweise ein Maß für das Pragma beziehungsweise den Spirit eines Menschen geben. Zudem gibt es keine unumstrittene Definition von Intelligenz, von IQ und EQ. Von den vier Voraussetzungen für die PI-Formel ist im Grunde nur die dritte unproblematisch.

Vor allem bei Punkt 4 ist ein Fragezeichen zu setzen. Denn, gibt es wirklich ein IQ-Messverfahren X und einen EQ-Test Y, so dass beide völlig unabhängig voneinander sind, vor allem: frei von Überschneidungen der diversen gemessenen Intelligenzkomponenten?

Und was ist mit den Voraussetzungen Nr. 1 und Nr. 2? Sind die bisher gängigen Verfahren zur Ermittlung von IQ und EQ zuverlässig? Was überhaupt bedeutet hierbei Zuverlässigkeit?

Sehen wir es so: Peter Salovey, den ich ja schon im 4. Kapitel erwähnte, und J. D. Mayer[10] führten 1990 den Begriff der emotionalen Intelligenz ein, weil sie erkannt hatten, dass der herkömmliche IQ nicht der alleinige Maßstab für sämtliche Begabungen und Fähigkeiten eines Menschen sein kann. Daniel Goleman, der den neuen Begriff durch sein gleichnamiges Buch[11] populär machte, ging noch einen Schritt weiter und setzte den EQ in seiner Bedeutung über den IQ. Andere Psychologen sehen im EQ eher das Gegenstück zum IQ; er ist für sie Teil einer umfassenderen „Erfolgsintelligenz"[12], was ja schon in Richtung des hier vorgestellten Projektintelligenz-Modells geht.

Umgekehrt wurde die Bedeutung der emotionalen Intelligenz für den Erfolg im Leben mittlerweile von einigen Psychologen stark in Zweifel gezogen, die sich wiederum für den „guten alten" IQ stark machten. M. Zeidner und R. D. Roberts[13] beispielsweise kamen durch ihre Untersuchungen zu dem Schluss, der EQ eines Managers habe bezüglich dessen beruflicher Kompetenz keinerlei Aussagekraft.

Dies alles zeigt uns, dass in Sachen IQ, EQ und somit auch beim Begriff der Projektintelligenz eine gewisse Vorsicht angebracht ist – eine Prise Skepsis, mehr nicht. Denn im Laufe der letzten Jahre hat es zweifellos spürbare Fortschritte bei der Erforschung dieses Themenkomplexes gegeben, wir müssen uns also nicht gleich die ganze Mahlzeit versalzen.

Bleiben wir noch eine Weile in der Küche, wo gerade eine erstklassige „Paella Intelligenciana" zubereitet wird: Das Salz ist wichtig, aber ein zu hoher Anteil wird die Sache verderben – so wie übertriebene Skepsis und ständiges Nörgeln auf eine unterdurchschnittliche Projektintelligenz hinweisen. Und weiter geht's: Die verschiedenen Fleischsorten unserer Paella (alle Vegetarier bitte ich an dieser Stelle um Nachsicht) stehen für die diversen Ausprägungen emotionaler Intelligenz; das Gemüse und die Gewürze bilden zusammen die klassische Intelligenz – welche IQ-Anteile etwa durch Paprika oder durch Artischockenherzen symbolisiert werden, können Sie selbst entscheiden; dem Salz haben wir ja bereits eine Rolle zugewiesen; der Reis schließlich ist der Träger, das verbindende Medium. Was aber ist das Charakteristische jeder Paella, was verleiht ihr die leuchtend gelbe Farbe? Safran, ganz genau. Und was macht uns zu Projektmenschen, was lässt unsere Augen leuchten? Na klar – Spirit.

Zusammenfassend lässt sich sagen:

- Mit dem Konstrukt „Projektintelligenz" soll nicht die ganze Welt des Denkens, der Psyche und der sozialen Prozesse erklärt werden; es geht um das Ergründen der Fähigkeit, Projekte zu generieren, zu planen und erfolgreich abzuschließen.
- Dieses Konstrukt ist nicht das Ergebnis wissenschaftlicher Studien, sondern eine Arbeitshypothese auf der Basis von Erfahrungen; sie soll anregen zu weiteren Untersuchungen.
- Ähnlich wie bei den Projektarchetypen ist auch bei der PI-Formel der Ansatz äußerst einfach, aber: Projektintelligenz ist nicht zweidimensional, wie die obige Abbildung mit den drei Fallbeispielen zunächst vermuten lässt; IQ und EQ sind beide mehrdimensional, sie sind jeweils aus unterschiedlichen „Teilintelligenzen" zusammengesetzt.
- Die Grundidee des PI-Modells ist, den Streit zwischen IQ- und EQ-Verfechtern auf einer höheren Ebene aufzuheben. Die Antwort auf die schon im 2. Kapitel gestellten Frage „Was ist wichtiger im Projekt: IQ oder EQ?" lautet: Nimm beides.
- Der Pfiff bei der PI-Formel ist das Malzeichen. So wie bei einer Paella das Gemüse nicht als Beilage neben dem Fleisch liegt, sind kognitive und emotionale Kompetenzen nicht aufzuaddieren, sondern hochzumultiplizieren zur Projektintelligenz. Die Sache ist einfach, aber multipel.
- Unerlässlich bei allen Überlegungen ist der Prozessgedanke. Projektintelligenz entwickelt sich, sie ist veränderbar, vor allem der EQ-Anteil. Ein letztes Fallbeispiel: Wenn jemand seinen EQ-Wert von 90 auf 120 steigert, während der IQ konstant bei 110 bleibt, so erhöht er seinen PI-Wert von 99 auf 132, also – genau wie den EQ – um ein Drittel! Würde man IQ und EQ jeweils nur aufaddieren, wäre das Wachstum nicht halb so groß. Das heißt:

In jedem von uns steckt ein Löwe,
der auf einer Harfe spielen kann.

10 Projektfähigkeit –
Multiplikation in der Gruppe

Ein Bus, der mit zehn Personen besetzt ist, hält
an einer Haltestelle. Elf Personen steigen aus.
Der Biologe: „Die müssen sich unterwegs vermehrt haben."
Der Physiker: „Was soll's? Zehn Prozent Messtoleranz müssen drin sein."
Der Mathematiker: „Wenn jetzt einer einsteigt, ist der Bus leer."

Waren Sie schon einmal mit neun anderen Personen zusammen in einem Bus? Blöde Frage, werden Sie jetzt denken. Aber wie lange? Drei Monate, immer mit denselben neun Leuten in demselben Bus, Tag und Nacht? Wobei alle zehn weder befreundet noch bekannt oder verwandt miteinander waren und alle gleichen Geschlechts? Erst recht eine dämliche Frage, oder?

Nun, ich habe eine ähnliche Sache als Neunzehnjähriger erlebt; nicht in einem Bus, sondern in einer nicht allzu geräumigen Kasernenstube, in den ersten drei Monaten meines Wehrdiensts. Gut, wir waren tagsüber meist draußen, aber immer wieder wurde aufgeräumt und geputzt, Gewehre und Stiefel mussten gereinigt werden, bis zur gefürchteten „Abnahme" der Stube. Und nachts schlief die ganze Meute immer in demselben engen, miefigen Raum – außer an den viel zu kurzen Wochenenden sowie bei mehrtägigen Übungen im Gelände.

Natürlich weiß ich, dass es schlimmere Situationen im Leben gibt. Es war nicht Krieg, wir hatten weder Hunger noch Todesangst. Dennoch kann ich Ihnen, falls Sie bisher keine Langzeit-Buserfahrungen gemacht haben, versichern, dass es nicht sehr amüsant war. Und das lag an zwei Burschen, die zu unserer zehnköpfigen Gruppe gehörten. Der eine war ein fettleibiges Lästermaul, der andere war der Älteste in unserer Gruppe und ebenso intelligent wie hinterhältig.

Ich will Sie nicht mit weiteren Details langweilen. Aber eins steht fest: In der Armee hatte ich später noch mit vielen anderen Kameraden zu tun, und zu einigen hatte ich als Student noch jahrelang Kontakt. Von den besagten neun Zimmergenossen der ersten Stunde habe ich nachher keinen jemals wiedergesehen. Jeder von uns war froh, als alles vorbei war. Wie ist so etwas zu erklären? Vor allem: Kann man solche gruppendynamischen Prozesse quantifizieren? Kann man den Einfluss der beiden negativen Stimmungskanonen auf den Rest der Gruppe in Zahlen ausdrücken? Ich will es versuchen.

Faktor Mensch, im Guten wie im Schlechten

Es wird Sie kaum überraschen, wenn ich bei diesem Versuch unseren neuen Werkzeugkasten verwenden werde: die Projektarchetypen sowie IQ, EQ und PI. Vorab jedoch meine Frage an Sie: Können Sie mir zustimmen, wenn ich sage, die dreimonatige militärische Grundausbildung war für meine neun Kameraden und mich ein Projekt? Überprüfen Sie selbst: Das Unternehmen war bezüglich der Ressourcen und der zeitlichen Dauer begrenzt; es gab eine klare Zielvorgabe, einen detaillierten Ablaufplan, und das Ganze war für jeden von uns eine einmalige Sache, Gott sei Dank.

Aber, wir waren nie ein echtes Team. Wie sollte das auch funktionieren in einem System auf der Grundlage von Befehl und Gehorsam? Da wurde nicht, wie dies im Projektgeschäft oft geschieht, einer aus der Zehnergruppe zum Teamchef ernannt. Vielmehr gab es einen Unteroffizier als „Gruppenführer", und der war nicht mit uns zusammen „im selben Bus", sondern schlief in seiner eigenen Bude. Wir hatten also keinen Teamchef, und wir waren kein Team. Kurz: Es war nicht unser Projekt, es waren nicht unsere Ziele.

Was echte Projektteams auszeichnet und wie die Rolle eines Teamchefs auszufüllen ist, davon werde ich im „Halbfinale" noch eingehend berichten. Jetzt machen wir erst einmal weiter mit unserem Spezialwerkzeugkasten an der Baustelle „Projektintelligenz einer Gruppe".

Welche Projektarchetypen waren damals in unserer Zehnmannstube vertreten? Ein Adler war meines Wissens nicht dabei. Aber fairerweise sei daran erinnert, dass die meisten von uns nicht einmal zwanzig Jahre alt waren, und ganz so schnell wird niemand ein Adler. Die ein oder andere Gans hat es wohl gegeben. Dann war da der erwähnte Älteste der Gruppe – als ausgemachter Fuchs eigentlich der gegebene inoffizielle Teamchef, wegen seiner Verschlagenheit und Unberechenbarkeit jedoch letztlich ungeeignet für diese Rolle. Die Mehrheit der Gruppe bestand aus Hasen, wovon einer, wie wir wissen, besonders fett und boshaft war – ein „falscher Hase".

Was uns nun interessiert, ist die *Projektfähigkeit* der gesamten Gruppe. Die Frage lautet: Kann man diese auf der Basis der PI-Werte aller Gruppenmitglieder ermitteln? Hier ist meine Hypothese:

Bei einer n-köpfigen Gruppe – hierbei ist n eine ganze Zahl von 2 bis 10 – mit den individuellen PI-Werten PI_1, PI_2, ... , PI_n ergibt sich als Maß für ihre Projektfähigkeit, d. h. für die Projektintelligenz der gesamten Gruppe:

$$PF = 10^{2-2n} \cdot PI_1 \cdot PI_2 \cdot ... \cdot PI_n$$

Auch hier wird, wie bei der Formel im vorigen Kapitel, die Zehnerpotenz nur zur Normierung gebraucht, d. h. es ergibt sich wieder ein PF-Mittelwert von 100. Der Maximalwert 10 für die Anzahl der Gruppenmitglieder ist willkürlich gewählt, aber es leuchtet ein: Bei hundert oder tausend Personen können wir nicht mehr von einer Gruppe sprechen.

Ausgangspunkt war für uns ja eine zehnköpfige Gruppe beim Militär. Aber denkbar ist genauso ein kleines, mittelständisches Unternehmen, die Unterabteilung einer großen Firma bzw. einer politischen Partei oder auch eine Urlaubsgruppe, eine Lerngruppe, ein Club oder eine Familie. Im Fall n=2 hätten wir den Extremfall einer Zweiergruppe, beispielsweise eines Ehepaars.

Entscheidend bei der obigen Gleichung ist wieder die Multiplikation. Wir alle neigen ja dazu, in solchen Fällen einfach aufzuaddieren bzw. einen arithmetischen Mittelwert zu bilden. Nehmen wir beispielsweise an, die beiden „bad guys" in unserer Militärgruppe kommen jeweils auf den PI-Wert 80 und alle anderen auf PI=100, dann haben wir automatisch den Durchschnitt aller individuellen PI-Zahlen als Gesamtwert im Kopf, also 96 – das ist nur knapp unter 100, dem Niveau der acht „Normalos". Nach der obigen Formel jedoch wird der PI-Gruppenwert durch die beiden Problemfälle auf 64 heruntermultipliziert, also um mehr als 30%!

Die Sache funktioniert natürlich genauso in der umgekehrten Richtung: Ein einziger „Adler" zieht die Projektfähigkeit einer Gruppe enorm nach oben. Habe ich richtig gehört: Ihnen kommt spontan der erste afroamerikanische US-Präsident in den Sinn? Eigenartig, mir auch.

Barack Obama, Prototyp des Multiplikators

Über Barack Obamas Leistungen im Präsidentschaftsamt wird es noch manche Auseinandersetzung geben, aber selbst seine politischen Gegner bestreiten eines nicht: Sein Sieg beim US-Präsidentschaftswahlkampf 2008 war kein Zufall. Obamas Wahlkampagne ist das Paradebeispiel eines nach den Regeln der Kunst geführten Projekts – jede Menge Spirit und Ideenreichtum, ebenso beeindruckend die Effizienz und Professionalität.

Obama und seine Leute zogen sämtliche Register. Unter anderem wurden die Möglichkeiten des Internets besser und massiver genutzt als je zuvor bei vergleichbaren Vorhaben. Selbstverständlich war sehr viel Geld im Spiel, aber allein damit lässt sich Obamas Erfolg nicht erklären. Nach Einschätzung vieler Fachleute war von ausschlaggebender Bedeutung, dass es diesem Mann gelang, seine Begeisterung und seine Siegeszuversicht auf immer mehr Menschen zu übertragen. Und genau diese Wirkungskraft machte er selbst, ähnlich wie John F. Kennedy einige Jahrzehnte vor ihm, in seinen Reden zum beherrschenden Thema: Aufbruchstimmung, Mut zur Veränderung.

Auf diese Weise wurde Barack Obama zu einem echten Multiplikator. Er hat die Projektfähigkeit seines Wahlkampfteams fortwährend hochmultipliziert, seine engsten Mitarbeiter wurden selbst zu Multiplikatoren. Eine gigantische Aufwärtsspirale wurde in Gang gesetzt. Mit solchen Regelkreisen werden wir uns in Kapitel 26 („Lebensschleifen") noch intensiv beschäftigen.

Interessant ist in diesem Zusammenhang eine Formulierung von Frank Schirrmacher, der in der Frankfurter Allgemeinen ein vernichtendes Urteil über die Leistung von Obamas Vorgänger fällte: „George W. Bush hat alles mit Null multipliziert".

Diese Metapher ist natürlich überzogen, aber sie trifft den Kern unserer Gruppen-PI-Formel: Zum Multiplikator im positiven Sinne werde ich in einer Gruppe, wenn mein PI-Wert deutlich über 100 liegt; und umgekehrt zieht ein Mensch mit stark unterdurchschnittlicher Projektintelligenz das Gruppenniveau drastisch nach unten. Im „Viertelfinale", beim Thema Selbstmanagement (Kap. 29), werde ich auf die „Stimme des Versagens" zurückkommen.

Der PI-Wert als Kriterium beim Aufbau von Teams

Welche Faustregeln fürs Projektgeschäft lassen sich aus all diesen Überlegungen ableiten? Aus meiner Sicht die folgenden:

- Bei der Auswahl von Mitarbeitern für ein wichtiges Projekt nicht nur Fachkenntnisse und IQ-Werte, sondern vor allem die emotionalen Kompetenzen der Kandidatinnen und Kandidaten sorgfältig prüfen. Hier gibt es die größten Risiken, aber auch die meisten Verbesserungspotentiale. IQ und EQ ergeben jeweils den individuellen PI-Wert.
- Die PI-Problemfälle kleinen Teams zuordnen, um die negativen Auswirkungen zu begrenzen.
- Die „falschen Hasen" notfalls auch aus einem laufenden Projekt herausnehmen.
- Die „Adler" ausfindig machen und jeden einzelnen optimal einsetzen – als Chef eines größeren Teams.
- Nicht zu viele „Gänse" in ein Team, andernfalls kommt es zum „Apollo-Syndrom", welchem wir in Kapitel 33 noch begegnen werden.

- Die Mischung muss stimmen: Hasen gehören in jedes Projektteam sowie stets eine Gans und ein Fuchs; wenn eben möglich auch eine „gute Fee" – ein „Katalysator".
- Teamtrainings veranlassen! Zielsetzung: Aus Hasen werden Füchse und aus Füchsen werden Adler.

Bei der in diesem Kapitel vorgestellten Formel für die Projektfähigkeit einer Gruppe ist mindestens soviel Skepsis geboten wie bei der vorangehenden Definition der Projektintelligenz einer Einzelperson. Denn die Menge der ins Spiel kommenden Teilintelligenzen steigt selbstverständlich mit n, der Anzahl der Köpfe. Das heißt, die Zusammenhänge werden immer komplexer. Für größer werdendes n stellt sich die Frage: Ist der Multiplikator-Effekt, also der Einfluss des einzelnen Gruppenmitglieds, dann wirklich noch so groß wie bei einer dreiköpfigen Gruppe? Oder müsste man da eine Art Dämpfungsfaktor einbauen?

Das hier vorgelegte PF-Modell ist ein Versuch, die Komplexität des untersuchten Sachverhalts zu reduzieren und somit eine Orientierungshilfe für die Praxis zu geben – nicht mehr und nicht weniger. Dieser Sachverhalt aber ist, wie wir wissen, nicht nur vielfältig, sondern auch dynamisch. Gerade hier liegt die Chance für positive Veränderungen, insbesondere bei den emotionalen und sozialen Fähigkeiten.

Wie viel aber ein solches Modell im Hinblick auf den tatsächlichen Projekterfolg taugt und inwieweit es verbesserungswürdig ist, lässt sich erst auf der Basis entsprechender empirischer Untersuchungen klären.

***

Damit ist die Qualifikation zu unserer Projekt-Weltmeisterschaft beendet. Ich hoffe, Sie haben diese neun Matchs nicht nur mit Kampfgeist, sondern auch mit Freude am Spiel und ohne allzu große Blessuren durchlaufen.

Jedenfalls haben Sie sich qualifiziert für das Endturnier, für den Kampf der Besten! Womöglich haben Sie den Cup-Gewinn bereits fest im Visier. Bis dahin gibt es allerdings noch einiges zu tun. Und damit Sie nicht zu übermütig oder selbstgefällig werden, sollten Sie sich jetzt einem kleinen Fitness-Test in Sachen Projektintelligenz stellen:

- ▶ Was ist der Unterschied zwischen Effizienz und Effektivität?
- ▶ Wie unterscheidet man Techniken von Methoden?
- ▶ Worauf ist unbedingt zu achten, wenn man ein Ziel definiert?

Wenn Sie mindestens zwei der drei Fragen zügig und richtig beantworten konnten, dürfen Sie die nächsten fünf Kapitel überspringen und sofort einsteigen in die Vorrundenspiele: die Methoden und Techniken des traditionellen Projektmanagements.

Andernfalls sollten Sie unbedingt zuerst mit mir ins Trainingslager kommen, wo ich versuchen werde, Sie für das Turnier fit zu machen; denn es sind bei Ihnen noch erhebliche Konditionsmängel festzustellen: bei den Grundbegriffen der Organisation und des Managements.

TRAININGSLAGER

Grundbegriffe der Organisation und des Managements

11 Organisation, System, Prozess

Wenn die Begriffe nicht richtig sind, so stimmen auch die Worte nicht,
und stimmen die Worte nicht, so kommen auch die Werke nicht zustande.
Konfuzius

Vor einiger Zeit flatterte mir ein Flugblatt auf den Tisch: die Einladung zum Jahrestag des Verbands Deutscher Wirtschaftsingenieure. Zum Inhalt der Tagung wurden acht Punkte aufgeführt. Der Kürze halber hier nur die ersten drei Punkte:

Essentielle Causae

▶ Humanistischer Duktus & Tendenzen futuristischen Laborierens
▶ Professions-Konstruktion & Diversifizierungs-Organisation
▶ Profession-Vita-Balancierung & Human-Negoziation.

Das kann nicht der Originaltext sein, werden Sie jetzt denken. In einer derart geschwollenen und unverständlichen Sprache wird ein deutscher Ingenieursverband kaum zu seinem Jahreskongress einladen. Stimmt! Ich habe mir einen Scherz erlaubt und das Ganze in ein Sammelsurium von Fremdwörtern lateinischen Ursprungs übersetzt. Dies ist das Original:

Themen-Highlights

▶ Human-Leadership & Future-work-Trends
▶ Job-Design- & Diversity-Management
▶ Work-Life-Balance & Human-Business.

Alles klar? Und nun wage ich – wieder rein spaßeshalber – eine Rückübersetzung ins Deutsche:

Inhaltliche Schwerpunkte

▶ Menschenführung – Wie sieht die Arbeit der Zukunft aus?
▶ Berufsbilder – Vielfalt organisieren
▶ Arbeit und Leben im Gleichgewicht – Geschäfte für Menschen.

63

Diese Fassung ist natürlich nicht annähernd so „genial" wie der ursprüngliche Text, aber ich vermute, dass ein deutscher Ingenieur oder Betriebswirt hier auf Anhieb weiß, worum es geht.

Die Klarheit der Sprache im Berufsalltag ist durch nichts zu ersetzen. Es geht dabei nicht um literarische oder nationale Werte, sondern um die Vermeidung von Missverständnissen und Fehlern durch Schlamperei oder Wichtigtuerei. Es geht um einwandfreie Kommunikation – nicht nur bei vernetzten Computersystemen, sondern auch, und zuallererst, zwischen den Menschen.

Unser Thema ist Management im Projekt. Gerade dann, wenn Menschen aus unterschiedlichen Fachbereichen, Organisationen oder sogar Ländern gemeinsam in einem Team zu erstklassigen Ergebnissen kommen wollen, fängt der Erfolg damit an, dass die grundlegenden Begriffe für alle eindeutig geklärt sind. Dies lässt sich am besten durch ein Projekt-Glossar sicherstellen, in welchem alle projektrelevanten Fachwörter alphabetisch aufgelistet und in verständlicher Sprache erläutert sind. Von Anfang an sollten ein oder zwei Mitarbeiter benannt werden, die dafür verantwortlich sind, dass dieses Projekt-Glossar laufend aktualisiert und allen Projektbeteiligten zugänglich gemacht wird.

Dabei geht es überhaupt nicht um die Frage: Deutsch oder Englisch? Bei multinationalen Vorhaben wird es zweckmäßig sein, alle Dokumente in Englisch, Spanisch oder auch mehrsprachig zu verfassen. Bei Vatikan-Projekten, so vermute ich, wird Latein die Sprachplattform sein. Entscheidend ist, dass die Texte frei von Mehrdeutigkeiten, von Fachchinesisch und Schickimicki-Spielereien sind. Genau das ist auch die Richtschnur für das nun beginnende Trainingslager „Grundbegriffe der Organisation und des Managements".

Gänse und Füchse, Theorie und Praxis

Bevor wir uns dem ersten zentralen Begriff, der „Organisation", zuwenden, sei mir noch die folgende Anmerkung erlaubt: Nach dem Abschluss unserer Qualifikationsrunde hatte ich Ihnen ja freigestellt, den Block „Trainingslager" zu überspringen. Kompliment, dass Sie es nicht gemacht haben. Denn gerade im Projektgeschäft, wo die Leute fast permanent unter Zeitdruck stehen, wird es oft als lästig empfunden, über Begriffe nachzudenken, zu reden und notfalls auch zu streiten. Viele Ingenieure und Kaufleute halten dies für Zeitverschwendung.

Es ist der alte Konflikt zwischen den Praktikern einerseits und den Methodikern und Strategen andererseits. Der Praktiker sagt: Lasst uns endlich anfangen zu arbeiten. Der Methodiker: Na klar, wir gehen an die Arbeit. Und das heißt: Wir müssen uns zuerst einmal einig werden über das Ziel sowie über den Weg zum Ziel – über die Methoden und Begriffe; das nämlich ist das härteste Stück Arbeit. Wenn wir das geschafft haben, läuft's anschließend wie am Schnürchen. Wenn nicht, können wir malochen wie verrückt, wir werden uns nur im Kreis drehen. Darauf wieder der Praktiker: Von wegen Schnürchen, wenn wir jetzt noch stundenlang diskutieren und für alles erst eine Zeichnung machen, läuft irgendwann gar nichts mehr.

Wenn Sie aufmerksam die Kapitel über Projektarchetypen und Projektintelligenz verfolgt haben, wird es jetzt bei Ihnen „Klick" machen – in dem gerade beschriebenen Szenario geht es schlicht um das Ausbalancieren von Spirit und Pragma. Gänse und Füchse müssen mal wieder raufen und ihre Claims abstecken, während die Hasen ständig auf die Uhr schauen und den Feierabend herbeisehnen. Und Adler sind gerade nicht im Angebot.

Für einen Adler aber wäre die Sache klar. Es geht nicht um eine Entscheidung zwischen Theorie und Praxis, sondern um die Frage: Wie kann ich beides wirksam miteinander verknüpfen? Der Sozialpsychologe Kurt Lewin hat es auf den Punkt gebracht: „Nichts ist so praktisch wie eine gute Theorie."

Es lohnt sich also, den Dingen auf den Grund zu gehen. Wir werden deshalb im Rahmen unseres Trainingslagers einige Schlüsselbegriffe des Projektmanagements einmal genauer untersuchen.

Organisation und Selbstorganisation

Fangen wir bei einem der wichtigsten Begriffe an, dem griechischen „organon" (lateinisch: organum). Er steht ursprünglich für „Werkzeug" oder „Musikinstrument" und ist zum Beispiel auch die Wurzel für „Orgel" (englisch: organ). In der deutschen Sprache wurde Organ dann zu einer Bezeichnung für Sinneswerkzeuge und innere Körperteile. „Organisch" heißt „belebt/lebendig" sowie „ineinandergreifend, geordnet, in richtiger Weise"[1].

Demnach ist Organisation, richtig begriffen, so etwas wie ein gut eingespieltes Orchester. Das hat zunächst nichts mit Ordnungsfimmel oder Bürokratie zu tun, auch wenn dies in der Praxis oft der Fall ist.

Der Wirtschaftswissenschaftler Grochla[2] definiert kurz und bündig:

Organisation
Strukturierung von Systemen zur Erfüllung von Daueraufgaben.

Was mir an dieser Definition gefällt, ist das Wort „Strukturierung". Hiermit wird ebenso die Tätigkeit des Strukturierens wie deren Ergebnis beschrieben, so dass Grochla auf elegante Weise das in älteren Lehrbüchern verbreitete und im Grunde pedantische Aufspalten in die zwei Bedeutungen von Organisation vermeidet: die dynamische im Sinne von „organisieren" und die statische im Sinne eines gegliederten Gebildes.

Schauen wir uns nur irgendeines dieser angeblich statischen Gebilde an: Bei einer Firma, einem Verein oder einer Familie haben wir Strukturen, aber sie sind ständig in Bewegung. Ob wir's wollen oder nicht, eine Kleinfamilie entsteht, wächst und findet ihr Ende, wenn die Kinder erwachsen sind. Firmen expandieren, sie bekommen Töchter, und sie gehen in Konkurs. Und der Abteilungschef, der gestern noch eine flammende Rede mit Durchhalteparolen gehalten hat, verlässt schon morgen das sinkende Schiff, weil er ein lukratives Angebot von der Konkurrenz bekommen hat.

Menschliche Organisationen sind also nicht festgefügt wie ein Gebäude aus Stahl und Beton. Mit Formulierungen wie „lernende Organisation" können wir es uns bewusst machen: Es sind lebendige Prozesse.

Vor diesem Hintergrund weckt das Wort „Daueraufgaben" am Ende der obigen Definition beinahe wieder die Sehnsucht nach festen Strukturen. Ein Philosoph würde fragen: Was ist von Dauer?

Nun, wenn es nicht um das Organisieren von Routineaufgaben, sondern ums Projektgeschäft geht, erübrigt sich die Frage. Denn ein Projekt und somit jede Projektaufgabe ist stets von begrenzter Dauer.

Stapellauf: „Also, der Champagner war okay ..."

Projekte sollten allerdings auch keine Eintagsfliegen sein, das gilt erst recht für das Projektergebnis: das zu erstellende Produkt. Softwaresysteme oder Automobile werden nicht für die Ewigkeit gebaut, aber sie sollen schon eine Weile halten. Und dafür brauchen wir eine gute Organisation – in Entwicklung und Fertigung, Vertrieb, Service und Support. Natürlich kommen hier und da auch einmal Produkte mit leicht unterdurchschnittlicher Nutzungsdauer vor, wie wir an der obigen Abbildung sehen.

Zusammenfassend lässt sich zum Begriff der Organisation sagen: Das strenge Unterscheiden von statischer und dynamischer Wortbedeutung ist unlogisch, Organisation ist immer dynamisch.

Schon im fünften Kapitel erwähnte ich den Physiker Fritjof Capra und seine Überlegungen zu alten und neuen Paradigmen. So wie er geben uns auch die chilenischen Neurobiologen Maturana und Varela hervorragende Beispiele für den Nutzen von wissenschaftlichem Crossover. Nachdem sie längst anerkannte Experten auf ihrem Fachgebiet waren, haben sie, vor allem durch ihr bahnbrechendes Werk „Der Baum der Erkenntnis", den Sozial- und Geisteswissenschaften enorme Impulse gegeben – in Richtung einer ganzheitlichen Sicht der Natur und des Menschen. Dabei ist einer der zentralen Begriffe die

Selbstorganisation

Das spontane Entstehen neuer Strukturen in dynamischen Systemen, das auf das kooperative Wirken von Teilsystemen zurückgeht[3].

Es gibt zahllose Beispiele für Selbstorganisation bei Pflanzen, Tieren und Menschen. Eines der faszinierendsten ist zweifellos die Entstehung neuen menschlichen Lebens im Mutterleib, der grandiose neunmonatige Prozess vom Ursprung der befruchteten Eizelle bis hin zum voll entwickelten Säugling im Augenblick der Geburt – für mich die Nummer Eins in der ewigen Weltrangliste der Projekte. Zwar finden Tag für Tag Millionen solcher „Unternehmungen" statt, aber für alle werdenden Mütter und Väter ist dies eben nicht „normal", sondern einzigartig.

Wie aber schaut es mit dem „spontanen Entstehen neuer Strukturen" im Bereich der Wirtschaft und der Gesellschaft aus? Welche Chancen und Risiken ergeben sich durch ein Fördern der Selbstorganisation auf der Basis „kooperativen Wirkens von Teilsystemen" in unseren Schulen und Behörden, in den neuen EU-Ländern oder etwa in den Ländern des Nahen und Mittleren Ostens? Die Natur bietet uns Modelle an, worauf warten wir?

System und Prozess

Wir kommen zu einem weiteren zentralen Begriff, der schon bei der Definition von Organisation ins Spiel kam: System. Auch bei diesem Wort denken viele zuallererst an ein „geordnetes und gegliedertes Ganzes"[4], also ein starres Gebilde. Dass diese Denkweise immer noch die vorherrschende ist, lässt sich vermuten, wenn wir im Duden[5] oder im Wahrig[6] nach den zugehörigen Eigenschaftswörtern suchen: „systematisch" findet sich in beiden Nachschlagewerken ohne Schwierigkeiten, bei „systemisch" hingegen läuft man ins Leere.

Der Begriff „systemisch" ist aber z. B. Psychologen und Medizinern längst geläufig. Seine Wurzeln hat er in der Systemtheorie, einer Arena, in der sich Informatiker ebenso wie Soziologen und Philosophen in vielen fachübergreifenden Projekten tummeln.

Wie dieser theoretische Ansatz in der Praxis der zwischenmenschlichen Beziehungen nutzbringend umgesetzt werden kann, das schildert auf kurzweilige Art und an Hand drastischer Beispiele Paul Watzlawick in seiner „Anleitung zum Unglücklichsein". Wenn also demnächst Ihre Chefin oder Ihr Chef Ihnen rät, systematisch zu arbeiten, dann sollten Sie ebenso höflich wie bestimmt widersprechen. Bekräftigen Sie einfach Ihre Vorliebe für den systemischen Ansatz und empfehlen Sie Watzlawick!

Es ist also zweifellos der bessere Weg, nicht mit zu vielen starren Schubladenkästen im Kopf zu hantieren und die Dinge in unserem Oberstübchen immer ein wenig im Fluss zu halten. Damit bei der Definition von „System" der dynamische Aspekt gegenüber dem statischen nicht zu kurz kommt, schlage ich, ausgehend von Webster's[7] und Brockhaus[8], die folgende Formulierung vor:

System

Komplexe Gesamtheit von oft unterschiedlichen Teilen, die untereinander in Wechselwirkung stehen und sich nach einem gemeinschaftlichen Plan oder zu einem gemeinschaftlichen Zweck zu einem Ganzen zusammenfügen [griechisch *systema*, von *syn* „zusammen" und *histanai* „stellen"].

Michael Hammer und James Champy hatten Systeme der Wirtschaft im Visier, als sie 1993 mit „Business Reengineering" für erheblichen Wirbel sorgten und schlagartig zu den Gurus einer radikalen Prozessorientierung in Industrie- und Dienstleistungsunternehmen wurden. Hier die Definition eines der Schlüsselbegriffe des Buchs im Original:

Unternehmensprozess

Bündel von Aktivitäten, für das ein oder mehrere unterschiedliche Inputs benötigt werden und das für den Kunden ein Ergebnis von Wert erzeugt[9].

Mit wenigen Worten wird hier unmissverständlich der Fokus markiert: Kunde, Ergebnis, Wert. Nicht nur im Tagesgeschäft, auch bei vielen Projekten geht allzu leicht unter: Dem Kunden geht es nicht nur um Termintreue und um Kosten, er erwartet vor allem ein solides, qualitativ einwandfreies Produkt mit einem greifbaren Nutzen.

Damit sind wir bei den nächsten Stichwörtern, die besonders aus der Sicht des Auftraggebers von überragender Bedeutung sind: Qualität und Zielerreichung. Während dem ersten der beiden Begriffe ein eigenes Kapitel im letzten Block („Oben bleiben") gewidmet ist, werden wir uns mit dem zweiten gleich in der nächsten Trainingseinheit intensiv beschäftigen. Denn im Projekt ist ein klares Ziel zwar nicht alles, aber ohne Ziel ist alles nichts.

12 Ziele definieren, Ziele erreichen

Ein Mensch muss auch wissen, was er will, und wissen,
was er kann: Erst so wird er Charakter zeigen,
und erst dann kann er etwas Rechtes vollbringen.
Arthur Schopenhauer

Jeder von uns hat ab und zu fromme Wünsche, das kann passieren. Kritisch wird es, wenn wir uns einbilden, wir müssten nur fest genug an die Erfüllung eines Wunsches glauben, dann werde Gott oder das Schicksal die Sache schon richten. Aber Gott, wenn es ihn denn gibt, hat sicher Wichtigeres zu tun als abergläubische Faulpelze oder Autosuggestionsexperten zu beglücken.

Machen wir uns also nichts vor. Es reicht nicht, sich etwas zu wünschen oder sich in der Silvesternacht großartige Dinge für das neue Jahr vorzunehmen. Wir müssen etwas unternehmen. Aus dem Wunsch oder dem Vorsatz muss ein klar definiertes Ziel werden. Andernfalls wird es irgendwann ein böses Erwachen geben, und wir stellen fest, dass wir uns zusammen mit Millionen anderen auf dem Weg befinden, der mit guten Vorsätzen gepflastert ist – in Richtung Hölle.

Das klingt einigermaßen dramatisch, vor allem für die, die noch keine Katastrophe erlebt haben. Falls Ihnen diese Erfahrung bisher fehlt, kann ich Sie beruhigen: Sie haben noch jede Menge Chancen. Denn es gibt nicht nur eine Hölle. Eine Ehe oder Lebensgemeinschaft kann ebenso zur Qual werden wie die Einsamkeit; ein Arbeitsplatz, an dem ich gemobbt werde, genauso wie die Arbeitslosigkeit. Und das Verrückte ist: Meist sind es die Höllenbewohner selbst, die sich ihre üble Behausung über Jahre hinweg liebevoll zurechtgezimmert haben. Beliebter Baustoff hierbei sind fromme Wünsche.

Beim Abschluss der Qualifikationsrunde hatten wir ja bereits festgestellt, dass Sie in der Disziplin „Ziele definieren" noch zusätzliche Fitness brauchen. Deshalb nehmen Sie sich bitte jetzt Block und Stift und schreiben Sie auf: „Heute, bis spätestens 24:00 Uhr, lerne ich, wie man professionell ein Ziel definiert. Dieses neue Wissen werde ich heute noch in einem konkreten Beispiel umsetzen."

Was glauben Sie: Welche Pannen passieren am häufigsten, wenn jemand versucht, sich ein Ziel zu setzen? Anders gefragt: Was kann ich bei der Formulierung eines Ziels tun, damit aus der Sache nie etwas wird? Es gibt mehr Möglichkeiten, als Sie vielleicht denken.

Acht Techniken zur Vermeidung von Erfolg

1. Ich fange gar nicht erst an, ernsthaft über eine Veränderung des gegenwärtigen Zustands nachzudenken.
2. Ich schreibe nie etwas auf, ich rede nur über Absichten.
3. Ich baue mir ein „Ziel mit eingebautem Hintertürchen": Ich formuliere so schwammig, dass kein Mensch prüfen kann, ob das Ziel erreicht wurde oder nicht.
4. Ich lege die Messlatte zu hoch.
5. Ich lege sie zu niedrig.
6. Als Termin für die Zielerreichung vereinbare ich den Sankt-Nimmerleins-Tag.
7. Ich definiere ein Ziel nicht für mich selbst, sondern für andere Leute. Die sind nachher auch schuld, wenn's nicht geklappt hat.
8. Ich sorge dafür, dass das Erreichen des Ziels mir im Grunde völlig schnuppe ist.

Wenn Sie ganz sicher gehen wollen: Kombinieren Sie mehrere Punkte! Das Trio 4./6./8. zum Beispiel gibt Ihnen eine Art Garantie für die Niederlage. Und alle acht Techniken können Sie universell verwenden – bei beruflichen Zielsetzungen ebenso wie im Sportclub oder in der Familie.

Falls Sie bis 24:00 Uhr die obigen acht Punkte nicht auswendig lernen wollen, nehmen Sie alles in einem Wort:

Ziele müssen **smart**[10] sein, das heißt sie müssen

- ▶ **s**chriftlich fixiert,
- ▶ **m**essbar,
- ▶ **a**ttraktiv,
- ▶ **r**ealistisch und
- ▶ **t**erminiert sein.

Um Ziele geht es auch in der folgenden Trainingseinheit. Vorab noch einmal zur Erinnerung die erste Testfrage, die ich Ihnen zum Abschluss der Qualifikation stellte: Was ist der Unterschied zwischen Effizienz und Effektivität?

Bei Ihrer nächsten Teamsitzung können Sie ja mit dieser Frage einmal Ihre Kolleginnen und Kollegen testen. Aber am besten machen Sie sich zunächst einmal selbst in dieser Sache schlau.

13 Effizienz und Effektivität, Trigonometrie des Managements

Um klar zu sehen, genügt oft ein Wechsel der Blickrichtung.
Antoine de Saint-Exupéry

Peter Drucker definiert genial einfach:

Effizienz   → "Do the things right!"
Effektivität → "Do the right things!" [11]

Ein nicht gerade friedfertiges, aber griffiges Beispiel hierzu liefert uns das Projekt „Trojanischer Krieg" mit dem klar definierten Ziel: Eroberung der Stadt Troja.

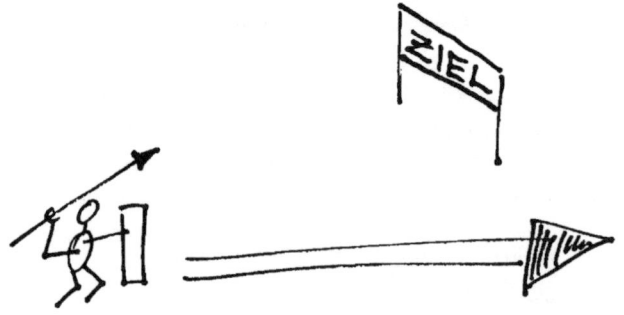

Achilles, die effiziente Kampfmaschine

Achilles ist die Verkörperung des Wahlspruchs „Do the things right". Er war ein Krieger, der sein Handwerk besser verstand als jeder andere im Heer der Belagerer von Troja. Aber allein mit der Achilles-Methode war das Ziel nicht zu erreichen.

Weshalb Achilles den Odysseus braucht

Den Durchbruch zum Erfolg hatten die Griechen letztlich dem Schlitzohr Odysseus zu verdanken. Er kam auf die Idee mit dem Monstrum, welches als „trojanisches Pferd" in die Geschichte einging – „the right thing" für die vom jahrelangen Krieg bereits erschöpften Belagerer.

Odysseus und sein hinterlistiger Knall-Effekt

Fürs tägliche Projektgeschäft bleibt festzuhalten: Effizienz ist wichtig und notwendig, aber sie reicht nicht aus zur Erreichung eines hochgesteckten Ziels;
hinzukommen muss die Zielorientierung, die Effektivität. Im Einzelfall kann
das bedeuten, dass ich die Finger von Aktivitäten und Verfahrensweisen lasse,
die nicht zielführend sind, d. h. ich verabschiede mich von liebgewonnenen
Gewohnheiten und „Trampelpfaden", auch wenn es mir schwer fällt. Ab und
zu die Blickrichtung ändern, sich von der handwerklichen auf die strategische
Ebene begeben – genau das zeichnet einen guten Projektmanager aus.

Und nicht nur das, ein Projektleiter sollte unbedingt fit sein in der Trigo-
nometrie. Falls Sie jetzt ebenso verblüfft sind wie bisweilen die Schülerinnen
und Schüler in meinen Mathematikkursen – kein Problem, genau das ist Sinn
der Übung.

Dreiecke verdienen also unsere besondere Aufmerksamkeit, erst recht das
„magische Dreieck" auf der übernächsten Seite: drei Ecken, drei Blickwinkel,
und für die Kugel in der Mitte wird es spannend.

Management – eine Dreiecksgeschichte

Unter dem Titel „Die Kunst des Managements" erschien vor einiger Zeit eine
Sammlung herausragender Aufsätze des schon erwähnten Peter Drucker.
Damit hat, so könnte man meinen, der renommierte Berater und Hochschul-
lehrer eindeutig die Frage beantwortet: Ist Management eine Kunst oder eine
Wissenschaft?

Die Antwort von Fredmund Malik[12] ist: weder das eine noch das andere.
Management ist ein Beruf. Und diesen Beruf kann man, wie im Grunde
jeden anderen Beruf, erlernen und professionell ausüben, ohne hierzu ein
„Universalgenie" sein zu müssen. Übrigens: Zu seinem Resultat kommt er
unter anderem wohl deshalb, weil er als erklärter Bewunderer Druckers von
dessen Werk mehr gelesen hat als nur den ein oder anderen Buchtitel.

In der folgenden, aus meiner Sicht absolut treffenden und vollständigen Webster's-Definition von Management[13] kommt interessanterweise dem Begriff des Projekts eine herausragende Bedeutung zu:

Management

Die ausführende Tätigkeit, irgendein Industrie- oder Geschäftsprojekt oder eine Aktivität zu planen, zu organisieren, zu koordinieren, zu leiten, zu steuern und zu überwachen, mit der Verantwortung, Ergebnisse zu erzielen.

Wenn es um Verantwortung geht, wünschen wir alle uns bisweilen ein Hintertürchen, durch welches wir uns notfalls aus dem Staub machen können. Management im Projektgeschäft lässt uns da nicht allzu große Spielräume.

In der folgenden Abbildung wird auf den Punkt – oder genauer: auf drei Punkte – gebracht, wofür Sie gerade stehen müssen, wenn Sie die Leitung eines Projekts übernehmen. Sie sind verantwortlich für die Qualität der erzielten Ergebnisse, für die Einhaltung des Budgets und der Termine.

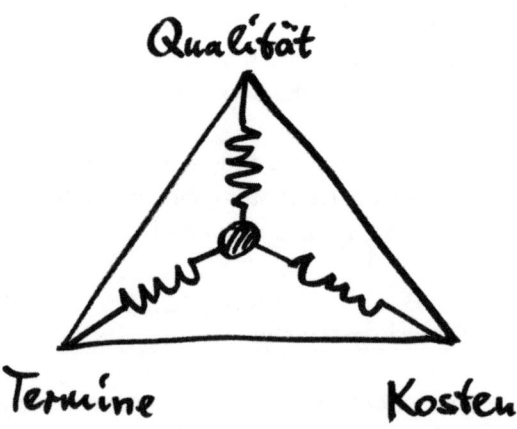

Das „magische Dreieck"

Und damit alles nicht zu simpel wird, gibt es ständige Wechselwirkungen zwischen den drei Elementen. Wenn Sie die Kugel von der Mitte des Dreiecks zu einer Ecke hin ziehen, sich also zu sehr auf die Erreichung eines der drei Teilziele konzentrieren, wird es sehr bald Spannungen bei den beiden anderen Punkten geben.

Da hilft nur eins: Ein gut sortierter Werkzeugkasten ...

14 Von der Methode zum Software-Tool

Give us the tools, and we will finish the job.
Winston Churchill

Für Ihr Projektteam und für Sie selbst brauchen Sie erstklassige Methoden und Techniken. Auch diesen beiden Begriffen sollten wir vor Abschluss unseres Trainingslagers einmal kurz nachgehen. Mit „Nachgehen" sind wir schon beim sprachlichen Ursprung des ersten der beiden Wörter:

Methode

Planmäßiges, folgerichtiges Verfahren, Vorgehen, Handeln (griech. *methodos* ... eigentlich „das Nachgehen, der Weg zu etwas hin"; *meta* „nach, hinter" + *hodos* „Weg").

Technik

Kunst, mit den zweckmäßigsten und sparsamsten Mitteln ein bestimmtes Ziel oder die beste Leistung zu erreichen ... (griech. *technikos* „kunstvoll, sachverständig, fachmännisch")[14].

Im Webster's wird in diesem Zusammenhang das griechische „technikos" mit „skillfull" übersetzt; deshalb hier die Originalfassung der Webster's-Definition zu einem Wort, welches längst aus der englischen in die deutsche Sprache übernommen wurde:

skill

- knowledge of the means or methods of accomplishing a task
- the ability to use one's knowledge effectively and readily in execution or performance: technical expertness[15].

Sie sehen, hier haben wir die Methode mit der Technik friedlich vereint. Einerseits geht es um Methodenkompetenz, andererseits um praxisbezogene Fertigkeit. Ebenso erkennen wir, wie schon in der obigen Technik-Definition, den Bezug zu Effizienz und Effektivität.

Die Überlegungen zu den letztgenannten Begriffen lassen sich etwa so zusammenfassen: In einem guten Team sind sowohl Effizienz als auch Effektivität gewährleistet. Es gibt erstklassige Techniker, die ihr Handwerk beherrschen, und ebenso pfiffige Methodiker, die immer wieder Dinge in Frage stellen, ihnen auf den Grund gehen. Wenn all das zusammenkommt, dann stimmen die Skills.

Und um den Unterschied zwischen Methode und Technik ein für allemal herauszuarbeiten, hier die 10-Euro-Frage: Was ist ein typisches Beispiel für eine Methode? Antwort: die Netzplantechnik.

Ich gebe zu, das war nicht ganz fair. Aber auch nicht ganz falsch. Statt eines langwierigen akademischen Streits über Begriffe machen wir's nun ganz pragmatisch: Wir werden das Thema Netzpläne an anderer Stelle gründlich abhandeln und verständigen uns einstweilen so: Die beste Methode, die Sie heutzutage im Projektalltag wählen können, um zu handwerklich sauberen Termin- und Budgetplänen zu kommen, ist die Verwendung ausgereifter computergestützter Werkzeuge, sprich: Tools.

Der Kreis schließt sich: Mit „Werkzeug" sind wir wieder bei unserem Ausgangspunkt, dem „organum" der alten Römer, deren Imperium ein fast schon beängstigendes Beispiel für Organisationstalent war.

Zusammenfassung: Organisation und Management

- Die Begriffe müssen klar sein in einem Projekt, ganz besonders bei einem interdisziplinären Vorhaben. Dies wird am besten gewährleistet durch ein Projekt-Glossar.
- Bei allem Praxisbezug darf die Theorie nicht zu kurz kommen. Denn „nichts ist so praktisch wie eine gute Theorie".
- Organisationen und Systeme sind keine statischen Strukturen, sondern dynamische Prozesse. Ein Baum, ein Haus, ein Mensch – stets haben wir es mit einem Film zu tun, auch wenn wir hier und jetzt nur ein Foto sehen.
- Jeder von uns ist stets Teil eines solchen Prozesses – Teilsystem eines größeren, sich permanent verändernden Systems.
- Den Schlüssel zu einem effizienteren und effektiveren Management finden wir in der Selbstorganisation, einem Vorgang, der sich täglich milliardenfach in der Natur abspielt: das spontane Entstehen neuer Strukturen durch das kooperative Wirken von Teilsystemen.
- Effizienz: Do the things right → Weg, Pragma
  Effektivität: Do the right things → Ziel, Spirit

- Damit das magische Dreieck – Termine, Kosten, Qualität – für mich nicht zum Bermuda-Dreieck wird, muss ich eine Vielzahl von geeigneten Methoden und Techniken kennen und anwenden lernen. Mitarbeiter mit den richtigen Skills bringen beides zusammen: Methode und Technik, Theorie und Praxis.

15 Zwischenbilanz:
Der Weg und das Ziel, Yin und Yang

Strebe nach Ruhe, aber durch das Gleichgewicht,
nicht durch den Stillstand deiner Tätigkeit.
Friedrich von Schiller

In der „Qualifikationsrunde", also den Kapiteln 2 bis 10, gab es zwei zentrale Begriffe: Projekt und Intelligenz. Das Ergebnis unserer Überlegungen in dieser ersten Runde war der Begriff „Projektintelligenz".

Im nun zu Ende gehenden „Trainingslager" ging es vordergründig um eine Reihe von Fachbegriffen der Management- und Organisationslehre. Aber bei genauerem Hinsehen lässt sich leicht feststellen: Immer wieder war von einem Spannungsfeld die Rede – von den Wechselwirkungen zwischen zwei entgegengesetzten Polen: Praxis und Theorie, Effizienz und Effektivität, Technik und Methode.

Das bedeutet: Der in den ersten Kapiteln entwickelte Begriff der Projektintelligenz, welcher ja für dieses Spannungsfeld steht, war letztlich der rote Faden während des gesamten Trainingsblocks. Dies wird auch in den noch vor uns liegenden Runden und Matchs so bleiben. Zusätzlich wird uns ab dem Viertelfinale die DAFFODIL-Methode als „Leitplanke" für die Praxis dienen.

Noch etwas verdient unsere besondere Beachtung, und zwar die Schlüsselwörter „Weg" und „Ziel", welche ich bereits in der Zusammenfassung auf der vorangehenden Seite hervorgehoben habe. Der Weg ist das, was ein pragmatischer Mensch stets vor Augen hat; er will marschieren, auf Kilometerleistung kommen. Hingegen wird ein Mensch mit stark ausgeprägtem Spirit immer nach einem hohen Ziel suchen, für das er sich begeistern kann. Er will, das haben wir bereits in dem Bild mit der „Erfolgsdiagonalen" (Kap. 7) gesehen, nicht bloß weiterkommen, er will nach oben, auf ein höheres Niveau.

Zwei so offenkundig gegensätzliche Elemente lassen bekanntlich alle Schwarz-Weiß-Denker reflexartig eine Frage stellen, die bereits beim „Anstoß" (Kap. 2) auftauchte: Welches Element ist das wichtigere? Was zählt am Ende mehr: EQ oder IQ, der Weg oder das Ziel?

Die Antwort ist Ihnen, da Sie die „Qualifikation" geschafft haben, längst geläufig: Nimm beides. Diese Lösung des Schwarz-Weiß-Scheinproblems kann uns weder ein Natur- noch ein Geisteswissenschaftler liefern, kein Praktiker und kein Theoretiker. Gefunden haben sie vor etwa zweieinhalbtausend Jahren drei „theoretische Praktiker" – Menschen mit extrem hoher Projektintelligenz. Buddha, Aristoteles und Laotse empfehlen uns, jeder auf seine spezielle Art: Vermeide die Extreme, strebe nach Harmonie, zur goldenen Mitte.

Laotse, der Begründer des Taoismus, bringt im „Tao" – inzwischen meist „Dao" geschrieben – alles zusammen: den Weg und das Ziel, die beiden Prinzipien Yin (weiblich, passiv, dunkel) und Yang (männlich, aktiv, hell). Auf der ganzen Welt bekannt ist mittlerweile das Symbol Taiji:

Es ist alles andere als bloße Schwarz-Weiß-Malerei. In ihm wird besser als mit Worten ausgedrückt: Die Elemente Yin und Yang sind nur scheinbar gegensätzlich, in Wahrheit sind sie komplementär. Der Kreis steht für das Dao, die Vereinigung beider Kräfte. Genau das ist der Kern des Projektintelligenz-Konzepts: IQ und EQ eines Menschen oder einer Gruppe von Personen sind keine Einzelposten, die man zu addieren hat wie ein Buchhalter. Vielmehr wird multipliziert, im besseren Fall nach oben, im schlechteren nach unten.

Mit dieser letzten, praktisch-philosophischen Übungseinheit ist unser Trainingslager beendet. Die Projekt-Weltmeisterschaft ruft! Die Tickets für das Endturnier sind längst gebucht, es kann losgehen.

TURNIER-VORRUNDE

Das traditionelle Projektmanagement

16 Projektinitialisierung: Ideen, Ziele, Fahrplan, Ordner

Denn Gott hat uns nicht einen Geist
der Verzagtheit gegeben, sondern den Geist
der Kraft, der Liebe und der Besonnenheit.
Paulus, 2. Brief an Timotheus, 1 7

Weg und Ziel waren Schlüsselbegriffe beim Abschluss unseres Trainingslagers, und sie bleiben es. In der folgenden Beschreibung

Projekt

Vorhaben, in welchem menschliche, materielle und finanzielle Ressourcen auf eine neue Art und Weise organisiert werden, um eine einzigartige Aufgabe von vorgegebenem Leistungsumfang unter Beschränkung von Kosten und Zeit so zu erledigen, dass eine nutzbringende Veränderung erreicht wird, welche durch qualitative und quantitative Ziele definiert ist

sehen Sie es deutlich: Alle Anstrengungen auf dem Projekt-Weg laufen darauf hinaus, die vor Projektbeginn festgelegten Ziele zu erreichen.

Ich bringe die obige Formulierung von R. Turner[1] bewusst als Ergänzung zu der DIN-Definition, die ich bereits am Ende des sechsten Kapitels erwähnte. Erstens, weil an dieser Stelle eine Rückbesinnung auf die wesentlichen Merkmale eines Projekts nichts schadet. Zweitens, weil ich Turners Definition für ausgezeichnet halte. Turner sagt:

▸ Der Mensch steht an erster Stelle.
▸ Ein Projekt bedeutet Veränderung, und zwar eine nutzbringende.
▸ Es genügt nicht, dass die Aufgabe einzigartig ist. Ich muss sie auf eine neue Art und Weise abwickeln, d. h. eine spezielle Form von Intelligenz ist gefragt. Ich erinnere hierbei an den siebten Punkt der Hofstadter-Liste im vierten Kapitel.

Wenn wir ein Projekt auf die Schiene setzen wollen, brauchen wir zuallererst einen Projektfahrplan, ein Schema für die zeitliche Abfolge der einzelnen Aktivitäten.

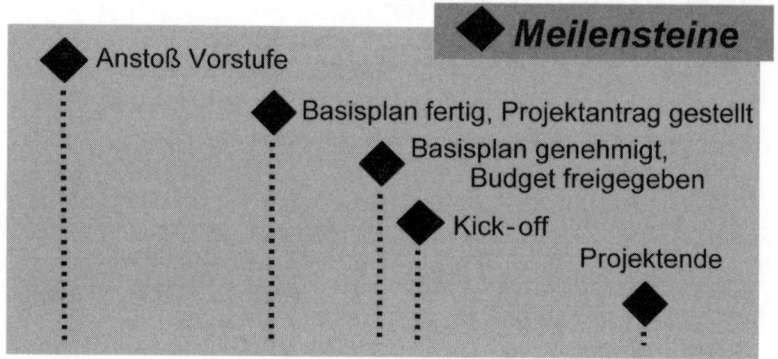

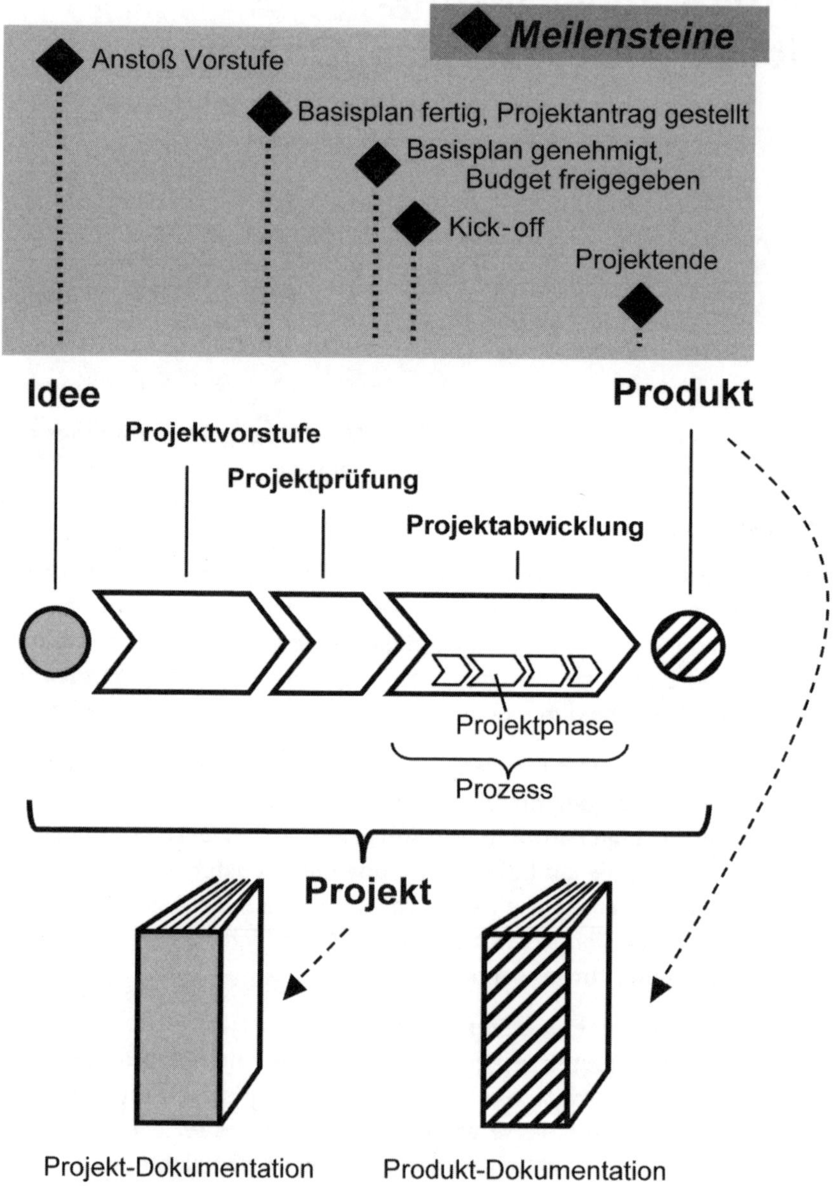

Meilensteine

◆ Anstoß Vorstufe

◆ Basisplan fertig, Projektantrag gestellt

◆ Basisplan genehmigt,
    Budget freigegeben

◆ Kick-off

Projektende
◆

Idee   **Produkt**

Projektvorstufe

Projektprüfung

Projektabwicklung

Projektphase

Prozess

Projekt

Projekt-Dokumentation   Produkt-Dokumentation

Der Projektfahrplan

Die Abbildung auf der vorangehenden Seite zeigt den groben Ablauf eines beliebigen Projekts, von der Idee bis zum Produkt. Selbstverständlich wird es von Fall zu Fall Unterschiede hinsichtlich der Dauer und der Ausprägung der einzelnen Schritte geben. Dennoch gilt, unabhängig vom Metier, vom Umfang oder von der Komplexität eines Projekts: Zur besseren Übersicht für alle Beteiligten sollte ein Projektfahrplan in grafischer Form erstellt werden, ergänzt durch schriftliche Erläuterungen.

Vermutlich können Sie sich auf einige Begriffe in der obigen Darstellung noch keinen rechten Reim machen, und das Ganze erscheint Ihnen vielleicht auch übertrieben kompliziert. Dennoch, selbst wenn Sie „nur" Ihren Bachelor oder Ihren Meister machen wollen, erst recht für den Bau eines Einfamilienhauses gilt:

► Auslöser ist stets eine Idee – in Ihrem Kopf oder im Kopf eines anderen.
► Mit der Herkunft der Idee ist in der Regel auch der Projektauftraggeber vorgegeben: Ihr Chef, Ihr Kunde oder Sie selbst.
► Am Ende Ihres Projekts steht das Ergebnis, ein Produkt – das, was der Auftraggeber als Gegenwert für seine Investition erwartet. Dies kann ein technisches und ebenso ein künstlerisches oder geistiges Produkt sein, etwa ein Gutachten oder ein Abschlusszeugnis.

Weitere Merkmale des Projektfahrplans sind:

► Klare, einfache Gliederung des Gesamtablaufs
► Grafische Darstellung; Zeitachse von links nach rechts
► Der Ablauf wird grob gegliedert in: Projektvorstufe, Projektprüfung und Projektabwicklung.
► Die Projektabwicklung wird wiederum unterteilt in Projektphasen, bei technischen Projekten ist hierbei ein Prozess zu steuern.
► Meilensteine sind „Schlüsselereignisse für die Planung und Überwachung eines Projekts"[2]; typische Beispiele: Projektstart, Projektende sowie jeder Abschluss einer Projektphase. Weitere Meilensteine sind denkbar, jedoch:
► Das Erreichen eines Meilensteins ist stets ein herausragendes Teilziel und muss deshalb, gemäß der SMART-Regel aus Kapitel 12, messbar und überprüfbar sein; so muss beispielsweise am Ende der Projektvorstufe der Basisplan fertig gestellt sein.
► Bei der Projektprüfung wird der Basisplan unter die Lupe genommen und gegebenenfalls genehmigt.

- ► Durch eine Kick-off-Veranstaltung wird für alle Beteiligten signalisiert: Genug geplant, Budget genehmigt, jetzt geht's los.
- ► Alle relevanten Daten werden fortlaufend dokumentiert. Hierbei wird klar unterschieden zwischen
  - der Produkt-Dokumentation, also Konstruktionszeichnungen, System- oder Benutzerhandbüchern, sowie
  - der Projekt-Dokumentation, dem „Projektordner". Er enthält den Projektantrag, Sitzungsprotokolle, Verträge, Termin- und Budget pläne, Aktennotizen usw.; in bedrohlichen Projektsituationen ist dies der „Überlebenskoffer" des Projektleiters.

Das stärkste Argument für eine strukturierte und gut dokumentierte Vorgehensweise noch vor dem eigentlichen Startschuss des Projekts ist die Vermeidung von Ärger, Frustration und vor allem finanziellen Verlusten. Und:

Es ist nicht verboten, bei außergewöhnlichen Aufgaben spezielle Techniken des Projektmanagements anzuwenden, selbst wenn kein Projekt im förmlichen Sinne vorliegt.

Der Projektfahrplan, so wie er hier präsentiert wird, soll Ihnen also einen „Baukasten" liefern, nicht mehr und nicht weniger. Im praktischen Anwendungsfall werden Sie immer einiges anpassen, hinzufügen oder weglassen. Hier noch einige

Grundregeln für die Projektinitialisierung

- ■ Sofort anfangen mit Dokumentieren: Aufschreiben aller Ideen, Ziele usw.
- ■ Sofort das End-Datum festlegen. Durch Rückwärtsrechnung ergeben sich daraus in erster Näherung die Soll-Termine für die Meilensteine und somit der gesamte Projektfahrplan.
- ■ Niemals nachlassen beim Aktualisieren der Dokumentation.
- ■ Zwei Ordner für die Projekt- bzw. die Produktdokumentation anlegen, sowohl elektronisch als auch physisch.
- ■ Sofort die Gliederung der Ordner festlegen.
  Für die Produktdokumentation gibt es sicher Muster in Ihrer Firma oder Ihrem Fachverband. Einen Vorschlag für die Projektordner-Gliederung finden Sie auf den beiden Folgeseiten[3].

Projektordner-Gliederung

o Laufende Notizen

1 Projektdefinition
   a) Projektbeschreibung
   • Projektziele
   • Zu erledigende Aufgaben
   • Projektfahrplan, Meilensteine
   • Stakeholder, Rollen und Akteure im Projekt
   • Abgrenzung gegenüber anderen Projekten
   b) Projektstammblatt

2 Projekt-Basisplan
   a) Projektstrukturplan, Arbeitspakete
   b) Aufwandsschätzung, Kosten/Nutzen-Analyse
   c) Terminplanung
   d) Personal-, Ressourcen- und Kostenplanung
   e) Qualitätsplanung
   f) Risikoanalyse

3 Verträge, Aktennotizen, wichtige E-Mails
   a) Projektantrag / Angebot
   b) Genehmigung / Auftrag
   c) Änderungsanträge
   d) Aktennotizen, wichtige E-Mails, Projekttagebuch

4 Projektdurchführung, Projektsteuerung
   a) To-do-Liste
   b) Jour fixe
   c) Sonstige Sitzungen, Protokolle, Berichte
   d) Termine
   e) Personal, Ressourcen, Zulieferer, Kosten
   f) Qualität
   g) Risiken

5 Projektmarketing
   a) Kick-off
   b) Networking: Multiplikatoren, Medien, Sponsoren
   c) Aktionen, Veröffentlichungen
   d) Präsentationsunterlagen, Materialien

6 Projektabschluss
a) Abnahmeprotokoll
b) Abweichungsanalyse, Erfahrungsdaten
c) Projektauflösung

7 Projekt-Glossar

Anhang
• Telefonnummern und E-Mail-Adressen
• Informationsmatrix, Verteilerlisten

Natürlich enthält dieser Gliederungsentwurf etliche Fachwörter, wie z. B. „Jour fixe" oder „Informationsmatrix", die erst an späterer Stelle im Zusammenhang erläutert werden. Meine Überlegung war ganz einfach: Wenn ich Ihnen bei den oben aufgezählten Tipps für die Projektinitialisierung ins Gewissen rede, sofort einen Projektordner anzulegen und sofort die Gliederung dieses Ordners festzulegen, muss ich damit rechnen, dass Sie mich beim Wort nehmen. Dass Sie also gerade ein neues Projekt aufsetzen wollen und nun auf der Stelle einen leeren Ordner samt Registerblättern aus dem Regal nehmen. Da wäre es unfair, wenn ich Sie bezüglich Gliederungsschema auf später vertrösten würde. Fassen wir zusammen:

Eine klar gegliederte und stets aktuelle Dokumentation ist das vegetative Nervensystem des Projekts.

Ehrlich gesagt, nachdem ich gleich zu Beginn dieses Kapitels noch einmal den Weg und das Ziel hervorgehoben habe, ist auf den letzten Seiten fast ausschließlich der erste der beiden Punkte zu seinem Recht gekommen. Es wird also höchste Zeit, dass wir die im Trainingslager absolvierte Übungseinheit „Ziele definieren" (Kap. 12) nun im ersten Spiel der Turnier-Vorrunde auch umsetzen.

Diese Umsetzung wird in Form eines Zieldefinitionsworkshops erfolgen. Bevor wir an die Sache herangehen, sei mir jedoch zur Projektinitialisierung und speziell zum Projektfahrplan ein kurzer Nachtrag erlaubt, der mir sehr wichtig ist.

Die Projektvorstufe kommt häufig zu kurz, bisweilen wird sie komplett versäumt – ein Fehler, der später teuer bezahlt werden muss, mit Zins und Zinseszins. Außerdem hat die Projektvorstufe einen Haken: Kurz nachdem jemand eine Projektidee hat, beißt sich „die Katze in den Schwanz" – es gibt kein Geld, weil noch kein Konzept vorliegt, und es wird kein Konzept erstellt, weil noch kein Geld fließt. Man tritt also auf der Stelle. Deshalb, legen Sie einfach los, denn:

Wenn eine Projektidee geboren wird und dann nicht innerhalb von 48 Stunden erste konkrete Schritte zur Realisierung erfolgen, wird aus der Sache nie etwas.

Im Grunde ist alles nicht besonders kompliziert, es ist eine Frage der Willenskraft. Wenn ich ein Projekt auf die Beine bringen will, muss ich andere für meine Idee begeistern. Dazu brauche ich nicht gleich ein Riesenbudget, ich muss nur die ersten groben Entwürfe finanzieren, notfalls aus eigener Tasche, und die Sache ins Rollen bringen.

Ähnlich wie bei der Projektvorstufe ist auch bei der Projektprüfung der am häufigsten gemachte Fehler: Es wird zu wenig Zeit eingeplant. Aber hier geht es schlicht um die Entscheidung für oder gegen das Projekt. Das bedeutet, es geht um das Thema Wirtschaftlichkeit, worauf wir im „Endspiel" (ab Kapitel 34) näher eingehen werden.

Wir kommen nun in die letzte und entscheidende Phase dieses Matchs, zum Zieldefinitionsworkshop (ZDW). Glauben Sie mir, schon die Verwendung dieser Bezeichnung, natürlich ergänzt durch den Namen des betreffenden Projekts, in der Einladungs-E-Mail an alle Teilnehmer des Workshops hat eine enorme Signalwirkung:

▶ Dies ist nicht irgendeine Konferenz, kein Allerweltsmeeting.
▶ Ein neues Projekt, und dafür ein Workshop – es wird gearbeitet.
▶ Die Ziele des Projekts müssen definiert werden.

Und wer nimmt teil? Die Stakeholder. Wer hiermit gemeint ist, geht aus Punkt 5 der folgenden Checkliste hervor.

Zieldefinitionsworkshop (ZDW)
Checkliste

(1) Was sind die Projektziele? Welche davon sind Muss-Ziele, welche sind Soll-Ziele?
(2) Welche wesentlichen Aufgaben sind zu erledigen?
(3) Gibt es mehrere Lösungswege? Wenn ja: welches ist die nach Kosten/Nutzen beste Alternative?
(4) Für wann sind Projektstart und Projektende geplant? Welche Meilensteine gibt es?
(5) Wer sind die Stakeholder des Projekts, also:
   • Auftraggeber, Auftragnehmer
   • Promotoren, Sponsoren

- Projektleiter, Projektmitarbeiter
- Anwender/Nutznießer des zu erstellenden Produkts
- Interessengruppen, Betroffene?

(6) Welche Aufgaben sind nicht in diesem Projekt zu bearbeiten? (Abgrenzung gegenüber anderen Projekten)

(7) Welche Risiken sind zu beachten? Welche Veränderungen werden sich durch das Projekt ergeben?

Wenn Sie nun noch einmal drei Seiten zurückblättern zur Projektordner-Gliederung, stellen Sie fest: Der Inhalt von Abschnitt 1a in dieser Gliederung wird exakt durch die ersten sechs Punkte der ZDW-Checkliste abgedeckt. Wenn all diese Punkte geklärt sind, kann man sie in Form eines Projektstammblatts zusammenfassen, welches im Projektordner dann unter Gliederungspunkt 1b abgeheftet wird. Ein Muster zum Projektstammblatt finden Sie im Anhang dieses Buchs.

Der siebte Punkt der Checkliste ist einer der wichtigsten im Projektgeschäft: Risiken analysieren und entsprechende Maßnahmen vorbereiten. Im Rahmen eines Zieldefinitionsworkshops bleibt es natürlich meist bei einer ersten Stoffsammlung. Über die weiteren Schritte während des gesamten Projektverlaufs wird in den Kapiteln 19 und 35 noch berichtet werden.

Auch beim zweiten Punkt („Zu erledigende Aufgaben") genügt im Rahmen eines Zieldefinitionsworkshops eine grobe Auflistung. Es ist die Basis für den später zu erstellenden „Anforderungskatalog", die englischen Schlagwörter in diesem Zusammenhang sind „requirements specification" und „scope management". Letzteres ist die Bezeichnung für eine der neun „Project Management Knowledge Areas" gemäß dem bereits erwähnten „Project Management Body of Knowledge" (PMBOK).

Im deutschen Sprachgebrauch haben sich für Informatik-Projekte zwei Begriffe etabliert, die häufig miteinander verwechselt werden und deshalb eine kurze Erläuterung verdient haben[4]:

Lastenheft: Wunschliste des Auftraggebers bzw. der künftigen Anwender eines neu zu entwickelnden technischen Produkts; erst danach erfolgt eine Prüfung der Machbarkeit und die Erstellung des

Pflichtenhefts: Ergebnis der Anforderungsanalyse, die im Rahmen der Projektvorstufe durchgeführt wird, und zwar gemeinsam von Auftraggeber und Auftragnehmer.

Bei großem Umfang des Gesamtvorhabens sollte für die Erstellung des Pflichtenhefts ein gesonderter Projektauftrag erteilt werden. Ebenso wird aus dem dritten Punkt der ZDW-Checkliste bei großen Vorhaben zwangsläufig ein eigenständiges Projekt: die Vorstudie (vgl. Kap.18).

So, das erste Spiel der Turnier-Vorrunde ist gelaufen, wir haben uns wacker geschlagen. Und unabdingbar nach einem solchen Einstiegsmatch ist eine zeitnahe und schonungslose Analyse des Spielverlaufs: Was muss beim nächsten Spiel besser laufen, welche Schnitzer dürfen wir uns nicht mehr erlauben? Unsere Manöverkritik führt zu folgendem Ergebnis:

Stolpersteine in der Projektvorstufe

- Die Hasen (vgl. Kapitel 8) sind strikt gegen jede Veränderung, einigen Füchsen ist das neue Projekt völlig schnuppe, sie bleiben erst einmal in der Deckung.
- Die Hasen und Füchse sorgen gemeinsam dafür, dass möglichst wenig schriftlich dokumentiert wird.
- Wenn es sich nicht vermeiden lässt, dass etwas aufgeschrieben wird, z. B. über Ziele und Meilensteine, sind die obersten Regeln der routinierten Füchse: Stets schwammig formulieren und niemals konkrete Termine nennen, allenfalls Angaben wie „im Laufe des kommenden Frühjahrs".
- Während die Hasen möglichst kleine Brötchen backen wollen, macht ein Fuchs der hinterlistigen Sorte es gerade umgekehrt: Er schlägt sich zum Schein auf die Seite der hoch motivierten Projektgänse und bestärkt diese darin, die Ziele immer höher zu schrauben – zweifellos die zuverlässigste Methode, ein Projekt zum Scheitern zu bringen.
- Kurz: Entweder ein erheblicher Mangel an Spirit oder zu wenig Pragma. Oder beides.

17 Projekte einordnen und bewerten

> „Woran arbeiten Sie?", wurde Herr K. gefragt.
> Herr K. antwortete: „Ich habe viel Mühe,
> ich bereite meinen nächsten Irrtum vor."
> Bertolt Brecht

Statt in einem Projekt wild loszulegen und mit vielen tollen Methoden und Tools zu hantieren, die womöglich genau die falschen sind, sollten wir uns zunächst die Frage stellen: Mit welcher Art von Projekt haben wir es hier zu tun?

Je nachdem, wie die Antwort ausfällt, erübrigt sich die Anwendung bestimmter Verfahrensweisen, weil sie der Größe oder der Aufgabenstellung des Vorhabens nicht angemessen sind. Allerdings lassen sich, etwa für die Verwendung von Netzplänen, keine klaren Grenzlinien ziehen. Da hilft nur eins: ausprobieren. Im Wesentlichen gibt es die folgenden[5]

Unterscheidungsmerkmale für Projekte

- Größe: Als Messlatte ist niemals die Dauer des Projekts geeignet, sondern eher der Personalaufwand, gemessen in Mitarbeiterjahren (siehe Kap. 24); man unterscheidet
  - kleine Projekte: unter einem Mitarbeiterjahr
  - mittlere Projekte: 1 bis 10 Mitarbeiterjahre
  - große Projekte: über 10 Mitarbeiterjahre
- Strategische Bedeutung
- Aufgabenstellung, Fachgebiet
- Risiko des Fehlschlags
- Organisationsform, insbesondere:
  Auftraggeber/Auftragnehmer-Beziehung
- Komplexität
- Neuartigkeit (Innovationsgrad)

Bezüglich der beiden zuletzt genannten Merkmale ergibt sich die folgende Einteilung in *Projektarten*[6]:

Komplexität

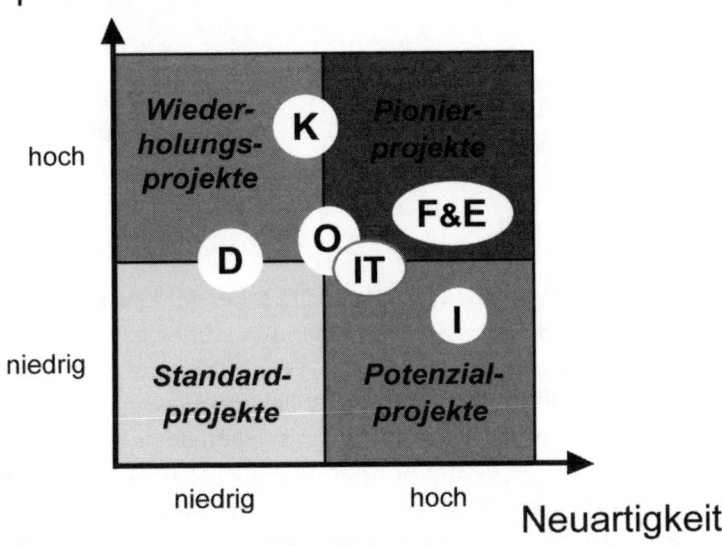

Projektarten-Portfolio

Innerhalb eines Fachgebiets gibt es zusätzlich eine Unterscheidung nach *Projekttypen*. Bei der Software-Entwicklung zum Beispiel ist folgende Aufteilung üblich: Neuentwicklung, Weiterentwicklung, Wartung, Anpassung von Standardsoftware, Migration etc.. In den meisten Firmen gibt es für jeden Typ eines Projekts spezielle Richtlinien und Verfahrensweisen.

Jedenfalls ist, um es an einem Beispiel festzumachen, durch die obigen Beschreibungen klar geworden: Bei einem Pionierprojekt wird die Risikoanalyse methodisch anders ablaufen und wesentlich aufwändiger sein als bei einem Standardprojekt.

18 Projektdesign

Rom wurde nicht an einem Tag erbaut. Auch bei der Cheopspyramide hat es ein wenig länger gedauert. Seit Jahrtausenden gibt es solche Mammutvorhaben: Die Chinesische Mauer, die großen Kathedralen des Mittelalters, und auf der anderen Seite die großen Kriege und Feldzüge – angefangen beim schon erwähnten Kampf um Troja bis hin zu den Kriegen der Neuzeit. Oder nehmen Sie die Entwicklung der ersten Atombombe, das Manhattan-Projekt.

Der Eiffelturm war immerhin nach gut zwei Jahren fertig, beim Taj Mahal hingegen waren es siebzehn Jahre. Sind solche gigantischen Unternehmungen überhaupt noch als Projekte zu bezeichnen? Im Fall Rom ist es einfach: Eine Stadt ist eine ständige Baustelle, also mit Sicherheit kein Projekt. Und der Taj Mahal? Irgendwann wird doch selbst bei einem solch kolossalen Bauwerk die Fertigstellung gefeiert, auch wenn in der Folgezeit stets Instandsetzungen notwendig sind.

Wo liegt die Grenze, wie lange darf ein Vorhaben dauern, um noch von einem Projekt sprechen zu können? Diese Frage wird immer wieder in meinen Seminaren und Workshops gestellt – zu Recht, wie ich finde. Meine Antwort: Ein Projekt, und zwar die Realisierung, gemessen vom Kick-off bis zum Projektende, sollte nicht länger dauern als eine normale Schwangerschaft, also maximal neun Monate.

Ich weiß, für manch einen ist das eine Zumutung. Aber ich weiß auch, und außer mir haben es schon ein paar andere Leute herausgefunden: Wenn eine Sache sich wie Gummi hinzieht, geht irgendwann die Motivation verloren, und ganz nebenbei ein Haufen Geld.

Was soll man beispielsweise von der folgenden Realsatire halten, über die der *Spiegel* am 16. Januar 2002 unter der Überschrift „80 Millionen Mark für ein ‚totes Projekt'" berichtete: „Seit neun (!) Jahren doktern EDV-Experten an einem neuen Fahndungs- und Ermittlungssystem für das Bundeskriminalamt in Wiesbaden und verbrauchten dafür 80 Millionen Mark. Doch das System Inpol-Neu wird nicht funktionieren, urteilten Wirtschaftsprüfer in einer Studie für Innenminister Schily." Da kam Freude auf – bei Terroristen, Gangstern und Ganoven. Beim Steuerzahler hielt die Begeisterung sich in Grenzen.

Es geht also nicht um die Frage, ob man in neun Monaten eine Kathedrale oder ein hochkomplexes, computergestütztes Fahndungssystem bauen kann. Jeder weiß, dass das nicht funktioniert; solche Aussagen sind banal.

Aber, mit der Größe eines Unternehmens wächst das Risiko des Scheiterns. Deshalb ist eine sorgfältige Aufgliederung, ein schlüssiges Projektdesign, bei umfangreichen Vorhaben unerlässlich. Für den Bereich der Informationstechnik geht aus Untersuchungen[7] hervor, dass insgesamt etwa 15% aller Projekte mit einem Fehlschlag enden. Bei Projekten mit einem Gesamtaufwand von 25 oder mehr Mitarbeiterjahren steigt der Anteil jedoch auf 25%, also auf fast das Doppelte.

Ein Fallbeispiel

Schauen wir uns einmal die Skizze auf der nächsten Seite an. Wir stellen uns dabei einen produzierenden Betrieb mit einigen tausend Mitarbeitern und mehreren Niederlassungen im In- und Ausland vor, der eine völlig neue Büroorganisation einschließlich neuer Hard- und Software bekommen soll.

Statt sich nun den gesamten, schwer zu kontrollierenden Brocken auf einmal vorzunehmen, ist es sicherlich zweckmäßiger, das Vorhaben in „verdauliche Happen" aufzuteilen, sodass mehrere Projekte und Teilprojekte sauber voneinander abgegrenzt sind.

Das Ergebnis sieht in unserem Beispiel dann folgendermaßen aus:

- Vorstudie (01.04.2011 bis 30.06.2011):
  eigenständiges Projekt; kompaktes Team, keine Teilprojekte; danach: Prüfung, ob das Gesamtvorhaben realisiert wird
- Stufe A (01.10.2011 bis 30.06.2012):
  Entwicklung und Aufbau der neuen Büroorganisation in der Firmenzentrale; ebenfalls eigenständiges Projekt, jedoch pro Unternehmensbereich ein Teilprojektteam
- Stufe B (01.10.2012 bis 31.03.2013):
  Umsetzung in allen inländischen Niederlassungen
- Stufe C (01.07.2013 bis 30.11.2013):
  Umsetzung in allen Auslandsniederlassungen

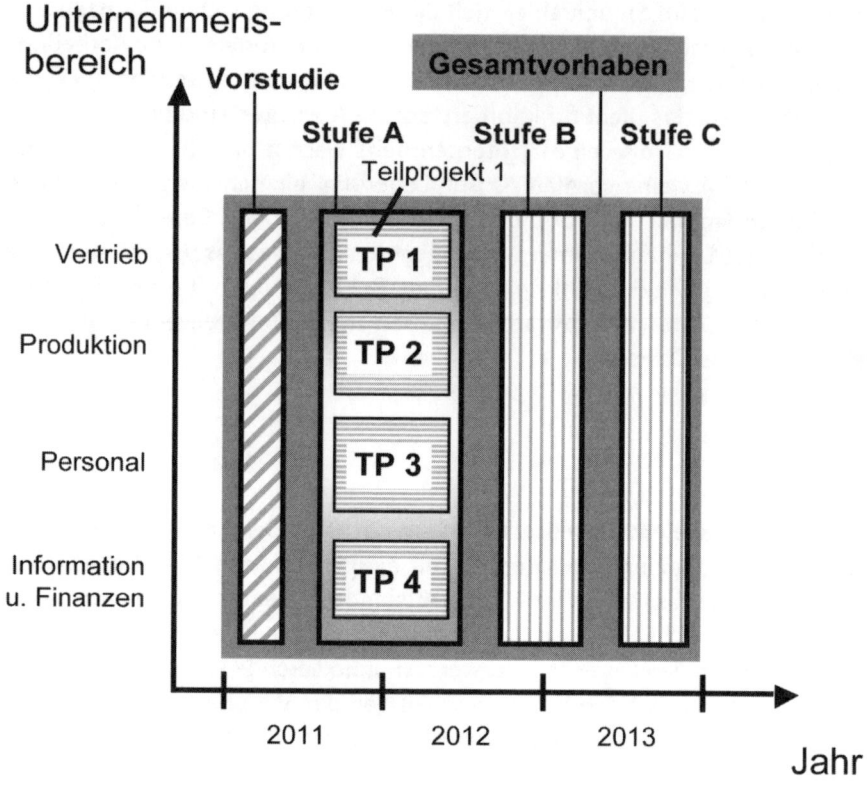

Projektdesign

Einerseits haben wir eine vertikale Aufteilung: Eine Vorstudie und drei *Projektstufen* (Stufe A, B und C) als vier eigenständige Projekte. Jedes dieser Projekte ist wiederum in *Projektphasen* unterteilt. Aus Gründen der Übersichtlichkeit wird dies in der obigen Grafik nicht dargestellt, denn die Phasen eines Projekts sind uns ja bereits durch den Projektfahrplan vom vorletzten Kapitel her geläufig.

Andererseits wird das gesamte Vorhaben in horizontale „Scheiben" geschnitten: bei Stufe A und möglicherweise auch bei den Stufen B und C laufen mehrere *Teilprojekte* parallel.

Wenn Sie diese Gesamtgliederung mit dem Projektfahrplan vergleichen, stellen Sie fest, dass im Fall „Neue Büroorganisation" wegen der Größe des Vorhabens aus der „Projektvorstufe" ein komplettes Projekt wird: die Vorstudie. Und die Realisierung erfolgt in drei Etappen, den Projektstufen A, B und C.

Ein eindrucksvolles Beispiel für Projektdesign im großen Stil wurde bereits im dritten Kapitel kurz erwähnt: Das Projekt „Apollo 11", mit dem am 20. Juli 1969 die erste Landung eines Menschen auf dem Mond gelang, war die elfte von siebzehn „vertikalen Scheiben" in dem Großvorhaben „Apollo", welches in seiner Gesamtheit auch nie als „Projekt" bezeichnet wurde, sondern stets als „Apollo-Programm".

Nach unbemannten Testflügen (Apollo 1 bis 6) und bemannten Flügen auf Erd- und Mondumlaufbahnen (Apollo 7 bis 10) folgten die Mondlandungsprojekte (Apollo 11 bis 17). Dass jedes der siebzehn Apolloprojekte seinerseits in „horizontale Stücke", also in Teilprojekte, gegliedert war, versteht sich bei dem enormen Volumen von selbst. Und was im Nachhinein fast unglaublich erscheint: Das komplette Programm wurde von der US-Raumfahrtbehörde NASA innerhalb weniger Jahre abgewickelt, von 1968 bis 1972. Dagegen sehen die Jungs von „Inpol-Neu", dem vorhin erwähnten Polizei-Unprojekt, ziemlich alt aus, finden Sie nicht?

Wir verlassen nun die schwindelnden Höhen der „Projektriesen" und wenden uns einem Thema zu, welches jedes Projekt betrifft, also auch kleine und mittelgroße Vorhaben.

19 Phasenkonzept und Vorgehensmodell

Seit dem Beginn unserer Turnier-Vorrunde, nämlich seit Kapitel 16, kennen wir den „Dreiklang" des Projektfahrplans: Projektvorstufe, Projektprüfung, Projektabwicklung.

Dabei wurde die Projektabwicklung bereits als ein Prozess betrachtet, der sich in Projektphasen gliedern lässt. Die Methodik dieser Feingliederung ist jetzt unser Thema. Im 22. Kapitel werden wir dann anhand eines Beispielprojekts sehen, wie man das im konkreten Fall umsetzen kann.

Um in der Praxis für ein beliebiges Projekt das richtige Phasenkonzept zu finden, können wir auf eine Reihe von Prozessmodellen zurückgreifen, die in den vergangenen Jahrzehnten zur optimalen Planung und Steuerung von Abläufen entwickelt wurden. Sie zielten zunächst auf Projekte des Bauwesens, der Forschung und Entwicklung ab, einige davon speziell auf die Entwicklung von Computersoftware.

Inzwischen aber hat sich auch in der öffentlichen Verwaltung, in Touristik, Medien und Kultur herumgesprochen, dass ein Prozess- oder Vorgehensmodell unabdingbar für eine professionelle Projektabwicklung ist. Dieses Kapitel wird also gerade dann für Sie nützlich sein, wenn Sie weder Ingenieur noch Kaufmann sind.

Nicht ohne Grund habe ich für Sie, wie Sie gleich sehen werden, das Wasserfall- und das Spiralmodell als beispielhafte Vorgehensmodelle ausgewählt. Denn sie stehen für zwei entgegengesetzte Strategien bei der Lösung eines beliebigen Problems: Top-down und Bottom-up.

Die erste dieser zwei Möglichkeiten, an eine Aufgabe heranzugehen, bedeutet „von oben nach unten", „vom Abstrakten zum Konkreten" oder „vom Allgemeinen zum Speziellen"[8]. Statt „Top-down" verwendet man häufig Begriffe wie „deduktiv", „linear" oder „logisches Schließen". Die alten Griechen lassen grüßen, allen voran Aristoteles.

Mit „Bottom-up" oder „von unten nach oben" ist demgegenüber das sich „vom Konkreten zum Abstrakten" oder „vom Speziellen zum Allgemeinen" Bewegende gemeint. Wir sind also in der Nähe der induktiven oder zyklischen Vorgehensweise, bei Versuch und Irrtum, und damit auch näher bei Francis Bacon, der vor etwa 400 Jahren als einer der ersten erkannte, dass die aristotelische „Denke" in Zukunft nicht mehr ausreichen würde.

Bacon, ein Zeitgenosse Shakespeares, war einer der Hauptakteure in der Zeit des Übergangs von Strukturen des Mittelalters und der Renaissance hin zur Epoche der Aufklärung und zu einer kapitalistisch-industriellen Gesellschaft. Er forderte statt eines rein deduktiven Denkens eine experimentelle und nutzenorientierte Erforschung der Natur sowie ein stetiges Weiterentwickeln effizienter Techniken und Werkzeuge: „Denn das Ziel [...] ist die Erfindung nicht von Argumenten, sondern von Fertigkeiten [...], nicht von wahrscheinlichen Gründen, sondern von Entwürfen und Anleitungen für Werke."[9]

So schreibt ein Adler. Francis Bacon war, wie Appius Claudius Caecus fast 2000 Jahre vor ihm, der Prototyp eines Projektmenschen. Obwohl von Hause aus Jurist und Staatsmann, war Bacon stets beschäftigt mit Dingen der Wissenschaft und der Philosophie („Wissen ist Macht"). Und er war nicht gerade zimperlich, sondern ein Mann der Tat, was ihm am Ende auch zum Verhängnis wurde. Weil er in einem praktischen Versuch testen wollte, ob man die Haltbarkeit toter Hühnchen durch Ausstopfen mit Schnee verlängern könnte, zog er sich eine Erkältung zu und erlag wenig später einer Lungenentzündung[10]. Die damalige Reaktion vieler Zeitgenossen Bacons war vermutlich: Geschieht ihm Recht, dem alten Wirrkopf! Nur, der „Spinner" Francis Bacon war seiner Zeit um Jahrhunderte voraus, er war ein Pionier der Herstellung von Tiefkühlkost. Von den Lästermäulern, die seinerzeit über ihn herzogen, spricht heute niemand mehr.

Ehe wir nun das Wasserfall- und das Spiralmodell unter die Lupe nehmen, will ich gleich vorwegnehmen: Wie schon bei Effizienz und Effektivität ist es müßig, darüber zu streiten, was besser ist: „Top-down" oder „Bottom-up"? Auch hier gilt: Kombinieren ist erlaubt.

Das Wasserfallmodell

Die Grafik auf der folgenden Seite macht die zeitliche Abfolge der Projektphasen beim Wasserfallmodell deutlich. Dabei bestand das Modell in seiner ursprünglichen Form aus mehr als vier Phasen. Aber Vorsicht!

Wenn ich, was viele tun, in dem auf der folgenden Seite abgebildeten Schema z. B. vor die Analyse noch eine Phase „Initialisierung" setze, nehme ich die Projektvorstufe des Projektfahrplans (vgl. Kap. 16) in mein Phasenmodell hinein, also in die Projektabwicklung. Was ist die Konsequenz? Die Projektprüfung löst sich in Wohlgefallen auf, ein Kick-off findet entweder gar nicht oder viel zu früh statt. Das Ganze wird eine ziemlich verschwommene Geschichte, man schliddert hinein in das Projekt.

Nachdem ich im Laufe der Jahre viele verunglückte Projektstarts und die Folgen davon miterlebt habe, ist meine feste Überzeugung: Aus psychologischen Gründen und vor allem im Interesse des Geldgebers sollte man das Projektbudget erst freigeben, wenn erstens der Basisplan (Projektanforderungen, Ziele, Meilensteine, Termin- und Ressourcenplanung) steht und zweitens klar ist, dass sich das Vorhaben rechnet. Ich plädiere also für eine klare Trennung von Vorstufe, Prüfung und Abwicklung des Projekts. Daraus folgt, dass ein Phasenkonzept wie etwa das Wasserfallmodell nicht den Ablauf des Gesamtvorhabens widerspiegeln soll, sondern lediglich den Ablauf der Projektabwicklung.

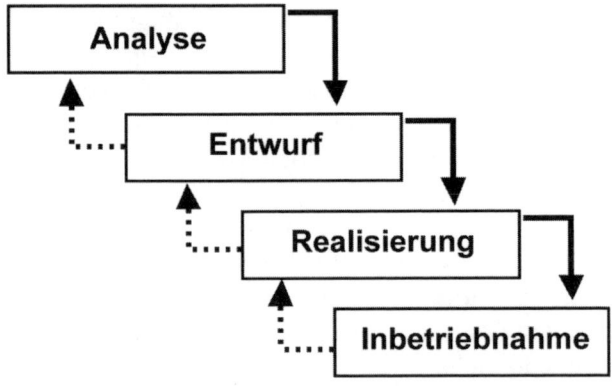

Wasserfallmodell

Ein weiterer Fehler ist häufig anzutreffen: Man lässt der „Inbetriebnahme" eine weitere Phase folgen, nämlich die „Nutzung" des erstellten Produkts. Dies ist das Gegenstück zur oben bemängelten, vorgeschalteten „Initialisierung" und im Rahmen eines Phasenmodells ebenso überflüssig, ja sogar grober Unfug.

Während wir nämlich im ersten Fall in die Affäre hineinstolpern, kommen wir nun überhaupt nicht mehr aus ihr heraus. Denn wann, um Himmels willen, soll das Projekt zu Ende sein? Nach der Nutzung, also Ende offen? Oder lieber doch vor der Nutzungsphase? Wenn ja, was hat sie dann im Vorgehensmodell zu suchen?

Hier liegt schlicht ein Denkfehler vor. Projekt und Produkt sind in den Köpfen durcheinandergeraten. Sortieren wir also kurz das Ganze: Die Gesamtheit der vier Wasserfall-Phasen bezeichnet man als Projekt-Lebenszyklus oder „project life-cycle"[11] – nicht zu verwechseln mit dem Produkt-Lebenszyklus. Nehmen wir zum Beispiel einen Automobilhersteller, der ein neues Mittelklassemodell auf den Markt bringt. Nach der Neuentwicklung erfolgen mehrere Weiterentwicklungs-„Schleifen", daher der Name „Zyklus". Die Autos werden solange verkauft, bis das Modell von der Liste gestrichen wird. Der Lebenszyklus eines Produkts umfasst also in der Regel mehrere Projekt-Lebenszyklen und zwischendurch projektfreie Zeitabschnitte.

Aber wieso spricht man bei einem Projekt, einem Vorhaben mit klar definiertem Anfang und Ende, überhaupt von „Zyklus", macht das Sinn? Aus der Wasserfall-Perspektive sicher nicht. Um so mehr aus der Sicht des Spiralmodells, welches wir uns als Nächstes ansehen werden. Doch hier zunächst die wesentlichen

Merkmale des Wasserfallmodells:

1. Top-down-Vorgehensweise
2. Die Projektphasen laufen sequentiell ab, d. h. jede Phase muss abgeschlossen sein, ehe die nächste beginnt. Falls einmal festgestellt wird, dass in einer bereits abgelaufenen Phase Fehler gemacht wurden, darf zurückgesprungen werden (gestrichelte Pfeile), jedoch nur auf die nächsthöhere Ebene.
3. Der Ablauf ist für alle Beteiligten leicht verständlich, der Aufwand bezüglich Projektmanagement ist relativ gering.
4. Der Auftraggeber bzw. die vom Projektergebnis betroffenen Personen und Bereiche werden nur während der ersten Phase in den Entwicklungsprozess einbezogen. Erst bei der Inbetriebnahme sehen sie die Ergebnisse aus Entwurf und Realisierung.

Aus dem zweiten und vierten Punkt ergeben sich die entscheidenden Nachteile dieses Modells:

- Es ist nicht immer zweckmäßig, alle Schritte stur hintereinander abzuwickeln.
- Sehr häufig ändern sich während des Projektverlaufs Rahmenbedingungen, Risiken und Kundenwünsche. Eine Änderung der ursprünglich geplanten Abfolge ist beim Wasserfallmodell jedoch äußerst schwierig; ein Rücksprung zur vorangehenden Phase ist zwar möglich, führt jedoch zu beträchtlichen Kosten- und Terminproblemen.
- Ein weiterer „Rückfluss des Wassers nach oben", beispielsweise von der dritten zur ersten Phase, ist kaum zu realisieren; wir müssen das Projekt in diesem Fall als gescheitert betrachten.

Was folgt aus all diesen Überlegungen? Das Wasserfallmodell ist sicherlich brauchbar für kurze und weniger komplexe Projekte. Speziell bei Entwicklungsprojekten ist jedoch größere Flexibilität erforderlich, um mit den ständig wachsenden Anforderungen während des laufenden Projekts besser klarzukommen – einem Problem, welches jedem Software-Spezi als „Scope creep" oder auch „Kitchen sink syndrome" bekannt ist.

Das Spiralmodell

Einen beachtlichen Schritt in diese Richtung machen wir, wenn wir im Rahmen des Wasserfallmodells zu Beginn jeder Projektphase nach folgendem Muster vorgehen:

(A) Was ist der aktuelle Stand?
(B) Was soll erreicht werden?
(C) Welche Lösungsalternativen sind möglich?
(D) Welcher Lösungsweg ist der beste?
(E) Wie ist dieser Weg im Einzelnen zu beschreiten?

Ein solcher Ablauf wird als Problemlösungszyklus[12] bezeichnet. Mit Blick auf die Entwicklung von Computersoftware machte Barry Boehm dann den Unfug zur Methode und goss das Ganze in eine neue Form, welche auf der nächsten Seite abgebildet ist.

Die wichtigsten Merkmale des Spiralmodells sind[13]:

1. Abfolge der Schritte entlang der Spirale von innen nach außen.
2. Jeder Zyklus, d. h. jede Windung der Spirale, besteht aus den gleichen vier Abschnitten: zunächst Ziele, Alternativen, Randbedingungen klären, danach Alternativen bewerten und so fort (siehe Abbildung).
3. In jedem Zyklus wird eine Risikoanalyse durchgeführt; eine genauere Beschreibung hierzu erfolgt im Block „Endspiel" (Kap. 35).
4. Prototyping: Pro Zyklus wird ein neues, jeweils verbessertes Muster des zu erstellenden Produkts (Prototyp) erstellt und dem Auftraggeber präsentiert. Dieser nimmt also stetig am Entwicklungsprozess teil. Im letzten Zyklus tritt an die Stelle des Prototyps das Pilotsystem.

Eins steht fest: Dieses Modell hat's in sich, hier müssen wir uns, im Vergleich zum Wasserfallmodell, weit höheren Anforderungen stellen. Doch selbst wenn wir bisweilen glauben, uns im Kreis zu drehen, wir gewinnen an Qualität! Diesem praktisch-philosophischen Aspekt werden wir uns in Kapitel 26 noch

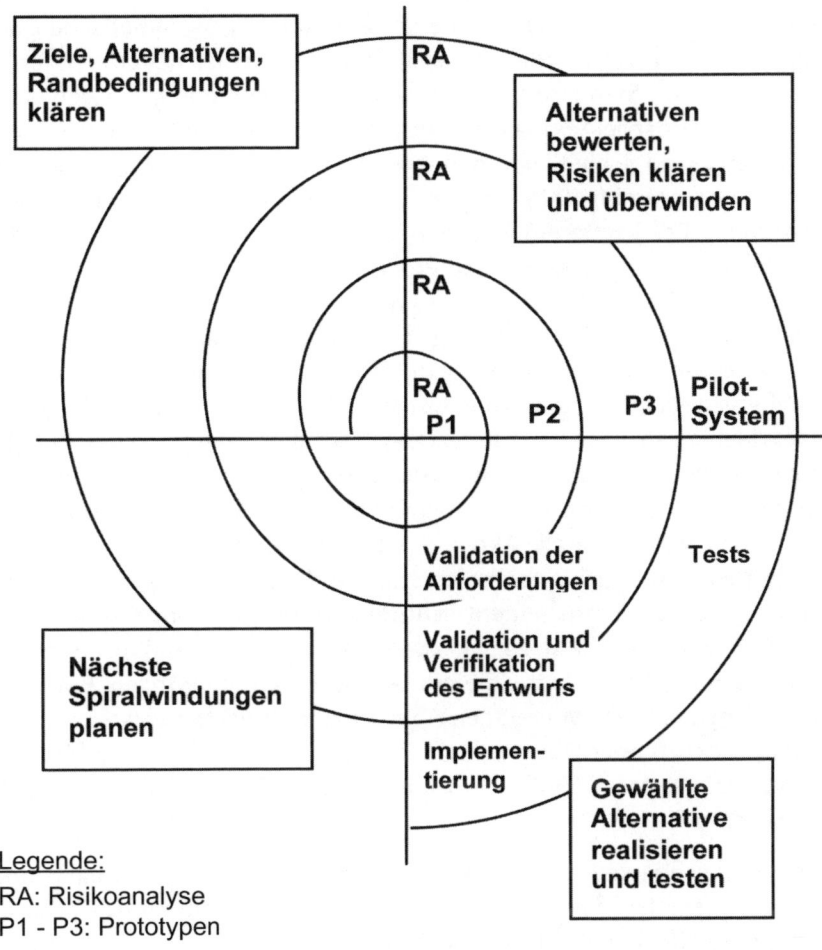

Spiralmodell

einmal zuwenden, in welchem ein Murmeltier namens Phil unser Coach und Spiralmodell-Experte sein wird.

Zu den beiden Schlüsselbegriffen „Validation" und „Verifikation", die in der Spiralmodell-Grafik unten rechts erscheinen, gibt uns Balzert[14] eine griffige Erklärung, die ein wenig an Druckers Definition von Effizienz und Effektivität erinnert (vgl. Kap. 13):

Verifikation: Wird ein korrektes Produkt entwickelt?

Validation: Wird das richtige Produkt entwickelt?

Bei Balzert finden Sie im Übrigen eine sehr gute und systematische Darstellung weiterer Prozessmodelle. Das V-Modell in seiner neuen Version, welches längst zum Standard bei öffentlichen Unternehmen geworden ist, wird zudem von Dröschel[15] umfassend beschrieben. Für Organisatoren und Programmierer sind schließlich noch Agile Softwareentwicklung, insbesondere Xtreme Programming (XP) und Scrum, sowie das objektorientierte Modell interessant. Bei Letzterem hat sich ebenfalls ein gewisser Standard herausgebildet: der „Rational Unified Process (RUP)"[16].

Zusammenfassend lässt sich sagen: Die Wahl des Vorgehensmodells ist eine strategische Entscheidung. Es macht also kaum Sinn, wenn in einem Unternehmen mehrere Projekte gleichen Typs nach unterschiedlichen Vorgehensmodellen abgewickelt werden. Zwar sollte es für den typischen Projektmenschen, also den Entwickler, Forscher oder Künstler, möglichst wenige starre Vorschriften geben. Andererseits ist es aus Sicht einer Unternehmensführung unverzichtbar, Richtlinien für die Abwicklung von Projekten vorzugeben, welche für alle Akteure verbindlich sind.

Üblicherweise werden solche Vorgaben in Form eines Handbuchs für Projekt- und Qualitätsmanagement schriftlich fixiert. Sein Nutzen lässt sich in Euro oder Dollar beziffern, nämlich dann, wenn es das Handbuch nicht gibt – als die Summe aller Verluste, die pro Jahr durch Verzögerungen, Budgetüberschreitungen und den vorzeitigen Abbruch von Projekten entstehen.

Das Erstellen oder Überarbeiten eines solchen Handbuchs erfordert eine Menge Sachverstand, Fleiß und Koordinationsaufwand. Die Ziele liegen auf der Hand:

- Vergleichbarkeit aller Projekte von jeweils ähnlichem Umfang und gleichem Typ; hierdurch Straffung und Vereinfachung des projektübergreifenden Controllings.
- Einfachere Dokumentation der guten und schlechten Erfahrungen, die in abgelaufenen Projekten gemacht wurden; auf das Thema „Erfahrungsdatenbank" werde ich in Kapitel 39 noch einmal zurückkommen.
- Verbesserung des Know-how-Transfers zwischen den Projekten; hierdurch solidere Aufwandsschätzungen und Senkung der Fehlerquote.

Und nun, denke ich, wird es Zeit, dass wir uns nach Betrachtung all dieser Strukturen und Prozesse wieder mehr den Menschen zuwenden.

20 Das Projektboot:
Rollen und Akteure im Projekt

Trost gibt der Himmel, von den Menschen erwartet man Beistand.

Ludwig Börne

Die Geschichte ist ausgedacht, also denkbar: Krzysztof Köhler ist Regisseur eines deutschen Fernsehteams, welches für eine Woche nach Rio de Janeiro fliegt, um dort Aufnahmen zu machen – vom Karneval ebenso wie vom Elend in den Slums der südamerikanischen Metropole.

Im Verlauf dieser einen Woche fasst Krzysztof den Entschluss, nie mehr Karneval zu feiern, bevor er nicht aktiv und mit greifbarem Erfolg den Hunger und die Armut der Slumbewohner von Rio bekämpft hat. Er weiß sehr wohl, dass es überall in der Welt, auch in seiner Heimat, Menschen gibt, die Hilfe brauchen. Ihm ist auch klar, dass er als einzelner das Ausmaß des weltweiten Elends nichts nennenswert verändern kann, wo auch immer er beginnen würde.

Aber er will einfach anfangen, er will handeln statt nur zu klagen. In Rio. Seine Idee ist, zusammen mit Sozialarbeitern, Stadtentwicklern, Managern, Künstlern und Ingenieuren ein konkretes und neuartiges Modell zu entwickeln, mit dem die zunehmende Verelendung ganzer Stadtteile gebremst und dann zurückgedrängt werden kann. Und er hat schon als junger Mensch handfeste Projekte in der Jugend- und Sozialarbeit gemacht. Diese Erfahrungen werden ihm zugute kommen.

Krzysztof will von Anfang an jedes Pathos und Wohltätigkeitsgehabe vermeiden, er will mit Schwung an die Sache herangehen. Um dies schon im Projektnamen zum Ausdruck zu bringen, fällt seine Wahl auf SAMBA: „**S**üd**a**merikanisches **M**odell zur **B**ekämpfung von **A**rmut". Zugegeben, eine auffallend deutsche Formulierung für ein Projekt in Brasilien, aber so kommt es gut mit der Abkürzung hin.

Und der Projektname SAMBA findet schnell Anklang; so auch beim Ersten Bürgermeister von Rio de Janeiro, den Krzysztof während der Fernsehaufnahmen kennen gelernt hat und den er schneller als erwartet als Verbündeten für sein Projekt gewinnen kann. Damit hat er die wichtigste Rolle in seinem nicht gerade alltäglichen Vorhaben besetzt: Er hat einen Promotor gefunden.

Nicht nur für den fiktiven Krzysztof Köhler, sondern für jeden Initiator oder Leiter eines realen Projekts ist es „überlebenswichtig", einen solchen Menschen zu finden, der nicht nur tröstende Worte, sondern tatkräftige Hilfe anbietet, wenn man unversehens in die Schusslinie geraten ist; jemanden, der Macht hat, der also kurzfristig zusätzliche Ressourcen oder schlicht Geld bereitstellen kann; jemanden, der von der Idee des Projekts überzeugt ist und an dessen Erfolg massives Interesse hat.

Übrigens, den Promotor finden Sie natürlich am besten, bevor die Sache startet, und nicht dann, wenn schon der Teufel los ist. Ich erinnere hierbei gern an den eingängigen Buchtitel:

Suche dir Freunde, bevor du sie brauchst.

Wir lösen uns nun von dem Südamerika-Beispiel und denken uns irgendein Projekt mittlerer Größenordnung, also mit einem Gesamtbudget zwischen EUR 100.000,-- und EUR 1.000.000,--. Dabei können wir ohne weiteres bei unserem klangvollen Projektnamen SAMBA bleiben. Falls Sie beruflich überwiegend mit Organisation und Informationsmanagement zu tun haben, denken Sie einfach an ein „**S**ystem zur **A**nalyse **m**anagement**b**ezogener **A**uslandsdaten". Vielleicht sind Sie auch Mitglied eines Sportclubs und dabei nicht nur bei Wettkämpfen aktiv, sondern auch im Vereinsmanagement. Wie wäre es mit dem Bau einer „**S**portanlage **m**it **b**edachter **A**rena"? Wir kommen noch darauf zurück.

Wie auch immer, Sie haben ein Projekt. Und Sie sind der Teamchef – der Kapitän, der mit seinem „Projektboot" so schnell wie möglich in See stechen will. Dazu brauchen Sie im Normalfall mehr als nur einen guten Promotor, Sie brauchen eine komplette Mannschaft.

Auf der nächsten Seite sehen Sie alle wesentlichen Rollen und Gremien, die bei einem Projekt mittlerer Größe zu besetzen sind. Bei kleineren Vorhaben werden eventuell mehrere Funktionen von einer Person übernommen.

Begriffe wie „Gremium", „Ausschuss" oder „Kommission" klingen eher nach Bürokratie und Politik, deshalb werden sie in der Grafik vermieden. Das sollten Sie auch in Ihrem realen Projekt so halten.

Die Besatzung unseres Projektboots setzt sich folgendermaßen zusammen:

■ **Projektübergreifender Führungskreis**

Vergleichbar dem Vorstand einer Reederei, der alle im Einsatz befindlichen Schiffe im Auge behalten muss; es geht um die Steuerung und Koordination aller laufenden Projekte eines Unternehmens oder Unternehmensbereichs.

Dieser Führungskreis ist somit ein ständiges und strategisches Gremium. Alle Rangeleien um Gelder und Ressourcen müssen letztlich hier beendet

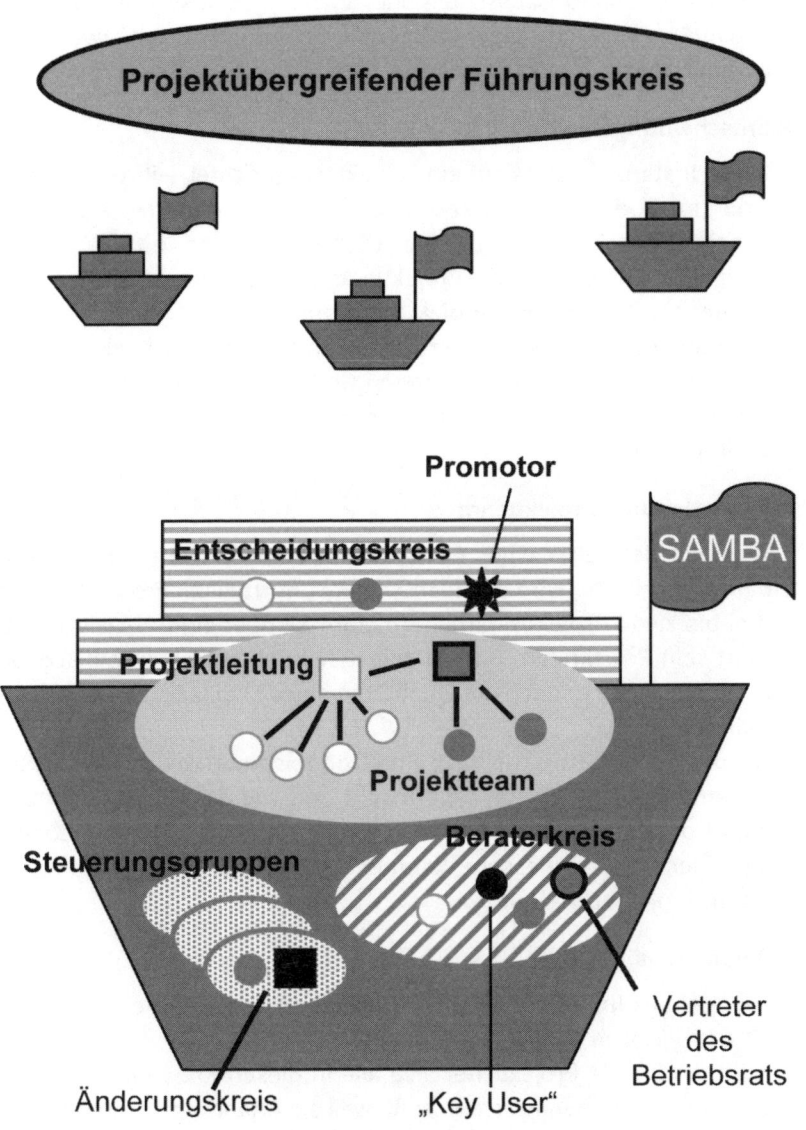

Das Projektboot SAMBA und seine Besatzung

werden: durch Kompromisse und durch das Setzen von Prioritäten. In der Praxis gibt es für dieses Gremium verschiedene Bezeichnungen wie etwa Investitionsausschuss oder auch Projektausschuss. Der letztgenannte, eher nichtssagende Begriff führt jedoch oft zu Verwechslungen mit dem

■ Entscheidungskreis

Diese Instanz ist stets auf ein Projekt ausgerichtet – ihre Mitglieder sind „im Boot" und agieren nur für die Dauer des Projekts. An sie berichtet die Projektleitung; hier wird entschieden, ob das Projektbudget erhöht wird, ob die Projektleitung ausgetauscht wird oder, im Extremfall, das gesamte Projekt gestoppt wird.

Gebräuchliche Namen bei größeren Vorhaben sind Lenkungskreis oder Lenkungsausschuss. Vertreten sind die wichtigsten Stakeholder, vor allem Auftraggeber und Auftragnehmer; wichtigstes Mitglied: der Promotor.

■ Projektleitung, Projektteam

Während der Leiter eines Großprojekts dem Kapitän eines Ozeandampfers gleicht, wird der Teamchef im „normalen" Projekt, also bei drei bis zwölf Projektmitarbeitern, zum Skipper einer Segelyacht. Er führt sein Projektteam und ist selbst Teil des Teams. Dabei schadet es nichts, wenn er auch die Qualitäten eines skip-jack, eines Stehaufmännchens, hat.

Warum bei der Projektleitung eine Doppelspitze, wie in dem Schaubild angedeutet, sehr oft Sinn macht und wie das Projektteam sich intern organisieren sollte, wird in Kapitel 33 geklärt werden; ebenso das Thema „angemessene Rahmenbedingungen": eigener Projektraum, Projektbüro, Jour fixe.

■ Beraterkreis

Hier geht es um die praktische Umsetzung der Maxime:
Betroffene zu Beteiligten machen!
Nehmen Sie als Projektleiter also alle in diesen Kreis hinein, die Sie gern im Boot haben möchten, z. B. weil sie Erfahrung sowie Interesse am Projekt mitbringen, für die aber ein Einsatz im Projektteam nicht möglich ist. Diese „Projektberater" begleiten dann kontinuierlich die Projektarbeit, sie nehmen teil an Workshops und bewerten Zwischenergebnisse wie z. B. Prototypen (vgl. Kap. 19).
Statt vom „Beraterkreis" spricht man bisweilen vom Fachausschuss

oder Beirat, oft taucht hier fälschlich der bereits erwähnte Projektausschuss auf.

Wenn es um die Entwicklung von Anwendersoftware geht, empfiehlt sich die Bezeichnung „Anwenderkreis"; in diesem Fall sollten ein oder mehrere Key User dazugehören: „Verbindungsleute" zwischen den Computerexperten im Projektteam und den Fachabteilungen, in denen später das neu entwickelte System eingesetzt werden soll.

Die Grundidee dieser bewährten Vorgehensweise lässt sich ohne weiteres auf fast beliebige Projekte übertragen, bei denen ein neues Produkt oder eine neuartige Dienstleistung entwickelt wird.

Je nach Zielsetzung des Vorhabens ist es sinnvoll oder sogar gesetzlich vorgeschrieben, einen Vertreter des Betriebsrats am Projektgeschehen zu beteiligen. Auch dafür bietet sich der Beraterkreis als geeignete Plattform an.

■ Steuerungsgruppen

Als weitere „flankierende Maßnahme" können Spezialisten für Controlling oder Qualitätssicherung engagiert werden – als Gruppe oder auch als Einzelpersonen, immer jedoch für begrenzte Zeit; andernfalls würden sie zum Projektteam gehören.

Bei Entwicklungsprojekten, die mit dem berüchtigten „kitchen sink syndrome" (vgl. voriges Kapitel) zu kämpfen haben, wird der Änderungskreis („Change Request Board") zu einer der wichtigsten Steuerungsgruppen. Auf seine Zusammensetzung und Arbeitsweise werde ich im Block „Oben bleiben" noch näher eingehen.

Und nun zurück zu Krzysztof Köhler, der in Brasilien zum hochmotivierten „Kapitän" des SAMBA-Projekts geworden ist. Sein „Admiral", sprich Promotor, ist der Erste Bürgermeister von Rio de Janeiro, die Mannschaft ist inzwischen vollzählig an Bord, alle wollen endlich loslegen.

Zum Glück hat Krzysztof eine erstklassige Kollegin an seiner Seite. Daniela ist nicht nur stellvertretende Projektleiterin, sie kennt sich bestens aus – in Rio ebenso wie im Projektmanagement. Als Expertin für Navigation gibt sie Ihrem Teamchef den Rat: Wir sollten jetzt eine kurze Lagebesprechung durchführen. Einfach Gas geben macht keinen Sinn, wenn die Richtung nicht stimmt.

Soviel ist nämlich inzwischen klargeworden: Viele Schritte sind auf dem Weg zum Projekterfolg notwendig, wobei stets auf die richtige Reihenfolge und diverse Abhängigkeiten zu achten ist. Wir sollten uns deshalb jetzt eine Verschnaufpause gönnen, damit wir nicht den Überblick verlieren.

Also: Wo stehen wir? Was ist erledigt? Wie geht es weiter?

21 Navigationshilfe:
Die Basisplanung im Überblick

Nachdem wir unser Ziel endgültig aus den Augen
verloren hatten, verdoppelten wir unsere Anstrengungen.
Mark Twain

Die nebenstehende Grafik zeigt sämtliche Schritte der Basisplanung im Gesamtzusammenhang. Ich schlage vor, dass wir nun nicht über jedes Kästchen und jeden einzelnen Pfeil in dieser Grafik reden, da alles im wesentlichen selbsterklärend ist. Sie können ja später jederzeit zu dieser Navigationshilfe zurückblättern, um sich noch einmal einen Überblick zu verschaffen.

Stattdessen konzentrieren wir uns jetzt auf die Elemente, die durch ihren grauen Farbton hervorgehoben sind – diejenigen, die entweder schon erledigt sind (Projektinitialisierung und Phasenkonzept) oder aber in den Folgekapiteln 22 bis 24 anstehen; letztere sind dunkelgrau gekennzeichnet.

Und darunter sind Eckpfeiler des traditionellen Projektmanagements wie etwa der Projektstrukturplan sowie die Termin- und Ressourcenplanung. Bei der Terminplanung beginnt man mit der Vorgangstabelle, die dann standardmäßig durch Netz- und Balkenpläne veranschaulicht wird; bei einigen anderen Planungsaufgaben reicht die tabellarische Darstellung, die sogenannte Planungsmatrix, in der Regel aus.

Auch an dieser Stelle wieder der Hinweis: Viele der im Schaubild enthaltenen Aktivitäten verkürzen sich erheblich bei Vorhaben von geringem Volumen. Dennoch: Bei jedem Projekt sind alle aufgeführten Schritte zu durchlaufen, wenn auch mit jeweils unterschiedlichem Aufwand.

Abschließend noch ein paar Anmerkungen:

- Risikoanalyse und Wirtschaftlichkeitsprüfung gehören streng genommen nicht zur Basisplanung. Sie werden hier nur aufgeführt, um die Zusammenhänge deutlich zu machen.
- Der Projektqualitätsplan, erst recht die Aufwandsschätzung und der Kostenplan sind unerlässliche Bestandteile des Basisplans; allerdings erfolgt eine genauere Beschreibung hierzu erst in den beiden letzten Blöcken „Endspiel" und „Oben bleiben".

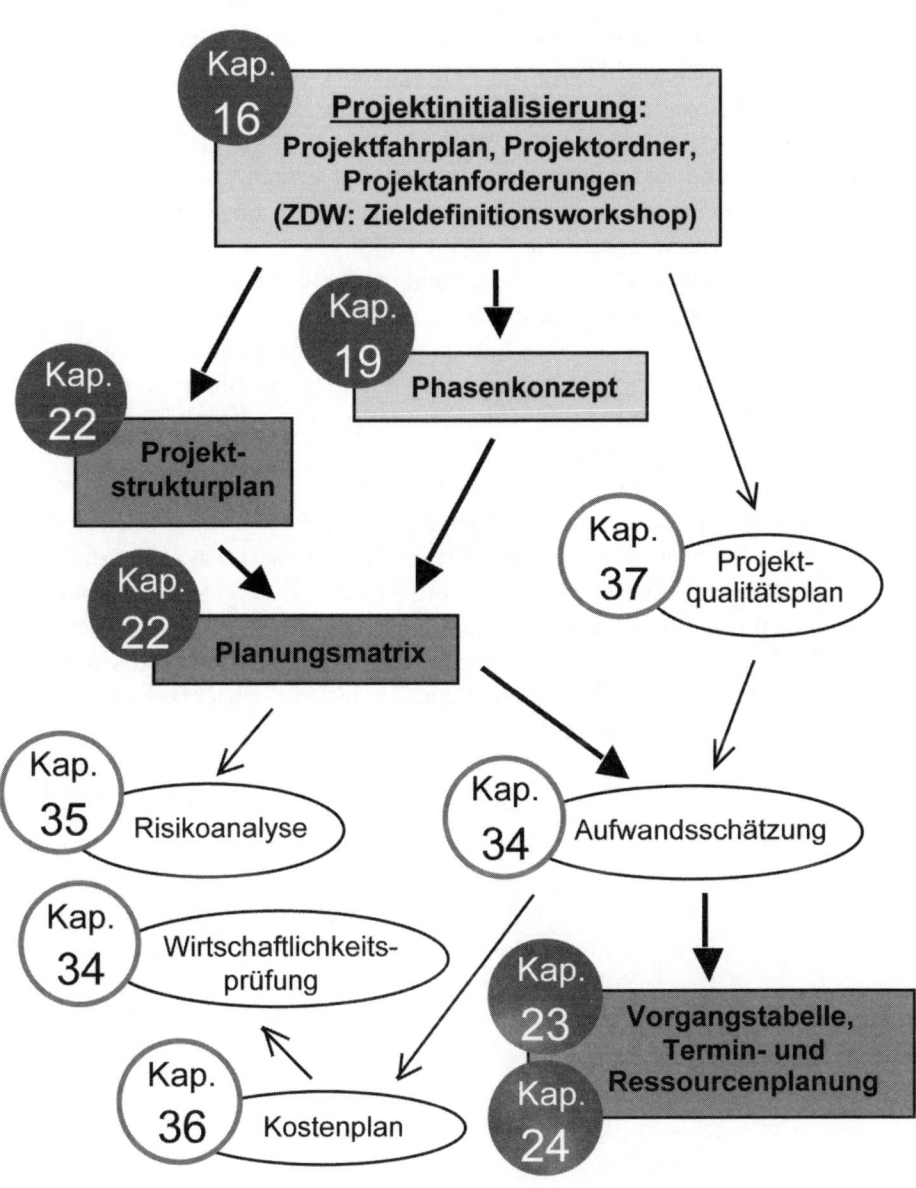

Basisplanung im Projekt

- Außer dem durch die Pfeile dargestellten „normalen" Ablauf gibt es in der Praxis jede Menge Rückkopplungen. Nehmen wir beispielsweise an, meine Aufwandsschätzung ergibt ein Volumen, welches die finanziellen Möglichkeiten des Auftraggebers übersteigt; dann muss ich gemeinsam mit den Stakeholdern die Projektanforderungen herunterschrauben und alle Folgeschritte erneut überdenken.
- Termin- und Ressourcenplanung sind eng verzahnt; sie sind deshalb gemeinsam in einem Kasten eingetragen, obwohl es grundsätzlich zwei verschiedene Aufgaben sind.
- Angenommen, alle im Schaubild aufgeführten Schritte sind erledigt; somit liegen sämtliche für die Projektprüfung erforderlichen Dokumente vor. Der Basisplan wird dann dem Auftraggeber vorgelegt (vgl. Kap. 16: Projektantrag und Projektprüfung) und nach seiner Genehmigung eingefroren, Änderungen an diesem Basisplan sind nicht vorgesehen.
- Im Verlauf des Projekts sind fast immer die ursprünglichen Termin- und Ressourcenpläne anzupassen. Oft haben wir ja auch mit dem bereits erwähnten Scope-Creep-Phänomen zu kämpfen, d. h. bei den Projektanforderungen wird laufend draufgesattelt – wiederum mit Auswirkungen auf alle Folgeschritte. Wichtig aus Sicht der Projektleitung ist in solchen Fällen, sich den neuen Status vom Auftraggeber schriftlich bestätigen zu lassen, einschließlich der hierdurch bedingten Budgeterhöhung.

22 Das SAMBA-Projekt: Strukturplan und Planungsmatrix

Verbesserungen müssen zeitig glücken;
im Sturm kann man nicht mehr die Segel flicken.
Joseph von Auffenberg

Nehmen wir einmal an, wir haben ein Projekt, bei welchem die ersten Schritte in der Basisplanung abgeschlossen sind: Die Projektanforderungen, der Projektfahrplan und das Phasenkonzept sind geklärt. Sehr oft wird in dieser Situation der Fehler gemacht, dass zu schnell Abläufe im Detail festgelegt und dann hektisch Ressourcen gebucht werden, also Mitarbeiter, Räume und Geräte. Die Folgen sind unrealistische Termine und ständige Diskussionen wegen unzureichender Abgrenzung der verschiedenen Aufgaben.

Der professionelle Weg dagegen ist, zunächst alle Projektaufgaben zu ordnen und in Teilprojekte und Arbeitspakete zu gliedern. Die Ergebnisse werden üblicherweise in Form eines Baumdiagramms zusammengefasst. Auf der nächsten Seite sehen Sie das Beispiel eines solchen Projektstrukturplans.

Der Projektname SAMBA ist uns ja mittlerweile geläufig. Im nun vorliegenden Fall steht er für den Bau einer **S**portanlage **m**it **b**edachter **A**rena. Hier sind die Eckdaten dieses Beispielprojekts:

- SAMBA ist das letzte von mehreren Projekten im Rahmen eines größeren Bauvorhabens (vgl. hierzu Kap. 18, „Projektdesign"). Nach einer Vorstudie (Prüfung und Bewertung verschiedener Grundstücks- und Bau-Alternativen) wurde die Finanzierung gesichert, ein Grundstück gekauft, es wurden Baupläne erstellt und die Baugenehmigung eingeholt.
- Auftraggeber ist der Sportclub VfL Immekeppel.
- Drei Ebenen des Baumdiagramms lassen sich unterscheiden:
  - Ganz oben finden wir das Projekt – die Wurzel des Baumes, der ja hier von oben nach unten wächst.
  - Die mittlere, „weiße" Ebene enthält die Teilprojekte.
  - Ganz unten sind die Arbeitspakete aufgeführt; sie sind hellgrau gekennzeichnet – etwas pfiffiger wäre hier eine grüne Färbung, denn es sind die Blätter des Baumes, welche nicht mehr weiter aufgegliedert werden.

- Die Projektleiterin Petra ist gleichzeitig auch Leiterin des Teilprojekts „Promotion". Dazu gehören drei Arbeitspakete: eine Werbekampagne zur Gewinnung von Sponsoren und neuen Mitgliedern sowie die Vorbereitung und Durchführung eines Sportfests zur Eröffnung der neuen Anlagen.
- Die Aufgaben im Teilprojekt „Promotion" werden durch Vereinsmitglieder erledigt; für die beiden anderen Teilprojekte wurden Aufträge an verschiedene Firmen erteilt.
- Teilprojektleiter Bodo, erster Kassierer im VfL Immekeppel und von Beruf Architekt, soll die „Baumaßnahmen" steuern. Gebaut wird eine Halle, die „bedachte Arena", und gleich daneben eine Außenanlage für Training und Wettkämpfe.
- Für das Teilprojekt „Sportgeräte" ist Sven, der zweite Kassierer des Clubs, verantwortlich. Auch ihm sind keine Mitarbeiter unterstellt. Sven und Bodo haben somit nur eine Controlling- und keine Teamleitungsfunktion.

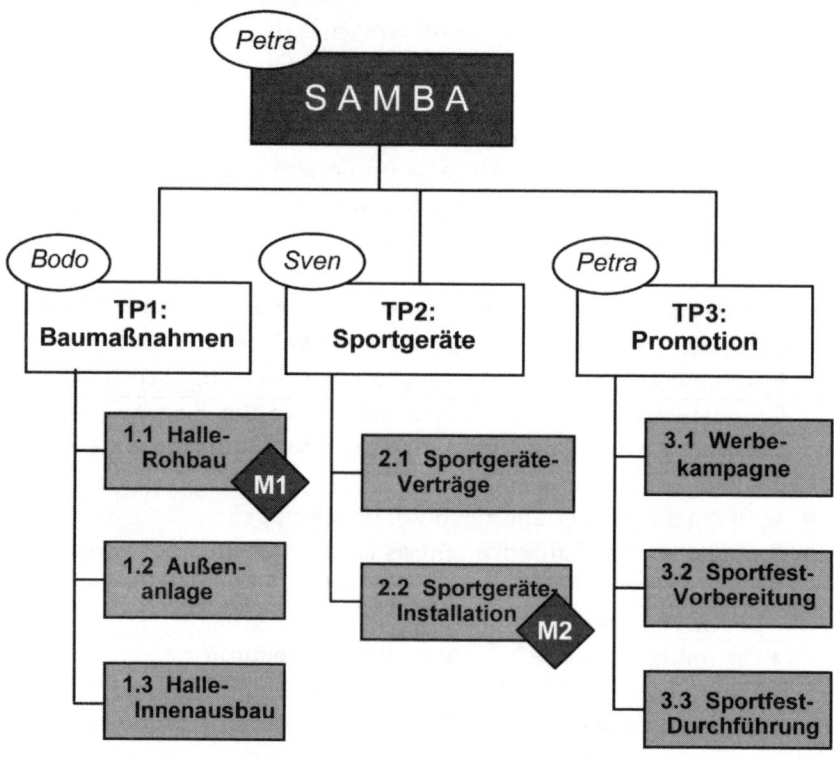

Der SAMBA-Projektstrukturplan

Im Schaubild sind außer den drei Teilprojekten und den zugehörigen Arbeitspaketen zwei Meilensteine eingetragen:
M1 steht für die Rohbau-Fertigstellung,
M2 markiert den Abschluss aller Sportgeräte-Aktivitäten.

Allgemein gilt für das Erstellen eines Projektstrukturplans (PSP):

- Nicht die zeitliche Abfolge der Aktivitäten ist maßgebend, sondern die optimale Zuordnung von Aufgaben und Ressourcen.
- Die Verantwortungsbereiche der Teilprojektleiter müssen eindeutig voneinander abgegrenzt sein.
- Das Markieren der Meilensteine im PSP ist nicht unbedingt erforderlich, aber es ergeben sich hierdurch hilfreiche Bezüge zu Balken- und Netzplänen, welche bald danach erstellt werden.

Selbstverständlich habe ich beim SAMBA-Strukturplan, wie auch bei den folgenden Planungsschritten, stark vereinfacht. Denn im Augenblick geht es für Sie, so denke ich, um die fachlichen Kerninformationen und nicht um sämtliche Immekeppel-Einzelheiten. Im Ernstfall wäre für ein Projekt von solchem Kaliber zweifellos eine feinere Strukturierung notwendig, wobei dies in den Teilprojekten „Baumaßnahmen" und „Sportgeräte" vornehmlich von den Auftragnehmerfirmen zu leisten wäre. Für unser Beispielprojekt ist die folgende Einteilung in Projektphasen denkbar:

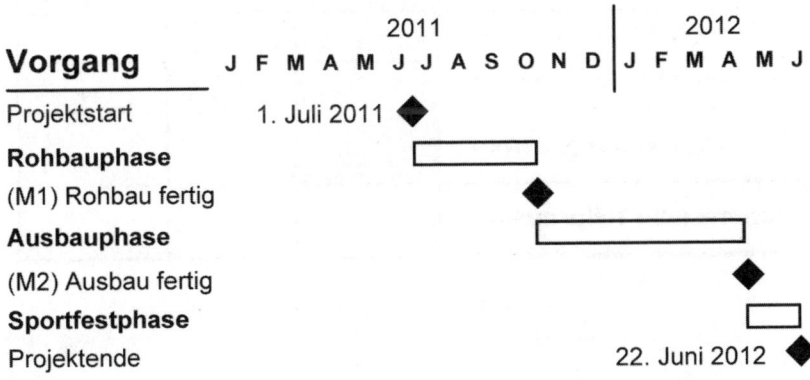

Das SAMBA-Phasenkonzept

Das Datum des Projektstarts steht, wie auch in unserem Beispiel, im allgemeinen sehr früh fest, während die weiteren Meilensteine zunächst nur grob geplant werden können.

Die Planungsmatrix – ein Allround-Werkzeug

Wenn wir nun die Phasen unseres Projekts als Spaltenüberschriften in einer Tabelle eintragen und andererseits den Projektstrukturplan, also die Teilprojekte und Arbeitspakete, für die horizontale Gliederung verwenden, so ergibt sich die so genannte „Planungsmatrix".

Phase / Arbeitspaket	Rohbau	Ausbau	Sportfest
1.1 Halle-Rohbau		▨	▨
1.2 Außenanlage			▨
1.3 Halle-Innenausbau	▨		▨
TP1 / Baumaßnahmen gesamt			▨
2.1 Sportgeräte-Verträge			▨
2.2 Sportgeräte-Installation			▨
TP2 / Sportgeräte gesamt			▨
3.1 Werbekampagne	▨		
3.2 Sportfest-Vorbereitung	▨		
3.3 Sportfest-Durchführung	▨		
TP3 / Promotion gesamt	▨		
Summe (alle Teilprojekte)			

SAMBA-Planungsmatrix

Mit Hilfe einer solchen Tabelle kann ich als Projektmanager meine Budgets oder Ressourcen planen und steuern oder auch meine Risikoanalyse dokumentieren. Denn bei all diesen Aufgaben ist es sinnvoll, die Daten sowohl nach Arbeitspaketen als auch nach Projektphasen zu sortieren und aufzuaddieren. Eine weitere Anwendungsmöglichkeit ist die Aufwandsschätzung, wozu es im „Endspiel" noch genauere Informationen geben wird.

Wie man an den grau markierten Zellen unserer Beispielmatrix erkennen kann, entfällt hier und da das Eintragen eines Wertes, weil das jeweilige Arbeitspaket in der zugehörigen Spalte – sprich: Phase – nichts verloren hat. Andererseits sind verschiedene Ergänzungen zum hier gezeigten Grundraster möglich, z. B. Doppelspalten für Plan- und Ist-Werte sowie eine Spalte für die prozentuale Plan/Ist-Abweichung.

23 Vorgangstabelle, Balkendiagramm, Netzplan

Ja, mach nur einen Plan
sei nur ein großes Licht
und mach dann noch 'nen zweiten Plan
geh'n tun sie beide nicht.
Bertolt Brecht

Wir steigen nun wieder ein in den Ablauf unseres fiktiven SAMBA-Bauprojekts, und zwar zum Zeitpunkt nach der Aufwandsschätzung. Mit der Navigationshilfe in Kapitel 21 sind wir rasch im Bilde: Projektleiterin Petra befindet sich kurz vor dem Abschluss ihrer Basisplanung, also am Ende der Projektvorstufe.

Für jedes Arbeitspaket sind zu erwartender Aufwand sowie die Zuordnung zu einem Teilprojekt laut Strukturplan bekannt. Als nächstes müssen Petra und ihre Mitstreiter jetzt alle Arbeitspakete auf die Zeitschiene setzen.

Dies kann im Einzelfall eine recht knifflige Angelegenheit sein, weil es mitunter viele logische Abhängigkeiten zwischen den Aktivitäten gibt. Es kann zu einem ähnlichen Puzzle werden wie etwa das Planen eines neuen Schuljahres in einer gymnasialen Oberstufe – mit sämtlichen Verknüpfungen zwischen Kursen, Lehrplänen, Räumen, Lehrkräften, Schülerinnen und Schülern. Damit das Ganze nicht auf den Dreigroschenoper-Song hinausläuft, werden Profis gebraucht.

Und die Profis im Projektgeschäft bearbeiten mittlerweile solche Aufgaben niemals ohne entsprechende Softwaretools. Sehr verbreitet ist nach wie vor MS-PROJECT von Microsoft, mit dem auch einige der folgenden Grafiken zu unserem SAMBA-Beispiel erstellt wurden. Bei besonderen Anforderungen in einem Projekt ist jedoch zu prüfen, ob nicht ein anderes Programm die bessere Lösung bietet.

Einsatz von Projektmanagement-Software

So sehr solche Computer-Werkzeuge die Planung und Steuerung im Projekt erleichtern, oft gibt es nach der anfänglichen Lust jede Menge Frust. Die Ursachen sind freilich auch in diesem Fall in den Köpfen der Akteure zu suchen. Deshalb kann ich der SAMBA-Projektleiterin nur raten:

- Besorgen Sie sich das beste Tool, welches Sie für Ihr Projekt bekommen können.
- Lassen Sie es dann eine Weile links liegen, es wird nicht schal werden oder Schimmel ansetzen.
- Machen Sie mit Ihren Stakeholdern und Ihrem Team zunächst Entwürfe auf Papier, arbeiten Sie mit Flipcharts, Pinnwänden, bunten Stiften und Kärtchen – beim Sammeln von Ideen, Aufschreiben der Arbeitspakete, Entwerfen eines Projektstrukturplans, Auflisten aller Aktivitäten.
- Geben Sie erst dann die ersten Daten am Computer ein.
- Sorgen Sie von diesem Zeitpunkt an für ein permanentes Aktualisieren aller Projektdaten und für die entsprechenden Änderungen in den Termin- und Ablaufplänen. Denn kaum etwas ist schädlicher für Motivation und Teamgeist als völlig veraltete Pläne an den Wänden des Projektraums.
- Wenn Sie als Teamchefin mehr als zehn Prozent Ihrer Arbeitszeit mit Ihrem Projektmanagement-Tool beschäftigt sind, so zeigen Sie die Symptome einer „Verliebten". Sie sollen aber nicht verliebt in Tools sein, sondern Ihren Job als Managerin im Projekt machen: präsent sein, fragen, zuhören, initiieren, beruhigen, Dampf machen ... kurz, wenn Sie merken, dass Sie zu viele Energien in die Software-Administration stecken, hilft nur eins: Delegieren an den stellvertretenden Teamchef oder einen Projektassistenten.

Die Vorgangstabelle zum SAMBA-Projekt

Nehmen wir einmal an, die SAMBA-Teamchefin Petra geht nach dem obigen „Rezept" vor: Sie hat mit ihren Leuten den Projektstrukturplan und das Phasenkonzept erstellt, danach wurde mit Hilfe einer Planungsmatrix eine Aufwandsschätzung durchgeführt. Nun versucht Petra, zusammen mit den beiden Teilprojektleitern Bodo und Sven, die im Strukturplan aufgeführten Arbeiten in eine zeitliche Abfolge zu bringen, und zwar erst einmal an der Pinnwand.

Dabei stellt Petra schnell fest: Die Arbeitspakete des Projektstrukturplans lassen sich meist nicht eins-zu-eins in den Zeitplan übertragen. Aus sachlichen oder auch personellen Gründen muss man in vielen Fällen ein Arbeitspaket in mehrere Vorgänge gliedern. So werden im Fall SAMBA aus dem Arbeitspaket „1.2 Außenanlage" die Vorgänge 1.2a und 1.2b, denn:

Ein Vorgang sollte niemals
über eine Phasengrenze hinausreichen.

Die Liste aller Vorgänge könnte dann folgendermaßen aussehen:

ID	Vorgang	Dauer	Vorgänger
1	**(M0) Projektstart**	0 Tage	
2	**Rohbauphase**		
3	(1.1) Halle-Rohbau	16 Wochen	1
4	(1.2a) Außenanlage, 1. Teil	16 Wochen	1
5	(2.1) Sportgeräte-Verträge	3 Wochen	1
6	**(M1) Rohbau fertig**	0 Tage	3, 4, 5
7	**Ausbauphase**		
8	(1.2b) Außenanlage, 2. Teil	6 Wochen	6
9	(1.3) Halle-Innenausbau	21 Wochen	6
10	(2.2) Sportgeräte-Installation	6 Wochen	9
11	(3.1) Werbekampagne	12 Wochen	6
12	**(M2) Ausbau fertig**	0 Tage	8, 10, 11
13	**Sportfestphase**		
14	(3.2) Sportfest-Vorbereitung	8 Wochen	12
15	(3.3) Sportfest-Durchführung	3 Tage	14
16	**(M3) Projektende**	0 Tage	15

SAMBA-Vorgangstabelle

In der Rubrik „Vorgang" finden wir überwiegend alte Bekannte; der Bezug zum Strukturplan wird durch die Ordnungsnummern (1.1, 1.2a etc.) und Meilensteinkürzel (M1, M2) noch verstärkt. Wenn dann im nächsten Schritt, wie wir gleich sehen werden, der zeitliche Ablauf durch Netz- und Balkenpläne dargestellt wird, geht es um die Bezüge zwischen diesen Netz- und Balkenplänen sowie der Vorgangstabelle. Um dabei jede Aktivität rasch identifizieren zu können, erhalten alle Vorgänge eine „ID", also eine laufende Nummer.

Die Meilensteine sind zwar nach der üblichen Definition auch Vorgänge; während sich jedoch ein „normaler" Vorgang über einen gewissen Zeitraum erstreckt, ist ein Meilenstein ein Ereignis und seine Dauer gleich Null.

Im übrigen erhält man die Werte der Spalte „Dauer" nicht direkt aus der Aufwandsschätzung. Vielmehr ist für jeden Vorgang zu klären:

▶ Wie viele Mitarbeiter mit ausreichender Qualifikation stehen zur Verfügung – zu dieser Zeit an diesem Ort?
▶ Wie viele Mitarbeiter können im selben Vorgang sinnvoll und effizient zusammenarbeiten?

Zumindest die erste Frage kann von Petra und ihren Mitstreitern Bodo und Sven erst im Verlauf der Projektabwicklung beantwortet werden. Trotzdem brauchen sie jetzt einen ordentlichen Basisplan, damit das Projekt vom Vereinsvorstand geprüft und genehmigt werden kann. Was tun?

Ganz einfach: Die Basisplanung erfolgt unter der Annahme „normaler" Rahmenbedingungen. Dabei ist von vornherein klar, dass später, während der Realisierung des Projekts, viele Details angepasst und verfeinert werden müssen. Jedenfalls gibt Petra einstweilen die Parole aus:

Termine sollten wir weder optimistisch noch pessimistisch, sondern realistisch planen.

Bevor wir zur Tabellenspalte „Vorgänger" übergehen, sei noch einmal daran erinnert, dass in unserem SAMBA-Beispiel aus Gründen der Übersichtlichkeit stark vereinfacht wird. Teamchefin Petra müsste im realen Projekt beispielsweise ihr Teilprojekt „Promotion" in kleinere Vorgänge untergliedern, denn hier ist sie ja nicht nur Controller gegenüber einem Subunternehmer, der seine eigene Feinplanung für Abläufe und Ressourcen macht. Beim „Zuschneiden" der Vorgänge gilt die Faustregel:

Die Dauer eines Vorgangs sollte, bis auf Ausnahmen, bei 1 bis 3 Wochen liegen. Für die genaueren Details der Abwicklung ist jeder Mitarbeitende selbst verantwortlich.

Und nun zur letzten Spalte der Vorgangstabelle. Der Begriff „Vorgänger" lässt sich am besten durch ein Beispiel klar machen. „1.3 ist Vorgänger von 2.2" will sagen: Der Hallen-Innenausbau liegt zeitlich unmittelbar vor der Sportgeräte-Installation, d. h. Vorgang 2.2 kann erst nach Abschluss von Vorgang 1.3 begonnen werden.

Eine Besonderheit der deutschen Sprache ist es, dass „Vorgänge" und „Vorgänger" vom Klang her sehr nahe beieinander liegen. Um hier Verwirrung zu vermeiden, kann man z. B. statt von „Vorgängen" von „Aktivitäten" sprechen.

Während SAMBA-Chefin Petra mit ihren Leuten die zeitliche Abfolge aller Aktivitäten plant, macht sie die Erfahrung, dass hier ebenso Fachkenntnis wie Kosten/Nutzen-Denken gefordert sind, und am Ende auch Phantasie. Damit diese Arbeit zügig von der Hand geht, besorgt Petra für das Team zum Dokumentieren der Vorgänge einen Stapel farbiger Kärtchen, die sich auf der Pinnwand oder auf dem Boden schnell und einfach in allen möglichen Variationen anordnen lassen.

Das Balkendiagramm

Damit sind wir mit einem Bein schon in der nächsten Planungsaktivität: der grafischen Darstellung des Projekt-Terminplans. Ein bewährtes Hilfsmittel ist hierbei der Balkenplan, der nach seinem Urheber auch als „Gantt-Diagramm" bezeichnet wird.

Die folgende Abbildung zeigt das Ergebnis, welches die SAMBA-Teamchefin Petra mit Hilfe eines entsprechenden Software-Tools erhält, nachdem sie alle Daten der Vorgangstabelle eingegeben hat. Im Prinzip ist dieses Resultat eine Verfeinerung des bereits bekannten Phasenkonzepts, nur dass jetzt jeder Balken nicht für eine Projektphase, sondern für einen Vorgang steht.

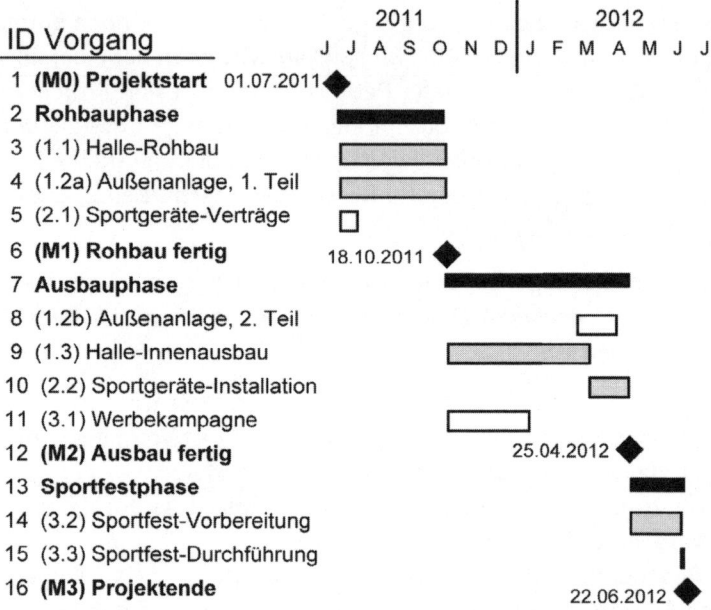

SAMBA-Balkendiagramm

Außerdem fällt auf, dass allen Meilensteinen, auch dem Projektende, inzwischen ein Datum zugeordnet wurde: der Tag, an welchem laut Plan der betreffende Meilenstein erreicht werden soll. Wie kommen wir nun zu solchen handfesten Plandaten? Dazu machen wir zunächst eine

Vorwärtsrechnung

Ausgehend vom Tag des Projektstarts, dem 1. Juli 2011, lassen wir – natürlich zunächst nur auf dem Papier – alle Vorgänge so früh wie möglich beginnen. Jeder Vorgangsbalken rutscht also ganz nach links, in die „früheste Lage". Dann wird folgendermaßen vorwärts gerechnet: Die drei Vorgänge 1.1, 1.2a und 2.1

starten alle am 1.7.2011. Laut Plan (siehe Vorgangstabelle) beträgt die Dauer für 1.1 und 1.2a jeweils 16 Wochen, für 2.1 nur 3 Wochen. Somit wird der Nachfolger dieser drei Vorgänge, also Meilenstein M1, frühestens nach 16 Wochen erreicht. Genau dann kann mit den Nachfolgern von M1 begonnen werden usw..

Eine Ausnahme ist der Vorgang 1.2b: Beim Bau der Außenanlage wird eine Winterpause eingelegt; der zweite Bauabschnitt beginnt erst im März 2012, auch wenn er Nachfolger von M1 ist.

Insgesamt ergibt sich folgendes Rechenverfahren: Der „früheste Anfangszeitpunkt" (FAZ) plus Dauer ergibt den „frühesten Endzeitpunkt" (FEZ); ferner kann ein Vorgang frühestens beginnen, wenn alle Vorgänger erledigt sind. Auf diese Weise erhalten wir den 22.06.2012 als frühestmöglichen Termin für das Projektende (M3). Anschließend erfolgt die

Rückwärtsrechnung

Wir nehmen den gerade errechneten Endtermin M3 als Ausgangspunkt und ermitteln: Wann spätestens muss der letzte Vorgang, also 3.3, beendet sein? Was ist – bei einer geplanten Dauer von 3 Tagen – sein spätest möglicher Anfangstermin? Danach berechnen wir für 3.2, den Vorgänger von 3.3, den spätesten End- und Anfangstermin usw.. Wir bringen also alle Vorgangsbalken in die späteste Lage.

In der Samba-Rohbauphase beispielsweise rutscht der Vorgang Nr. 5 („Sportgeräte-Verträge") weit nach rechts:

SAMBA-Rohbauphase

Während sein Start vorher auf den frühesten Anfangszeitpunkt gesetzt war, nämlich auf den 1.7.2011 (siehe Balkendiagramm), soll er nun so spät wie möglich ausgeführt werden. Man fängt also erst 13 Wochen später mit Vorgang Nr. 5 an, d. h. drei Wochen vor Meilenstein M1, sodass er bei einer geschätzten Dauer von drei Wochen genau zum Zeitpunkt M1 fertig wird, also am 18.10.2011.

Die parallel laufenden Vorgänge Nr. 3 und 4 dauern nämlich beide 16 Wochen (siehe SAMBA-Vorgangstabelle), also 13 Wochen länger als Vorgang 5. Nach dem neuen Plan gibt es nun keinerlei Zeitpuffer mehr, die drei Parallelvorgänge Nr. 3, 4 und 5 werden gemeinsam am 18.10.2011 beendet – falls alles nach Plan läuft.

Die Vorwärtsrechnung hat uns erste wichtige Daten geliefert: Das voraussichtliche Projektende und damit auch die voraussichtliche Projektdauer.

Nach Durchführung der Rückwärtsrechnung haben wir weitere wertvolle Informationen: Bei einigen Vorgängen nämlich ist die früheste Lage identisch mit der spätesten Lage. Diese Vorgänge, in den obigen Diagrammen durch graue Balken gekennzeichnet, nennt man

„Kritische Vorgänge" – Vorgänge mit Puffer gleich Null.

Darauf aufbauend ergibt sich ein weiterer Fachbegriff:

„Kritischer Pfad" oder „kritischer Weg" – eine ununterbrochene Folge kritischer Vorgänge, vom Projektstart bis zum Projektende.

Diese Kernbegriffe des traditionellen Projektmanagements haben ein paar Anmerkungen verdient:

- Bei der obigen Definition eines kritischen Vorgangs ist der rechnerische Puffer gemeint. Im SAMBA-Projekt laufen zum Beispiel in der Rohbauphase drei Vorgänge parallel. Die geplante Dauer ist jedoch bei Vorgang 2.1 wesentlich geringer, nämlich 3 Wochen, als bei den beiden anderen Vorgängen, für die 16 Wochen benötigt werden und die deshalb beide kritisch sind. Für 2.1 hingegen gibt es einen Puffer von 16 minus 3, also 13 Wochen.
- Den rechnerischen Puffer sollten wir nicht verwechseln mit Sicherheitszuschlägen, die wir bei der Aufwandsschätzung und Terminplanung für jeden Vorgang ansetzen sollten.
- Wenn man einen nicht kritischen Vorgang aus der frühesten Lage herausnimmt und in die späteste Lage versetzt, so wird er hierdurch kritisch.
- Falls irgendein kritischer Vorgang sich um einen Tag verzögert, so verzögert sich das gesamte Projekt um einen Tag, es sei denn, die Verzögerung kann bei nachfolgenden Vorgängen wieder ausgeglichen werden.
- Umgekehrt gilt: Wenn ich die Projektdauer verkürzen will, ist der Hebel bei den kritischen Vorgängen anzusetzen.

- Kritische Vorgänge sind nichts Beunruhigendes, sie müssen nur genauer beobachtet werden als die anderen Vorgänge. Ein Projekt mit einem geringen Anteil von kritischen Vorgängen ist sogar in der Regel schlecht geplant, weil die Ressourcen zu wenig ausgelastet sind. Dieser vorübergehende Leerlauf führt oft dazu, dass wertvolle Mitarbeiter aus dem Projekt abgezogen werden – und meist nicht mehr zurückkommen.

Der Netzplan

Die Balkenpläne veranschaulichen sehr gut den gesamten zeitlichen Ablauf des Projekts. Man erkennt auf einen Blick die Meilensteine, die kritischen oder auch die besonders lang dauernden Vorgänge, denn durch die Balkenlänge wird maßstabsgetreu die Vorgangsdauer abgebildet. Was fehlt, ist eine bildliche Darstellung der Vorgänger/Nachfolger-Beziehungen. Dies aber lässt sich am besten mit der Netzplantechnik umsetzen.

In der folgenden Abbildung sehen Sie, wie ein solcher Netzplan für das SAMBA-Projekt aussehen könnte. Ich habe unter mehreren Netzplanarten das Vorgangsknoten-Netz als Darstellungsform gewählt. Dabei zeigen die Pfeile die zeitliche Reihenfolge der Aktivitäten an, während jeder Knoten, sprich „Kasten", für den Vorgang mit der betreffenden Nummer (ID) steht.

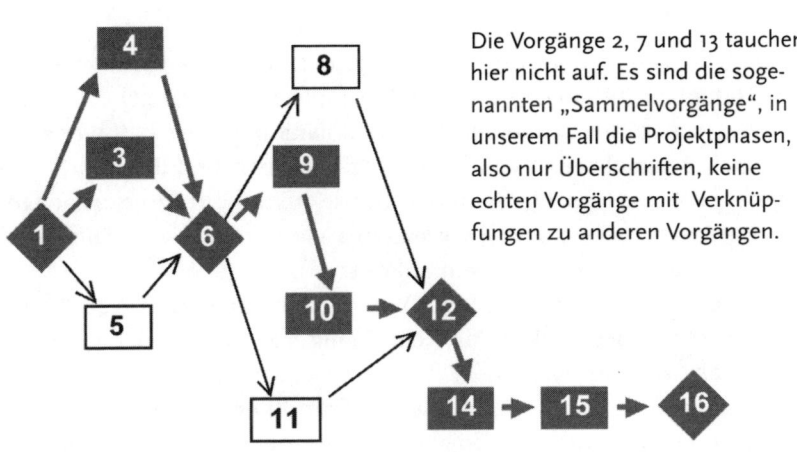

Die Vorgänge 2, 7 und 13 tauchen hier nicht auf. Es sind die sogenannten „Sammelvorgänge", in unserem Fall die Projektphasen, also nur Überschriften, keine echten Vorgänge mit Verknüpfungen zu anderen Vorgängen.

Grober Netzplan für das SAMBA-Projekt

Wie Sie sehen, habe ich die Meilensteine wieder durch Rauten gekennzeichnet. Die „normalen" Vorgänge, also diejenigen, deren Dauer nicht gleich Null ist, werden durch Rechtecke dargestellt.

Und nun atmen wir einmal tief durch und stellen, gemeinsam mit dem fiktiven SAMBA-Team, nach kurzem Blick auf die Übersichtsgrafik in Kapitel 21 fest: Abgesehen von den Ressourcen ist unser Basisplan komplett!

Wir gönnen uns jetzt eine kurze Verschnaufpause – eine der wichtigsten Maßnahmen des Projektmanagements. Jeder, der im Trainingslager dabei war, kennt sich ja längst aus mit dem Unterschied zwischen Effizienz und Effektivität, zwischen hektischem Aktionismus und echter Performance.

Nach dem Pausentee schauen wir uns den Netzplan noch einmal in Ruhe an:

- Die drei Teilprojekte sind leicht zu identifizieren, denn die Vorgänge von Teilprojekt 1 („Baumaßnahmen") sind ganz oben eingetragen, in der Mitte finden wir die Sportgeräte-Aktivitäten und weiter unten die Promotion-Vorgänge.
- Durch die Vorgangsnummern haben wir den Bezug vom Netzplan zur Vorgangstabelle, von dort ergibt sich über die Ordnungsnummern die Verbindung zum Projektstrukturplan.
- Auch die drei Projektphasen sind durch die Meilensteine leicht zu erkennen.
- Alle kritischen Vorgänge wie auch die Verbindungspfeile sind grau markiert; in der Rohbauphase gibt es zwei parallele kritische Pfade, danach nur einen.

In manchen Fachbüchern wird der Standpunkt vertreten, für kleinere Projekte seien Netzpläne unangemessen und zu aufwändig. Ich sehe es etwas anders: Wenn man die Grundidee des Netzplans begriffen hat, wenn man für ein kleines Beispiel selbst von Hand eine Vorwärts- und Rückwärtsrechnung durchgespielt und anschließend das Ganze mit einem Projektmanagement-Tool umgesetzt hat, wird sich die Netzplan-Hemmschwelle, falls überhaupt vorhanden, rasch in Wohlgefallen auflösen.

Apropos „von Hand rechnen": Wir machen das jetzt. Nachdem wir ja schon an Hand des Balkenplans ein wenig vor und zurück gerechnet haben, führen wir nun, wiederum für die Rohbauphase, die netzplanmäßige Vorwärtsrechnung durch – stur wie ein Computer und beginnend mit Vorgang Nr. 1. Hierbei wird der Projektstart, also der früheste Anfangszeitpunkt von Vorgang 1, auf Null gesetzt. Für die SAMBA-Rohbauphase ergibt sich der folgende Teil-Netzplan.

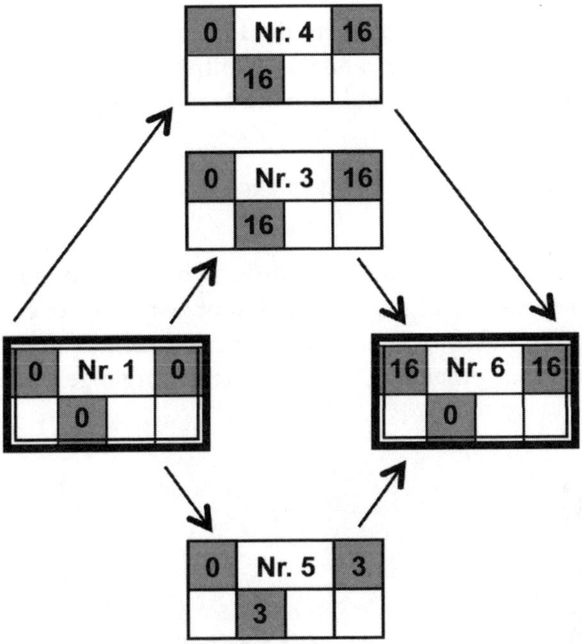

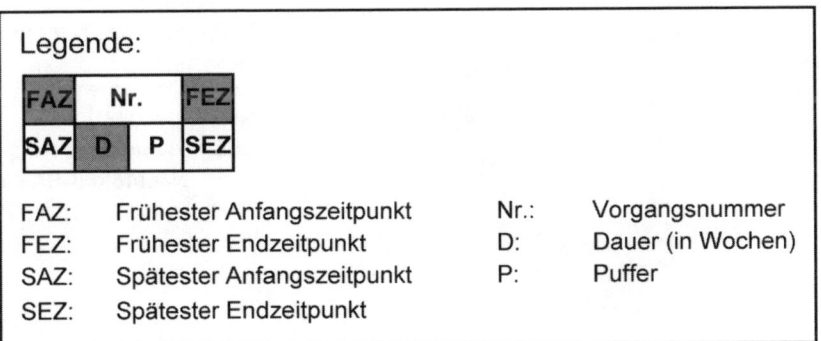

Pro Vorgang gilt:
FEZ = FAZ + D

und für die Vorgänge
nach Vorgang Nr. 1:
FAZ = FEZ des Vorgängers

bzw., falls es mehrere
Vorgänger gibt:
**FAZ = größter aller
Vorgänger-FEZ-Werte**

Legende:

FAZ	Nr.		FEZ
SAZ	D	P	SEZ

FAZ: Frühester Anfangszeitpunkt   Nr.: Vorgangsnummer
FEZ: Frühester Endzeitpunkt   D: Dauer (in Wochen)
SAZ: Spätester Anfangszeitpunkt   P: Puffer
SEZ: Spätester Endzeitpunkt

Detaillierter Netzplan für die SAMBA-Rohbauphase

Aus der Vorwärtsrechnung ergibt sich: Der Meilenstein M1 („Rohbau fertig", Vorgang Nr. 6) wird frühestens nach 16 Wochen erreicht, d. h. die Dauer der Rohbauphase beträgt 16 Wochen.

Es fehlen uns noch die Puffer-Werte und damit die Information: Welche Vorgänge haben einen Puffer gleich Null und sind somit kritisch? Dies ermitteln wir durch die Rückwärtsrechnung, beginnend beim letzten Vorgang (Nr. 6); dabei ist zu beachten:

*Der früheste Endzeitpunkt des letzten Vorgangs wird auch
als spätester Endzeitpunkt genommen.*

Denn wenn wir hier ein späteres Datum nähmen, würde sich ein Zeitpuffer für den gesamten Netzplan ergeben, d. h. es gäbe überhaupt keine kritischen Vorgänge – im Hinblick auf die Ressourcenauslastung ein schlechtes Konzept, wie wir längst wissen. Somit erhalten wir vier kritische Vorgänge und einen nicht kritischen.

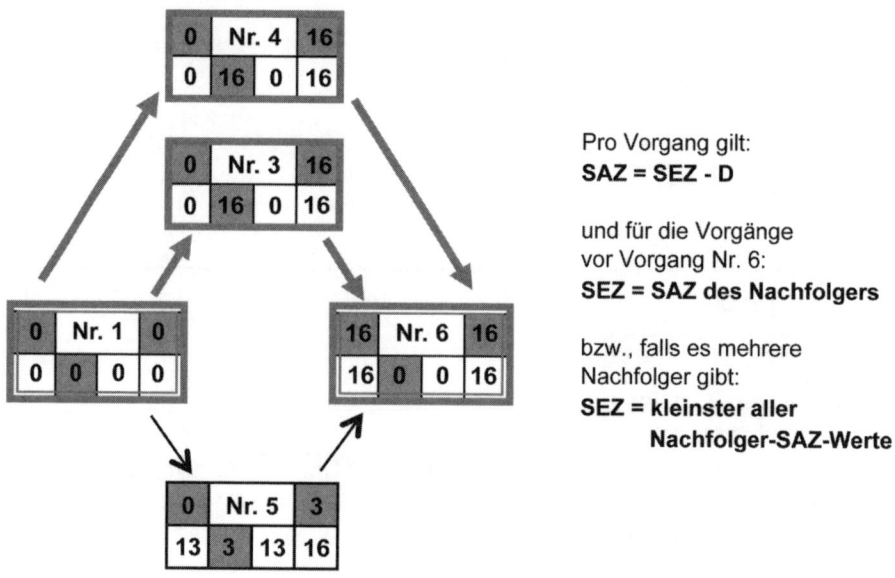

Pro Vorgang gilt:
SAZ = SEZ - D

und für die Vorgänge
vor Vorgang Nr. 6:
SEZ = SAZ des Nachfolgers

bzw., falls es mehrere
Nachfolger gibt:
**SEZ = kleinster aller
            Nachfolger-SAZ-Werte**

Die Vorgangsknoten-Netzpläne sind inzwischen sehr verbreitet. Auch bei den gängigen Software-Tools wird vorzugsweise dieser Darstellungstyp verwendet, seltener die beiden anderen Formen: Vorgangspfeil-Netzplan (CPM) und Ereignisknoten-Netzplan (PERT). Interessanterweise werden die beiden Abkürzungen PERT (Program Evaluation and Review Technique) und CPM (Critical Path Method) jedoch mittlerweile auch mit Netzplänen beliebigen

Typs in Verbindung gebracht. Eine systematische Darstellung aller Netzplan-arten findet man bei Burghardt oder auch bei Burke[17]. Abschließend halten wir fest:

- Durch Netzpläne werden die Anordnungsbeziehungen zwischen den Vorgängen anschaulich dargestellt.
- Im Gantt-Diagramm lässt sich das zwar auch durch Verbindungs-pfeile zwischen den Balken bewerkstelligen, bei einer größeren An-zahl von Vorgängen kann es jedoch verwirrend werden.
- Andererseits zeigt der Netzplan, anders als das Balkendiagramm, nicht maßstabsgerecht die Dauer der Vorgänge sowie zeitliche Ab-stände von Meilensteinen an.
- Die Antwort auf die Frage „Balken- oder Netzpläne?" lautet deshalb: Nimm beides!
- Für Präsentationen vor Topmanagern sind eher Balkenpläne zu empfehlen; sie sind KiVo-gerecht, d. h. verständlich für Kinder und Vorstände, wobei das Label „KiVo" aus meiner Sicht nichts Ehren-rühriges ist, sondern ein Kompliment an jeden Vorstand.

Eine ganz andere Vorgehensweise als die hier beschriebene Methode des kri-tischen Pfades schlägt Eliyahu M. Goldratt vor. Beim „Critical-Chain-Projekt-mangement" (CCPM)[18] wird schlicht nach Priorität geplant, wobei der längste Pfad, bezogen auf den Ressourcenverbrauch, als „Kritische Kette" bezeichnet wird. Statt einzelner Vorgangspuffer beziehungsweise Sicherheitszuschlägen gibt es einen gemeinschaftlichen Projektpuffer für sämtliche Vorgänge, wel-cher an das Projektende gestellt wird. Auf diese Weise wurden in der Praxis bereits Verkürzungen der Projektdauer um 25 % erzielt.

***

Bevor wir nun in die beiden letzten Matchs der Turnier-Vorrunde einsteigen, hier noch ein kleiner Hinweis zur gesamten Termin- und Ablaufplanung: Vermeiden Sie in Ihrem Team einen akademischen Streit über den Wert von PC-Tools einerseits und von Pinnwänden und Kärtchen andererseits, über top-down und bottom-up etc.. Legen Sie mit Ihren Leuten einfach los und probieren Sie aus! Viele Wege führen nach Rom, nicht nur die Via Appia.

24 Ressourcenplanung

Es gibt zwei Wege, um glücklich zu sein:
Wir verringern unsere Wünsche oder vergrößern unsere Mittel.
Wenn du weise bist, wirst Du beides gleichzeitig tun.
Benjamin Franklin

Was für Bagger und Betonmischmaschinen gilt, gilt erst recht für Menschen im Projekt:

Ordne niemals eine Ressource mehreren parallel laufenden Vorgängen zu!

Bei Engpässen im Personalbereich hilft also, wie bei allen anderen Einsatzmitteln, kein Selbstbetrug: Entweder wir erhöhen die Kapazität oder die Abwicklung wird länger dauern, beispielsweise durch nacheinander erledigte Aktivitäten, die sonst parallel ablaufen könnten. Zu Recht betont Burghardt[19]: „Arbeitspakete, die z. B. in einem Netzplan nicht kritisch sind, können durch Fehlen eines bestimmten Einsatzmittels kapazitätskritisch werden."

Ohne Zweifel stellen die Menschen im Projekt nicht nur die wertvollste Ressource dar, sie erfordern auch den größten Aufwand bei der Einsatzplanung. Projektmitarbeiter können krank werden, kündigen oder z. B. wegen Weiterbildungsmaßnahmen für die Arbeit im Projekt ausfallen. Sie werden häufig innerhalb einer Woche in verschiedenen Projekten oder Aufgabenbereichen eingesetzt, und hinzu kommt eine weitere Einflussgröße: die Qualifikation.

Schon im Zusammenhang mit Aufwandsschätzung und Terminplanung war davon die Rede: Im Rahmen der Basisplanung geht man zunächst davon aus, dass zu bestimmten Zeiten an bestimmten Orten genügend Personal mit der jeweils benötigten fachlichen Eignung zur Verfügung steht. Die Realität während der Projektabwicklung sieht fast immer anders aus. Um nun zu einem durchführbaren Einsatzplan zu kommen, gibt es zwei verschiedene Ansätze[20]:

1. Der Auftraggeber legt den Endtermin des Projekts fest. Dann muss ich klären, wie viele Mitarbeiter mit jeweils welcher Qualifikation ich zu welchen Zeiten brauche. Diese Vorgehensweise wird als *termintreue Planung* bezeichnet.

2. Seitens Auftragnehmer ist vorgegeben, welches Personal für das Projekt zur Verfügung steht. In diesem Fall spricht man von *kapazi-* • *tätstreuer Planung*, und die Frage lautet: Wann frühestens kann das Projekt abgeschlossen werden?

Auch hier wird natürlich immer wieder seitens Auftraggeber auf die Tube gedrückt und das Unmögliche verlangt: Ich will beides – ich bestimme, wer eingesetzt wird und wo das Limit für Fremdeinkäufe liegt, und du, Projektleiter, lieferst mir gefälligst pünktlich die gewünschten Ergebnisse.

Was macht SAMBA-Chefin Petra in einem solchen Fall? Sie sagt ihren Entscheidern im Verein: Macht das doch mal mit dem Coach unserer Fußballmannschaft – der sucht sich schleunigst einen anderen Job. Und dann malt sie ein kleines Magisches Dreieck an die Tafel des Besprechungsraums und sagt: Ihr müsst euch entscheiden. Was hat höchste Priorität – Qualität, Zeit oder Geld? Alles zusammen geht nicht, das habe ich von Tom DeMarco gelernt.

Um bei der Aufwandsschätzung und der Einsatzplanung für die Mitarbeiter Missverständnisse und Fehler zu vermeiden, sind verschiedene Begriffe sauber voneinander zu trennen und außerdem Randbedingungen zu beachten:

- Mit dem Aufwand für einen Vorgang ist, abgesehen von den Sachmitteln, der Personalaufwand gemeint, also die erforderliche Arbeitsmenge, gemessen in Personen- oder Mitarbeitertagen (MT) bzw. -wochen oder Mitarbeiterjahren (MJ).
- Angenommen, für den Vorgang „Sanitärräume/Fliesenlegen" ergibt die Aufwandsschätzung den Wert: 30 Mitarbeitertage. Falls nun für diesen Vorgang eine Dauer von 15 Arbeitstagen eingeplant wird, ergibt sich daraus ein Bedarf von zwei Fliesenlegern, nach der einfachen Formel: *Bedarf = Aufwand / Dauer*
- Derselbe Aufwand (30 MT) lässt sich gemäß dieser Formel von drei Fliesenlegern in zehn Arbeitstagen bewältigen. Die Sache wird jedoch zum groben Unfug, wenn etwa 30 Fliesenleger an einem Tag die Arbeit erledigen sollen. Ab einer gewissen Grenze tritt das Brooks'sche Gesetz in Kraft: *Verdopple die Anzahl der Projektmitarbeiter, und die Dauer des Vorgangs wird sich vervierfachen.*
- Entscheidend für die Einsatzplanung ist letztlich die verfügbare Personalkapazität, d. h. der „Vorrat" an Mitarbeitern, welche – bezogen auf ein bestimmtes Arbeitspaket – die erforderliche Qualifikation haben und zur betreffenden Zeit am betreffenden Ort eingesetzt werden können. Erleichtern lässt sich diese Art von Planung durch

die Verwendung von Ressourcen-Belastungsdiagrammen[21], wobei wiederum der Einsatz entsprechender Software zu empfehlen ist.

Zu Beginn des Kapitels war bereits die Rede von der weit verbreiteten Unsitte, Mitarbeitende einer Abteilung oder Firma innerhalb einer einzigen Woche auf drei oder mehr Baustellen einzusetzen. In Kapitel 30 werden wir uns noch intensiv mit diesem „Patchwork-" oder „Libero-Syndrom" auseinandersetzen. Dennoch möchte ich Ihnen schon jetzt den folgenden Tipp geben – eine weitere goldene Regel des Projektgeschäfts:

Mir ist lieber, ich habe einen Mitarbeiter drei Wochen zu 100 Prozent im Projekt, als drei Monate zu (angeblich) 50 Prozent.

Falls Sie es noch nicht bemerkt haben: Die Vorrunde unseres Turniers geht zu Ende. Das Viertelfinale steht vor der Tür, in welchem Strategie und Taktik eine entscheidende Rolle spielen werden. Oder anders gesagt: Selbstorganisation und Zeitmanagement.

Dies ist ein guter Moment zum Innehalten. Um in jeder Hinsicht mehr Weitblick, mehr Distanz zum Alltag zu bekommen und zudem jede Menge frischen Wind, könnten Sie beispielsweise einen Berg besteigen. Das muss nicht der Mount Everest sein, ich denke eher an den Schauinsland im Schwarzwald, an die Koli-Berge in Finnland oder den Berg Sinai ...

25 Die zehn Gebote des Projektmanagements

Wenn man alle Gesetze studieren sollte,
so hätte man gar keine Zeit, sie zu übertreten.
Johann Wolfgang von Goethe

Ich bin dein Projekt, das dich aus dem Sklavenhaus der Routinearbeiten geführt hat, das dich befreit hat von den Denkrillen der Pedanten und Funktionäre, der Ministerial- und Oberkirchenräte, der Sesselfurzer, Würden- und Bedenkenträger.

1. Du sollst neben mir keine anderen Projekte haben. Du sollst dich nicht niederwerfen vor fremden Projekten oder Hierarchien und dich nicht verpflichten, ihnen zu dienen. Denn ich bin ein eifersüchtiges Projekt: Die Schuld und die Verfehlungen gegen mich verfolge ich in jedem Folgeprojekt, in der dritten und vierten Generation.

2. Du sollst meinen Namen nicht missbrauchen. Denn nur dies ist ein Projekt: ein Vorhaben mit definiertem Anfang und Ende, einem begrenzten Budget, einem einzigartigen Ziel und mit einem Projektteam – Menschen, die für dieses Ziel kämpfen.

3. Denke an die Gesundheit von Körper, Geist und Seele. Sechs mal sechs Stunden in der Woche darfst du schaffen in deinem Projekt; im übrigen sollst du Kontakte knüpfen, Ideen aufgreifen und neue Methoden ausprobieren. Einen Tag in jeder Woche aber sollst du deiner Familie, deinen Freunden und deiner Seelenruhe widmen.

4. Die Realisierung deines Projekts soll nicht länger dauern als neun Monate. Teile deshalb große Vorhaben auf in Projektstufen oder Folgeprojekte.

5. Du sollst dein Projekt nicht schon im Vorfeld abwürgen. Führe deshalb bei größeren Vorhaben vor dem Kick-off eine Vorstudie durch, bei kleineren einen Zieldefinitionsworkshop.

6. Du sollst nicht voreilig „Ja" sagen, wenn dir die Leitung eines Projekts angeboten wird. Bevor du dich bindest, prüfe, ob du hierfür alle notwendigen Kompetenzen und Befugnisse hast.

7. Du sollst als Projektleiter nicht Erfolge stehlen, und du sollst dir keine Erfolge stehlen lassen. Deshalb ist vor Projektstart schriftlich und mit Namen zu benennen, wem du berichtest, wer als dein Promotor dir in der Not hilft mit Macht, wer dich berät und begleitet hinsichtlich Kosten und Nutzen, Methoden und Qualität, Recht und Gesetz.

8. Du sollst nicht mit falschen Karten spielen. Deshalb sorge für Transparenz, Vertrauen und Stetigkeit – durch eine vollständige, stets aktuelle Dokumentation, durch einen Projektfahrplan mit klar definierten Meilensteinen, der allen Beteiligten bekannt ist, durch einen Jour fixe und einen festen Projektraum.

9. Du sollst nicht begehren des nächstbesten Abteilungsleiters Vorzimmer. Du sollst nicht begehren seinen persönlichen Referenten oder seine Sekretärin, seinen Dienstwagen oder irgend etwas, das einem Linienmanager gehört.

10. Wenn du mit deinem Team einen Meilenstein erreicht hast, sollt ihr ein Fass aufmachen.

VIERTELFINALE

Der Projektmensch

26 Lebensschleifen:
Inspiration suchen, sein Selbst finden

Ach, der Tugend schöne Werke, gerne möcht' ich sie erwischen.
Doch ich merke, doch ich merke, immer kommt mir was dazwischen.
Wilhelm Busch

Es hat keinen Sinn, es länger zu leugnen. Ich lege ein umfassendes Ge-
ständnis ab: Schon seit vielen Jahren bin ich ein hoffnungsloser Fall von
Murmelmanie. Als ich den Film „Und täglich grüßt das Murmeltier" zum
ersten Mal gesehen habe, bin ich ihm sofort verfallen.

Zu meiner Entschuldigung darf ich anführen, dass ich als junger Bursche
das Handwerk der Computerprogrammierung erlernt habe und insofern zur
„Murmeltier-Risikogruppe Eins" gehöre. Wenn Sie jemals programmiert
haben, brauche ich nur ein Wort zu sagen, und Sie kennen fast den kompletten
Plot des Films. Das Wort ist „loop".

Für alle, die Phil, das Murmeltier, noch nicht kennen gelernt haben, hier
die Story in aller Kürze: In Punxsutawney, einem kleinen Nest in den Bergen
unweit von Pittsburgh, wiederholt sich Jahr für Jahr an einem bestimmten
Tag im Februar ein Ritual. Ein kleines Murmeltier fungiert als Meteorologe –
je nachdem, wie es sich verhält, „wissen" die Leute, ob der Winter vorbei
ist oder nicht. Gegenstück zum Murmeltier und männliche Hauptfigur des
Films ist der „Wetterfrosch" einer Fernsehgesellschaft, und auch er heißt rein
zufällig Phil.

Dieser arrogant-zynische Reporter wird, als er zum x-ten Mal mit seiner Crew
vom hinterwäldlerischen Murmeltiertag berichten soll, in eine „Endlosschleife"
geworfen. Er wacht jeden Morgen im gleichen Hotelbett in Punxsutawney auf
und erlebt wieder und wieder diesen „Groundhog Day", bis er, wie im Märchen,
durch Läuterung seines Charakters und die Liebe einer Frau erlöst wird – er
darf die Schleife verlassen und „normal" weiterleben.

Es geht also in diesem Film herzlich wenig um Wettervorhersage oder
das Leben der Murmeltiere. Es geht um den verzweifelten Versuch eines
Menschen, seinem Leben einen Sinn zu geben; herauszukommen aus dem
Teufelskreis von lässig-bornierter Routine, Übersättigung und Langeweile.
Der Film ist witzig und handwerklich perfekt gemacht, aber er ist auch be-
ängstigend und doppelbödig. Und wir finden in ihm alle typischen Elemente

des Projektgeschehens: Versuch und Irrtum, Lust und Frust, Problemlösung und Erreichen eines außerordentlichen Ziels am Ende eines mühsamen, zyklischen Prozesses.

Einige der Schlüsselfragen, welche die Psychologen unserer Zeit ebenso beschäftigen wie die Philosophen vor zweieinhalbtausend Jahren, haben mit dem Phänomen der Motivation zu tun: Was spornt einen Menschen zu seinen Handlungen an? Was ist der Grund dafür, dass Menschen ungeheure Energien freisetzen und große Entbehrungen auf sich nehmen, um ein Ziel zu erreichen? Was treibt Säuglinge und manchmal sogar Erwachsene dazu an, nach 999 gescheiterten Versuchen den tausendsten Anlauf zu nehmen, um „es zu schaffen"? Welche Rolle spielen Selbsterhaltungs- und Sexualtrieb, Geltungssucht, Machtstreben und das Verlangen nach Liebe und Harmonie?

Die Maslow'sche Bedürfnispyramide

Der amerikanische Psychologe A. H. Maslow beschäftigte sich intensiv mit den menschlichen Motiven und Bedürfnissen. Er entwickelte ein hierarchisches Modell der verschiedenen Bedürfnistypen, die sogenannte Bedürfnispyramide. Das Modell fand große Beachtung, wurde jedoch auch als unzureichend kritisiert. Nach Maslow müssen bei jedem Menschen zuerst die physiologischen Bedürfnisse befriedigt sein, danach erst geht es um die Befriedigung der Sicherheitsbedürfnisse und so fort. Das heißt, das menschliche Verhalten folgt stets dieser sequentiellen Abfolge der Stufen von unten nach oben. Das Überspringen einer Stufe ist nicht vorgesehen, ebenso wenig das gleichzeitige Streben nach Liebe und Zugehörigkeit einerseits und nach Selbstverwirklichung andererseits. Ich möchte Maslows Pyramidenmodell nun ein wenig umgestalten und gleichzeitig als Vehikel benutzen, um aufzuzeigen: Was bedeutet „Schleife" oder „loop" in einem Handlungs- oder Programmablauf und wie kann ich dies grafisch darstellen?

Eine von Maslows Thesen lautet: Jeder Mensch hat zunächst rein physiologische Bedürfnisse (Zustand A). Solange diese Grundbedürfnisse (Nahrung, Unterkunft, Fortpflanzung) nicht befriedigt sind, wird er sich um die Erreichung dieses Ziels bemühen. Erst dann (Zustand B) kann er sich dem „nächsthöheren" Bedürfnis widmen: Geborgenheit.

Als *Programmablaufplan (PAP)* können wir das so skizzieren:

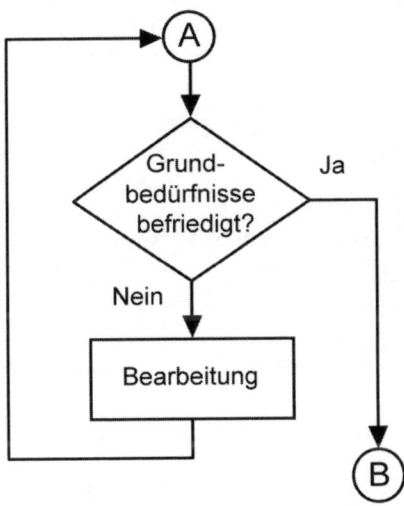

Der Block „Bearbeitung", hier die Sicherung der Grundbedürfnisse, wird also x-mal wiederholt, je nach Resultat der vorherigen Abfrage, die durch eine Raute gekennzeichnet ist. Üblicherweise lässt sich ein solcher Block „Bearbeitung" wiederum in mehrere Tätigkeiten untergliedern; beispielsweise in eine Sequenz, also eine Abfolge von Arbeitsschritten, eventuell verbunden mit weiteren Abfragen und Verzweigungen.

Gerade wenn Ihnen diese Methode, Prozesse bildhaft zu verdeutlichen, bisher nicht geläufig ist, will ich Sie ermuntern, dies in der Praxis einmal auszuprobieren – auf der Basis des kleinen Crashkurses, in den Sie nun, wie der Wetterfrosch Phil, ahnungslos hineingeschliddert sind.

Damit der Crashkurs nicht zu langweilig wird, schauen wir uns jetzt eine Alternative zur oben skizzierten PAP-Technik an: das *Nassi-Shneiderman-Diagramm*, auch *Struktogramm* genannt.

Man braucht bei dieser Technik nicht mehr als drei Grundelemente, so genannte „Strukturblöcke", um einen beliebig komplexen Ablauf als Struktogramm darzustellen:

Sequenz:

Bearbeitung 1
Bearbeitung 2
Bearbeitung 3

Verzweigung:

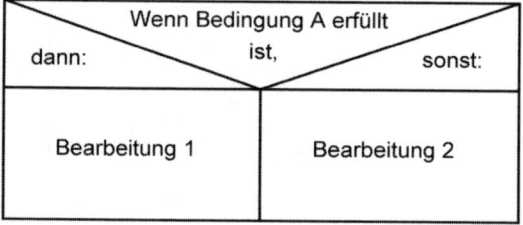

Schleife:

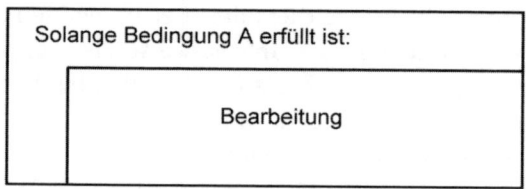

Die Strukturblöcke gemäß Nassi-Shneiderman

Die auf Seite 139 nach PAP-Art dargestellte Maslow'sche Grundbedürfnis-Schleife sieht nun sehr kompakt aus:

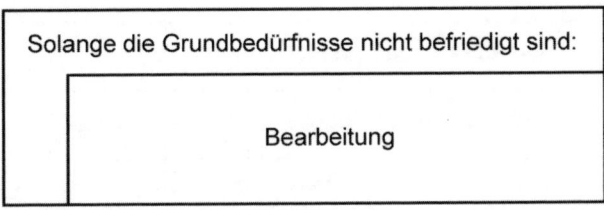

Auch hier wird der Block „Bearbeitung" immer wieder zyklisch durchlaufen, bis die Bedingung „Grundbedürfnisse befriedigt" erfüllt ist – möglicherweise ein Leben lang.

Nachdem wir nun die ersten Struktogramm-Kenntnisse erworben haben, möchte ich der streng hierarchischen Anordnung von Maslow ein etwas verfeinertes Modell gegenüberstellen: das *GSKS-Modell*, welches auf der nächsten Seite abgebildet ist. In diesem Struktogramm mit einer großen und zwei kleinen Schleifen finden Sie „die Dinge des Lebens": Karriere, Selbstfindung, Projekte, Resignation, Phantasie und Neugier.

Um Missverständnisse zu vermeiden, gleich vorweg die Anmerkung: Es handelt sich hier, wie bei Maslows Pyramide oder meinen Projektarchetypen aus der Qualifikationsrunde, um ein Modell, nicht um die Weltformel. Ein Struktogramm auf einer DIN-A5-Seite kann nicht die letzten Fragen der Menschheit beantworten; aber es kann Ihnen möglicherweise Orientierungshilfe geben beim Umgang mit Erfolg und Misserfolg, mit Frustration und Depression, beim Formulieren beruflicher oder privater Ziele, bei dem Wettkampf, dem wir uns täglich stellen, um mehr als nur Brot auf dem Tisch und Kleider am Leib zu haben. Zu Aufbau und Inhalt des GSKS-Modells will ich ein paar Erläuterungen geben.

Die Gesamtstruktur:

Sie ist einerseits durch drei Schleifen geprägt, nämlich eine große (GS) und zwei kleine Schleifen (KS1, KS2); andererseits durch die drei parallel verlaufenden Schienen mit den Bezeichnungen: A (Selbstfindung), B (Egotrip) und C (Hängematte/Gosse).

Die Zeitachse:

Sie verläuft, wie üblich bei Struktogrammen, senkrecht von oben nach unten; am Ende jeder Schleife erfolgt natürlich der Rücksprung zu ihrem Anfang, es sei denn, die „Solange"-Bedingung ist nicht mehr erfüllt.

(1) GS: Solange ich lebe und geistig gesund bin:

(2) KS1: Solange meine Grundbedürfnisse nicht befriedigt sind:

(3) Kampf um das „tägliche Brot"

(4) Neugier, Neubeginn, Suche nach Inspiration

(5) Wenn das Feedback meiner Umgebung überwiegend positiv ist,

dann: sonst:

(6A) Wachsendes Selbstvertrauen	(6BC) Zunehmende Frustration bzw. Fremdbestimmung	

| (7A) Ich stelle Fragen und stelle in Frage, d. h. ich agiere. Ich gehe neue Wege und entdecke neue Aspekte und Zusammenhänge; das Projektherz wird gestärkt. | **(7BC) KS2: Solange kein „Crash" erfolgt:** | |

(8BC) Ich greife nach Ersatzbefriedigung, einem „Kick"; d. h. ich reagiere.

(9BC) Wenn ich kanalisieren bzw. sublimieren kann,

dann: sonst:

(10B) Egotrip-Projekte: Fixierung auf materielle Güter, auf Statussymbole und Karriere, bis hin zur Arbeitssucht	(10C) Keine Projekte: Langeweile bis hin zu Lethargie und nicht legalen Drogen; hierdurch Neigung zu kriminellem Verhalten

→ Eustress   → Eustress und Disstress   → Disstress

(11A) Interesse an höheren Zielen steigt	(11B) Lustgewinn bzw. Hemmschwelle sinkt	(11C) Lustgewinn bzw. Hemmschwelle sinkt
A Selbstfindung	**B** Egotrip	**C** Hängematte/Gosse

Das GSKS-Modell – Große Schleife, kleine Schleifen

Zu (1): Die „große Schleife" GS bildet die äußere Klammer zum gesamten Verlauf eines Menschenlebens. Von der Geburt bis zum Tod, beziehungsweise dem Verlust der Denkfähigkeit, wird dieser Loop immer wieder durchlaufen; ein Leben lang hat jeder von uns ungezählte Chancen für einen Neubeginn oder eine Neuorientierung.

Zu (2) und (3): Die Schleife KS1 entspricht exakt der untersten Stufe der Maslow'schen Bedürfnispyramide. Bertolt Brecht formulierte es lapidar und drastisch: Erst kommt das Fressen, dann kommt die Moral. Dass hier von einer „kleinen" Schleife die Rede ist, bedeutet nicht, dass sie belanglos ist. Ganz im Gegenteil, dieser simple Strukturblock steht für Millionen Schicksale von Hunger, Armut und sexueller Not, bei denen der „Sprung aus der Schleife" niemals gelingt, weil die Grundbedürfnisse des betreffenden Menschen nie gesichert sind. „Klein" ist also die Schleife KS1, wie übrigens auch KS2, nur im Verhältnis zur Gesamtstruktur.

Zu (4): Dies ist eine meiner Kernthesen. Abgesehen vom Selbsterhaltungstrieb sehe ich hier die wesentliche Antriebskraft bei jedem gesunden Säugling und ebenso bei jedem Jugendlichen oder Erwachsenen: Neugier, Lust auf das Neue und Unbekannte, Suche nach Inspiration; es sei denn, Frustration, Demütigung oder Fremdbestimmung haben überhand genommen. Erinnern möchte ich hierbei an die Punkte (7) und (8) der Hofstadter-Liste im vierten Kapitel: „Lernfreude, IQ und EQ".

Zu (5) und (6): Schon in der frühen Kindheit, aber auch später in Schule, Familie und Beruf ist für die Entwicklung eines Menschen das Feedback seiner Umgebung von entscheidender Bedeutung. Positiv ist nach meiner Definition ein Feedback nur dann, wenn das Selbstvertrauen des betreffenden Menschen gestärkt wird, nämlich durch Anteilnahme, aufrichtiges und begründetes Lob oder auch konstruktive Kritik.

Negativ in der Wirkung sind somit nicht nur Demütigung oder Missachtung, sondern auch Lobhudeleien und „Applaus an der falschen Stelle". Oft sind es Eltern, Lehrer oder Vorgesetzte, die ihre Schützlinge manipulieren wollen. Hierdurch wird letztlich Fehlverhalten bestätigt – statt zu größerem Selbstvertrauen kommt es zu Imponiergehabe oder übertriebener Selbstverliebtheit.

Zu einem guten Feedback gehört freilich nicht nur der geeignete Sender, sondern auch ein entsprechend disponierter Empfänger. Hier kommen, ebenso wie in Block (4), zweifellos die Erbanlagen eines Menschen ins Spiel.

Die Blöcke (7A) und (11A) möchte ich mir bis zum Schluss aufbewahren; sie beschreiben den Prozess der Selbstfindung und sind das Sahnehäubchen im GSKS-Modell. Wir wenden uns also zunächst den beiden Schienen B und C zu – „Egotrip" und „Hängematte/Gosse".

Zu (7BC): Mit „Crashs" sind wahre Schicksalsschläge gemeint, zum Beispiel der Tod eines nahestehenden Menschen, Scheidung, schwerer Unfall, schwere Krankheit, Kündigung, Bankrott.

Ein solches einschneidendes Erlebnis katapultiert mich aus der Schleife KS2 und nötigt mich zu einem völligen Neuanfang: „Gehe zurück zu Block (1)!" oder anders ausgedrückt: Krise als Chance.

Allerdings kann auch etwas ganz anderes passieren: Der Crash ist definitiv, d. h. ich werde nicht nur aus der kleinen Schleife (KS2) hinausgeworfen, sondern auch aus der großen Schleife (GS) – ich verliere meine geistige Gesundheit oder sogar mein Leben.

Zu (8BC) bis (11C): Wir befinden uns im Inneren der Schleife KS2, die auf zwei Arten durchlaufen werden kann: Wenn ich Frust sublimieren oder mich mit Fremdbestimmung arrangieren kann (10B), schaffe ich es zwar, die Schiene „Hängematte/Gosse" (10C) zu vermeiden, ich werde vielleicht sogar eine „Wahnsinns"-Karriere machen. Aber auch dann bin ich stets in der Gefahr, mich zu verlieren – zwar nicht in Richtung Langeweile und Stumpfsinn, aber in Richtung Turbokapitalismus, Ideologie oder Fanatismus.

In jedem der hier vorliegenden Fälle, ob „Egotrip" oder „Hängematte/Gosse", erübrigt sich der Kampf um das tägliche Brot. Durch meine Arbeit, durch Glück oder Erbschaft habe ich genügend Wohlstand erreicht oder ich habe einen Menschen beziehungsweise eine Organisation gefunden, die mich „durchfüttert". Das alles nimmt erst durch den Crashfall ein jähes Ende.

Der entscheidende Unterschied zu den Blöcken 7A/11A ist das Greifen nach Patentlösungen oder gar „ewigen Wahrheiten" – das, was Capra (vgl. Seite 30) mit „altem Denken" bezeichnet: Glauben an Gewissheit statt annähernder Beschreibung, vorgefertigte Antworten statt prüfender Fragen, Heilslehre statt Diskurs. Wohin dies im Extremfall führt, haben die Terroranschläge vom 11. September 2001 auf verheerende Weise deutlich gemacht. Über die „Projektfähigkeit" von Osama Bin Laden, dem mutmaßlichen Auftraggeber der Massenmord-Aktionen, hat Thomas L. Friedman in der „New York Times" kurz und treffend geurteilt: „Er zerstörte viel, aber er hat nichts aufgebaut."[1]

Das Zerstörerische und speziell das Selbstzerstörerische finden wir jedoch ebenso in den Köpfen und Herzen westlicher Wohlstandsbürger, insbesondere werden hier Selbstfindung und Egotrip ständig miteinander verwechselt. Wertvolle Hinweise zu diesem Thema finden wir im Buddhismus. Eine seiner zentralen Aussagen lautet: Mein Ego ist nicht mein wahres Selbst; vielmehr muss ich mein andauernd forderndes und unruhiges Ego überwinden, um zu meinem wahren Selbst zu kommen, welches schon bei meiner Geburt vollkommen war.

Es ist in der Schleife KS2 ähnlich wie bei der eingangs geschilderten Murmeltier-Story: Wenn ich zu sehr nach der Devise „Mehr desselben"[2] handele, wird mein Leben schnell zum Teufelskreis. Gerade dieses Problemfeld wird in buddhistischen Schriften sehr grundlegend bearbeitet, und zwar keineswegs nur auf einer hohen, spirituellen Ebene, sondern bisweilen auch auf drastische Weise[3].

Portia Nelson: Autobiographie in fünf Kapiteln

1.
Ich gehe die Straße entlang.
Da ist ein tiefes Loch im Gehsteig.
Ich falle hinein.
Ich bin verloren... Ich bin ohne Hoffnung.
Es ist nicht meine Schuld.
Es dauert endlos, wieder herauszukommen.

2.
Ich gehe dieselbe Straße entlang.
Da ist ein tiefes Loch im Gehsteig.
Ich tue so, als sähe ich es nicht.
Ich falle wieder hinein.
Ich kann nicht glauben, schon wieder am gleichen Ort zu sein.
Aber es ist nicht meine Schuld.
Immer noch dauert es sehr lange herauszukommen.

3.
Ich gehe dieselbe Straße entlang.
Da ist ein tiefes Loch im Gehsteig.
Ich sehe es.
Ich falle immer noch hinein... aus Gewohnheit.
Meine Augen sind offen.
Ich weiß, wo ich bin.

Es ist meine eigene Schuld.
Ich komme sofort heraus.

4.
Ich gehe dieselbe Straße entlang.
Da ist ein tiefes Loch im Gehsteig.
Ich gehe darum herum.

5.
Ich gehe eine andere Straße.

Zu (7A) und (11A): Hier spielt die Musik, alles stimmt. Wer hier lebt und agiert, ist „in the groove". Aber, die Selbstfindung ist ebenso wenig ein Zustand wie der Egotrip, sie ist ein dynamischer Prozess. Es kann also immer wieder passieren, dass ich aus dieser „richtigen" Rille herausrutsche und beim nächsten Schleifendurchlauf an der Feedback-Gabelung (5) in eine „falsche" Spur gerate.

Um den letzteren Fall, also überwiegend negatives Feedback, zu vermeiden, ist manchmal auch eine radikale Änderung meiner Umgebung notwendig wie zum Beispiel: neuer Arbeitgeber, neue Schule, Umzug – also auch Trennung[4] von Menschen, die mir nahe stehen. Eine entscheidende Voraussetzung hierfür ist die Offenheit gegenüber neuen Ideen und außergewöhnlichen Ereignissen. Auch so etwas lässt sich trainieren. Beispielsweise, indem man sich mit den Geschichten über schwarze Schwäne von Nassim Nicholas Taleb[5] auseinandersetzt.

Die Wahrscheinlichkeit für ein langfristiges Herausfallen aus der A-Schiene („Selbstfindung") wird jedenfalls sinken, je öfter und länger ich mich auf ihr bewege.

***

Falls Ihnen bei unserer ausgedehnten Karussellfahrt ein wenig schwindlig geworden ist – kein Problem, laufen Sie einfach dreimal in der entgegengesetzten Richtung durch alle Schleifen, das hilft.

Sie meinen, das ist eine Übung für Fortgeschrittene, weil hier die Zeitachse umgedreht wird? Ich sage Ihnen, was fortgeschritten ist seit dem vorigen Kapitel: Ihr Alter! Egal, wie jung Sie sich fühlen. Und egal, in welcher Richtung Sie sich auf der Zeitachse bewegen.

Und nun entspannen wir uns, kommen zur Ruhe ... und schon hören wir die Klänge eines Banjos.

27 Zeitplanung mit Banjo und Fischernetz

Man verliert die meiste Zeit damit,
dass man Zeit gewinnen will.
John Steinbeck

Bei „Banjo" denken Sie sicher ebenso wenig wie ich an Trübsinn oder Schlaf-
mützigkeit. Eher an einen flotten Dixielandrhythmus. So ging es offensichtlich auch R. Black, der sich zur Bekämpfung von „Aufschieberitis" die folgende
Therapie ausdachte[6]:

Die BANJO-Methode: **B**ang
                            A
                            Nasty
                            Job
                            Off

Wenn Sie also das nächste Mal an Ihrem Schreibtisch erste Anzeichen von
Antriebsschwäche in sich spüren, greifen Sie zum BANJO und summen Sie
den Refrain: Hau einen lästigen Job weg! Das wird Sie auf Touren bringen.
Hier ist die genaue „Gebrauchsanweisung" von M. Scott[7]: „Sie sind ein wenig
niedergeschlagen – vielleicht um halb drei nachmittags [...] Werfen Sie nun
einen Blick auf Ihre Liste der Aufgaben des Tages. Suchen Sie sich die unan-
genehmste aus, diejenige, auf die Sie sich am wenigsten freuen. Erledigen
Sie diese Aufgabe auf der Stelle [...] Meiner Erfahrung nach ist die betreffende
Aufgabe meist eine Sache von fünf Minuten, ein unangenehmer Anruf oder
Brief, und ihre Erledigung bedeutet einen psychischen Auftrieb, der sehr viel
Kraft spendet. Der Rest des Tages scheint dann ganz einfach zu sein."

Bei „global-spezifischen Unlustgefühlen" hilft es Ihnen also nicht weiter,
wenn Sie vor Ihren Aufgaben weglaufen. Ebenso sinnlos ist es, wenn Sie allzu
lange an Ihrem Schreibtisch „brüten". Gehen Sie an Ihren Arbeitsplatz und
fangen Sie mit irgendeiner Sache an. Wenn Sie beispielsweise einen Bericht
oder ein Protokoll verfassen sollen und es fällt Ihnen absolut nichts ein, nehmen Sie ein Blatt Papier und schreiben Sie: „Mir fällt absolut nichts ein." Das
mag kindisch klingen, aber der simple Effekt ist, dass Sie angefangen haben,
zu schreiben – der entscheidende erste Schritt ist getan.

Ein Mind-Map als erste Stoffsammlung ist meistens hilfreich, aber machen Sie nicht zu viele Pläne und Zeichnungen für überschaubare Aufgaben. Sorgen Sie für rasche Erfolgserlebnisse, die „quick wins", indem Sie etwa eine Tabelle als ersten, wichtigen Teil Ihres Berichts fertig stellen. Peter Drukker brachte es auf die Formel:

Planung nützt überhaupt nichts, wenn sie nicht irgendwann in Arbeit ausartet.

Bewusst habe ich die Bekämpfung von Verzagtheit an den Anfang dieser Trainingseinheit gestellt, denn zum einen wird jeder von uns immer wieder Phasen der Erschöpfung oder Entmutigung erleben. Zum anderen: Solange wir es nicht schaffen, aus einem seelischen Tief herauszukommen, erübrigen sich fast alle weiteren Schritte hin zu einer besseren Arbeitsorganisation und Zeiteinteilung.

Nachdem wir uns nun durch konsequentes BANJO-Spiel in Schwung gebracht haben, müssen wir jedoch darauf achten, dass wir nicht übermütig werden. Wer die Erfolgsdiagonale kennt, weiß, dass unser Spirit sich stets in der Balance mit unserem Pragma befinden sollte.

Mit Netzen fängt man Fische, kein Wasser

Für übermütig und wenig pragmatisch halte ich zum Beispiel die Auffassung, mit BANJO und ähnlichen Techniken könnten wir Zeit gewinnen. Ich frage Sie: Wie lässt sich „Zeitgewinn" überhaupt beschreiben? Was mache ich mit einer „gewonnenen" Stunde? In die Tasche stecken? Aufs Girokonto mit der fetten Beute oder vielleicht besser im Keller kühl lagern?

In den meisten Büchern über Zeitmanagement werden Dinge beschrieben, die, genau genommen, banal sind, jedoch von uns allen oft verdrängt werden: dass wir nur im Hier und Jetzt leben können, nicht in der Vergangenheit und nicht in der Zukunft; dass wir eine Stunde bei guter Stimmung als sehr kurz empfinden und in anderen Situationen als quälend lang; dass wir nicht wirklich die Zeit managen können, sondern nur uns selbst; dass man Zeit weder kaufen noch speichern noch vermehren kann; dass Zeit somit kostbar ist. Das alles wird geschrieben und dann von uns gelesen, aber haben wir es wirklich begriffen?

Ich gestehe, dass ich da erhebliche Zweifel habe. Vor allem dann, wenn in diversen Büchern über Zeitmanagement nach den besagten Erläuterungen Begriffe wie „Zeitdiebe" kommen oder Aussagen wie: „Verlorene Zeit kann nicht wieder gewonnen werden."

Ich behaupte:

Zeit kann nicht gestohlen, verloren oder gewonnen werden. Die Zeit fließt kosmisch-gleichförmig, unabhängig von der Existenz oder den Bestrebungen der Menschen.

Der Eindruck von Zeitgewinn entsteht, wenn wir einen Routine-Vorgang schneller als bei früheren Versuchen oder schneller als geplant abwickeln. Eine durch rasende Autobahnfahrt „gewonnene" halbe Stunde verrinnt unmittelbar danach, während der erschöpfte Fahrer vor dem Fernseher einschläft.

Wenn wir glauben, Zeit verloren zu haben, dann haben wir allenfalls Chancen während eines gewissen Zeitraums verschenkt, die sich auf dieselbe Weise nicht wieder bieten werden. Aber die Zukunft wird uns neue Chancen bringen.

Ich finde es wichtig, dass wir uns diese Gegebenheiten bewusst machen. Übertriebene Sorgen, unangenehmer Stress bis hin zu Panikreaktionen haben ihre Ursache oft in dieser „Fehlschaltung" des Gehirns: Ich darf keine Zeit verlieren, ich muss durch bessere Organisation Zeit gewinnen – Zeit für das Wesentliche! Aber was ist das Wesentliche? Kann es nicht sein, dass ich in einen Teufelskreis gerate, in dem ich versuche, immer besser zu funktionieren, damit ich noch mehr Zeit heraushole für angeblich noch wesentlichere Dinge?

Die Ursache für diese technisch-unnatürliche Einstellung zur Zeit ist, so können wir vermuten, der Code, der im Gehirn jedes hochzivilisierten Menschen fest programmiert ist: Zeit ist Geld. Wider besseres Wissen gehen wir mit Stunden oder Tagen um wie mit Hundert-Euro-Scheinen, die wir hin- und herschieben, investieren oder „auf den Kopf hauen" können. Wir müssen jedoch bei der Zeit, anders als beim Geld, davon ausgehen, dass sie keine Erfindung des Menschen ist. Offensichtlich hat es sie schon eine ganze Weile gegeben, bevor die ersten Menschen auf diesem Planeten aufkreuzten. Ebenso deutet alles darauf hin, dass die künstliche Herstellung von Zeit durch den Menschen nicht unmittelbar bevorsteht.

Machen wir uns also beim Thema „Zeit" nichts vor: Wir werden die Sache nie in den Griff bekommen. Um es ein wenig plastischer zu machen, lade ich Sie zu einem kleinen Gedankenexperiment ein:

Sie sitzen auf einer Brücke, die über einen Fluss führt. Unter Ihnen fließt das Wasser, mit absolut konstanter Geschwindigkeit. Man reicht Ihnen ein Netz, mit dem Sie Fische fangen können. Anfangs sind Sie noch kein geschickter Fischer, dann verbessern Sie Ihre Technik. Schließlich werden Sie müde, Sie fangen wieder weniger Fische, und dann müssen Sie auch schon das Netz wieder abgeben; ebenso alle nicht verzehrten Fische.

Sie sehen, auf das Fließen des Wassers haben Sie keinerlei Einfluss – weder auf die Schnelligkeit noch auf die Richtung. Erst recht können Sie mit Ihrem Netz kein Wasser schöpfen und in Fässern abfüllen, um dann in Ruhe nach Fischen zu suchen. Wenn Sie immer flotter und geschickter fischen, müssen Sie auch öfter Ihr Netz einholen. Das ist ermüdend, und das Wasser fließt weiter – mit Fischen, die Sie nie fangen werden. Zudem kann es sein, dass Ihr Netz reißt oder dass Sie kaum zum Braten und Genießen der Fische kommen.

Und nun nehmen Sie statt des Wassers die Zeit und statt der Fische Ihre Erfolge, Leistungen, Projekte. Ihr Leben beginnt bei der Übergabe des Netzes, es endet bei seiner Rückgabe.

28 Die DAFFODIL-Methode – eine Brücke, acht Schritte

Mit einigem Geschick kann man sich aus den Steinen,
die einem in den Weg gelegt werden, eine Treppe bauen.
Robert Lembke

Geben Sie es zu, nach der kleinen, philosophischen Zeitreise sind Sie noch weniger entspannt als vorher. Und vor allem, wozu Philosophie, wenn sie mir im praktischen Leben keinen Nutzen bringt? Aber ich glaube, ich habe da etwas für Sie.

Stellen Sie sich vor, das ist Ihre Firma ...

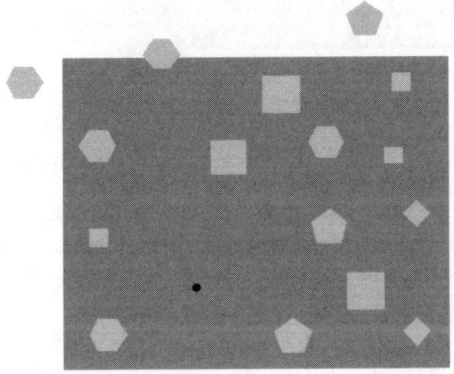

... oder Ihr Projektteam, Ihre Familie, Ihr Verein – Ihre Organisation. In dieser Organisation gibt es Mitarbeiter, Mitglieder, Kollegen, Räume, Geräte – Ressourcen. Hinzu kommen Spielregeln, Strukturen und vor allem jede Menge Aufgaben, wie die Grafiken auf den nächsten Seiten zeigen.

> Aber Aufgaben packt man zügig
> an – einfach mal unternehmerisch
> an die Sache herangehen...

Also: veranlassen, initiieren ...
aber was?

Nein – erst mal analysieren,
vergleichen ... aber womit?

Na klar, als Erstes: Stoff
sammeln – Fakten, Infos
und Ideen akkumulieren –
wozu gibt's ein Internet?

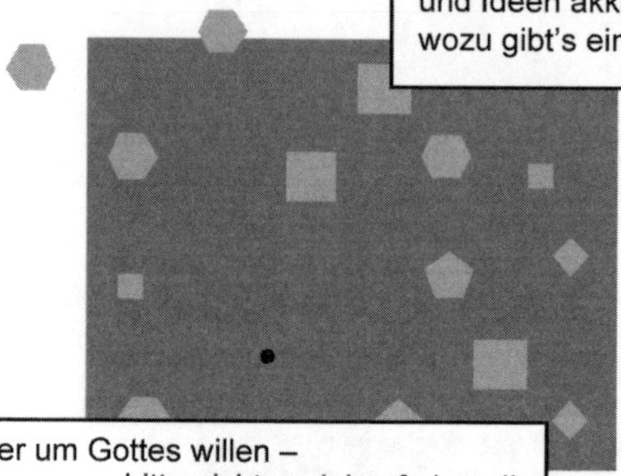

Aber um Gottes willen –
bitte nicht soviel auf einmal!

Na schön, wir müssen sortieren, filtern, Prioritäten festlegen
... die Zeit läuft uns weg ...

... und jetzt schon wieder dieser Müller-Lüdenscheidt, diese
Nervensäge! Hab' ich ihm nicht schon beim letzten Mal
erklärt, dass das Angebot nicht so einfach ...

Wir müssen uns besser
organisieren – klar. Den
Workflow optimieren ...

Und vor allem: strukturieren –
ja: reorganisieren, reengineeren,
mehr lean und so; wir müssen den
Globalisierungsherausforderungen
nachhaltig begegnen ... und das Ganze
noch mal, und dann noch einmal und ...
Moment – hatten wir diese Struktur nicht
schon vor der drittletzten Umorganisation?

Mein Gott, der Markt wartet doch nicht auf uns – es muss etwas geschehen ... Ja, genau: Fokussieren ist überhaupt das Wichtigste – Business Intelligence, unsere Kernkompetenzen ... Wie sollen wir sonst den Break Even ... hm, ich hab' das dumme Gefühl, wir müssen zuerst einmal über unsere Ziele diskutieren ...

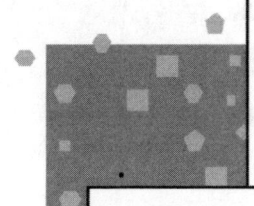

Aber wir können nicht ständig diskutieren und palavern ...
Also, ich werde einfach mehr delegieren, ab sofort!
Na ja, wer kann mir denn schon etwas abnehmen ...
– und vor allem: was?

Projektgruppen bilden – gut und schön, aber das haben wir ja neulich beim OTHELLO-Projekt gesehen – ständig muss man diesen Projektheinis doch sagen, wo's lang geht ...

Muss man?

Verlassen wir einmal unsere kabarettreife Szene und versuchen wir, die Menge der Symptome einerseits und die tollen Diagnose- und Therapieideen andererseits zu ordnen und in eine Form zu gießen.

Der Mensch ist ein Gewohnheitstier, und gegen schlechte Gewohnheiten hilft am besten das systematische und kontinuierliche Sich-an-etwas-Neues-gewöhnen.

Wir Menschen sind Esel, Esel sind störrisch, deshalb bauen wir uns eine Eselsbrücke, die der Sturheit des Grautiers entgegenkommt – eine neue Denkrille wird quer zu den liebgewonnenen, aber einengenden alten Denkrillen gezogen, es sind also Querdenker gefragt. Und zu den bewährtesten und beliebtesten Eselsbrücken gehören nun einmal die Akronyme. Nehmen wir zum Beispiel

DAFFODIL.

Um herauszubekommen, was mit den acht Buchstaben des englischen Worts für „Osterglocke" gesagt werden soll, gehen Sie einfach wieder ein paar Schritte zurück zum Anfang des Kapitels, wo es hieß: Stellen Sie sich vor, das ist Ihre Firma ... und Sie kommen zu dem Ergebnis, dass die Grafik mit den hübschen Quadraten und Sechsecken zu simpel ist. So ...

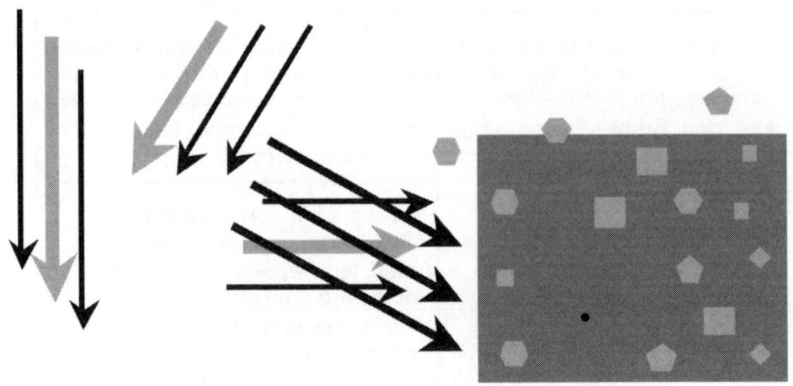

... sieht es in Wirklichkeit aus.

Ihre Firma, Ihr Team, Ihre Familie steht unter „Dauerbeschuss" von Einflüssen und Informationen – wertvolle und störende Informationen.

Was Sie brauchen, ist ein Schutzwall,

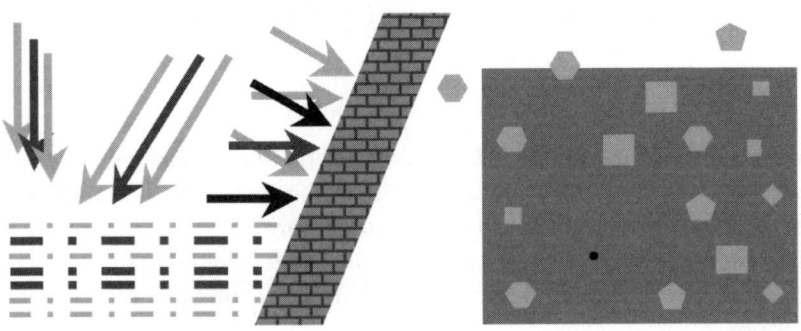

der Ihre Organisation, also Ihre Firma, Ihre Abteilung oder Ihr Projektteam gegenüber allen störenden Einflüssen abschirmt. Die Leute sollen in Ruhe arbeiten können – vor allem Sie selbst.

In der Regel wird nicht eine einzige Maßnahme ausreichen. Sie brauchen sehr unterschiedliche Arten von Schutzwällen, denn auch die Störfaktoren haben die verschiedensten Formen und Ursprünge: organisatorische, technologische, psychosoziale und dazu jede Menge von spannenden, verrückten und verrückt machenden Kombinationen.

Sie müssen sich schon etwas einfallen lassen. Ihre Schutzwälle sollen funktionieren, also müssen sie subtil, ausgetüftelt und vor allem ausgetestet sein, denn auch die Störer – im Extremfall: Zerstörer – sind äußerst kreativ, wendig und lernfähig.

Allein dies ist schon eine vielfältige und stets aufs Neue herausfordernde Aufgabe. Motto: „Dämme gegen die Flut", hier: gegen die Informationsflut.

(1) Dämme bauen.

Dies ist „nur" der erste Schritt auf unserer DAFFODIL-Eselsbrücke, aber mit Sicherheit der wichtigste, der alles entscheidende. Alle weiteren Schritte werden gefährdet oder sind sogar sinnlos, wenn dieser erste ausgelassen oder auch nur verstolpert wird. Die Erfahrung zeigt, dass auch hier, wie in anderen Lebensbereichen, das alles Entscheidende am häufigsten vernachlässigt oder verdrängt wird.

Dabei lohnt sich die Mühe für diesen ersten Schritt aus einem zusätzlichen Grund: Wenn Sie nämlich Ihre Dämme geschickt bauen, werden sie Ihnen nicht nur als Schutzwall dienen, sondern gleichzeitig als Staudamm.

(2) Akkumulieren.

Die letzte Grafik auf der vorigen Seite macht es deutlich: Während rechts vom Damm arbeitsame Ruhe herrscht, werden auf der linken Seite fröhlich alle Impulse, alle Informationen in einem „Staubecken" gesammelt.

Alle – das heißt, zunächst auch die irrelevanten oder schädlichen, aber eben auch die nützlichen und brillanten, die andernfalls an Ihnen vorbeifließen würden. Dieser zweite Schritt auf unserer DAFFODIL-Brücke verschmilzt also mit dem vorherigen.

Es folgt ein weiterer Doppelschritt. Er ergibt sich ganz natürlich aus dem vorangehenden und erklärt sich selbst:

(3) Filtern und (4) Fokussieren.

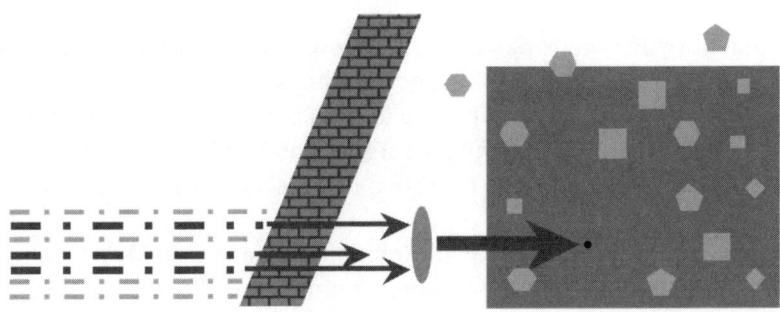

Auch hier sind beide Schritte nicht voneinander zu trennen. Wenn ich filtern will, muss ich mir die „richtigen" Filter bauen: Was sind die Ausschlusskriterien, welche Inputs sind für das Erreichen meines Ziels brauchbar oder sogar gut, und was „fällt durch den Rost"?

Zwischen den beiden Schritten wird es stets Wechselwirkungen geben. Es ist müßig, darüber zu streiten: Ist zuerst das Huhn da oder das Ei? Erst wenn ich mein Ziel, meinen Fokus genau definiere, kann ich filtern und Energien bündeln. Andererseits wird das Ziel erst dann klarer, wenn ich mit dem Filtern schon begonnen habe.

Übrigens, dieser Brennpunkt, auf welchen wir unsere Linse ausrichten und der von Anfang an dabei war, ist er Ihnen vorher schon aufgefallen? Wenn ja, herzlichen Glückwunsch! Oft geht ja im allgemeinen Lamento über die Ungerechtigkeit in der Welt und die Unfähigkeit der Regierung unter, was überhaupt das Ziel ist und wo der Hebel anzusetzen ist. Blättern Sie einmal kurz zurück zu den ersten drei Seiten dieses Kapitels, und Sie wissen, welchen Punkt ich meine. Es geht weiter mit:

(5) Organisieren und (6) Delegieren.

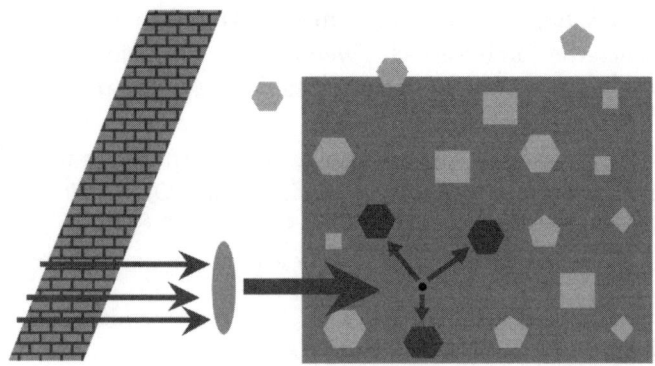

Dann und nur dann, wenn das Ziel klar geworden ist und wenn aus den vielen Informationen und Ideen ein Konzept gewachsen ist, macht es Sinn, eine Organisationsstruktur zu schaffen, Abläufe zu planen und zu optimieren und für die notwendigen Ressourcen zu sorgen. Das heißt vor allem: Menschen suchen und finden, die für das Erreichen des Ziels arbeiten können und wollen.

Weil es also nicht nur um Geld, Rohstoffe, Räume und Maschinen geht, sondern in erster Linie um Menschen, ist eine wesentliche Ausprägung des Organisierens das Delegieren. Den Kopierer können Sie mit Papier und Tonerkassette bestücken, die Computerhardware mit Software, aber einem Mitarbeiter oder Kollegen müssen Sie etwas mehr geben als eine Aufgabe und einen Wiedervorlagetermin. Übergeben Sie ihm mit der Aufgabe auch die Verantwortung dafür!

Wenn alles soweit organisiert ist, alle Hilfsmittel wie auch das nötige Kleingeld bereitgestellt und die Jobs verteilt sind, dann warten alle eigentlich nur noch auf den Startschuss – manchmal verdammt lange. Es wird in vielen Fällen schlicht vergessen, ein entsprechendes Schreiben an die richtige Adresse loszulassen oder, bei anspruchsvollen Projekten sicher unverzichtbar, ein Kick-off-Meeting durchzuführen.

Wenn also die vorangehenden Schritte professionell und zügig bearbeitet worden sind, ist nicht einzusehen, warum noch gebummelt oder gezaudert werden sollte:

(7) Initiieren.

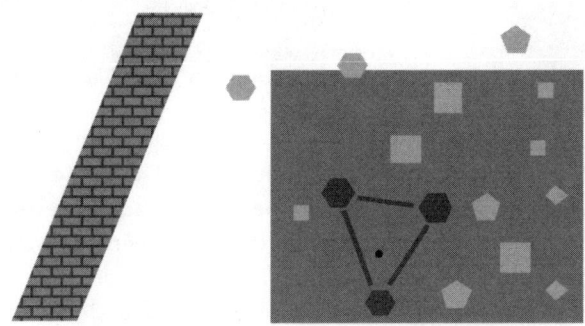

Es gibt hierzu eine nette Anekdote aus den achtziger Jahren des vorigen Jahrhunderts. Der damalige deutsche Außenminister, Hans-Dietrich Genscher, lauschte in einer Kabinettssitzung aufmerksam den Ausführungen einer Ministerkollegin. Sie referierte des Langen und Breiten über eine Angelegenheit ihres Ressorts: Was hierbei das Problem sei, was dabei zu beachten sei, was man ihrer Meinung nach dann zwecks Lösung des Problems tun solle – und es ging schlicht um Dinge aus ihrem eigenen Verantwortungsbereich, für welche sie selbst die Entscheidungskompetenz hatte. Darauf sagte Genscher nur diesen einen Satz: „Dann tun Sie's doch."

Es bleibt noch ein letzter Schritt auf der DAFFODIL-Eselsbrücke: der Schritt von der Brücke ans rettende Ufer. In der Tat geht es um Rettung; aber nicht der Esel soll gerettet werden, sondern der Erfolg! Indem nämlich der störrische Esel diesen letzten Schritt tut:

(8) Lassen.

Einfach lassen. Loslassen. Machen lassen.

Dieser letzte Schritt ist von ähnlich entscheidender Bedeutung wie der erste. Er wird ebenso selten wie das „Dämme bauen" in der Fachliteratur erwähnt und ebenso häufig in der Praxis vernachlässigt. Den intelligentesten Eselsköpfen fehlt es oft an großem Denken, an GeLassenheit.

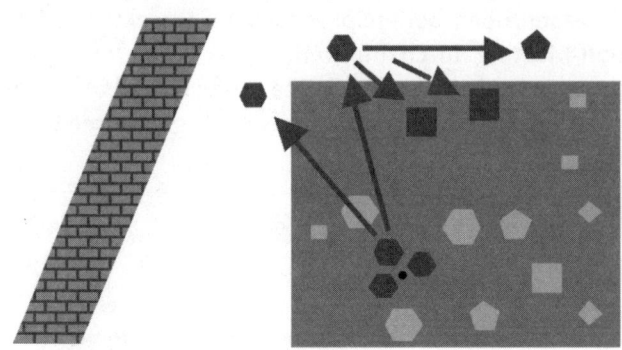

Mit dem achten Schritt schließt sich der Kreis. Die letzte Grafik macht es deutlich: Aus unserem Ziel ergeben sich neue Ziele, aus unserem Projekt Folgeprojekte. Und für die neuen Aufgaben und Ziele wird es wiederum „Störfeuer" geben, also müssen neue Schutzwälle gebaut werden.

Und Sie selbst sollten nach den Schritten eins bis sieben nun zwischen sich und das von Ihnen forcierte Projekt eine Trennwand bringen. Denn auch insofern wird der Kreis geschlossen: Wenn es Ihnen nicht gelingt, sich zu trennen, sich zu verabschieden, dann haben Sie nicht wirklich delegiert und nicht initiiert. Sie wollen immer noch selbst mitmischen – Sie selbst werden zum Störer, im Extremfall zum Zerstörer.

Bevor wir in das nächste Kapitel einsteigen, wo wir zu einer von vielen möglichen DAFFODIL-Anwendungen in der Praxis kommen, möchte ich kurz auf die Zwischenbilanz in Kapitel 15 zurückkommen.

Sie erinnern sich? Dort war die Rede von Yin und Yang, Weg und Ziel. Und von der Projektintelligenz als dem „roten Faden" unserer Projekt-Weltmeisterschaft – in der „Qualifikationsrunde" und während des gesamten Turniers. Aber, was hat die DAFFODIL-Methode mit Projektintelligenz zu tun – mit Spirit und Pragma, IQ und EQ?

Ich will versuchen, es zu erklären. Natürlich entspringt diese Erklärung meiner eigenen Sicht der Dinge. Die Konstruktivisten, welche ich ja schon im zweiten Kapitel erwähnte, würden an dieser Stelle sagen: Liebe Leserin, lieber Leser, mach' dir selbst dein Bild!

Ich springe einmal mitten hinein in die DAFFODIL-Abfolge, zu „D" wie „Delegieren". Es geht um den Zeitpunkt, wo eine Projektleiterin oder ein Projektpromotor feststellt: Ich kann das nicht alles allein machen, ich brauche Unterstützung bei meinen Aufgaben.

Dies ist einerseits mit pragmatischen Überlegungen verknüpft: Wer ist fachlich qualifiziert für diesen oder jenen Job? Andererseits ist gerade im Projektgeschäft jetzt das Kriterium „Spirit" von hochrangiger Bedeutung: Kann ich die in Frage kommenden Leute auch für das Projekt begeistern? Werden sie echten Teamgeist entwickeln?

Wenn Sie nun alle acht DAFFODIL-Schritte der Reihe nach durchgehen, werden Sie feststellen, dass stets Projektintelligenz gefordert ist. Dabei sind bisweilen eher die Füchse und Hasen gefragt – beim Bauen der Dämme und beim Akkumulieren zum Beispiel. In anderen Fällen sollten eher die Gänse zum Zug kommen, etwa wenn es um die Projektziele geht – beim Filtern und Fokussieren.

Und falls es beim Bewerten der Ziele zwischen den drei Archetypen einmal zu keiner Einigung kommt, muss halt ein Adler ran. Er wird das Team durch den Konflikt hindurch zu einer Entscheidung führen – im Zweifel fürs Projekt.

Die DAFFODIL-Methode bietet uns also eine handfeste Grundlage zum Trainieren unserer Projektintelligenz, und zwar nicht nur im Team. Wie das Ganze in der „Einzeldisziplin" läuft, das schauen wir uns als Nächstes an.

29 In acht Schritten zu besserem Selbstmanagement

Ich hasse die Wirklichkeit, bin mir aber im Klaren
darüber, dass sie noch immer der einzige Ort ist,
wo man ein anständiges Steak bekommt.
Woody Allen

Niemand von uns kann sich den privaten und beruflichen Rahmen, in dem er sich Tag für Tag bewegt, beliebig aussuchen. Keiner entkommt auf Dauer den tausend Kinkerlitzchen des Alltags. Aber beim täglichen Kleinkram zeigt sich der Meister.

Und wie bringen wir es zur Meisterschaft, wie schaffen wir es, uns gelassener und souveräner durch diese Tretmühle zu bewegen? Wie kommen wir zu größerem Stehvermögen und damit zu neuem Lebensmut? Versuchen wir's mal mit der DAFFODIL-Methode.

(D) Dämme bauen

Im ersten Schritt geht es schlicht um Cleverness beim Erledigen der täglichen Arbeit. Dazu sind handfeste Skills beziehungsweise Maßnahmen erforderlich:

- Die Fähigkeit, Nein zu sagen – freundlich und zugleich unmissverständlich
- Telefon/Mobiltelefon für gewisse Zeitintervalle abschalten oder auf Anrufbeantworter umschalten
- Alle weiteren Quellen von Ablenkung und Störung beseitigen: Fernseher, Radio und Musikanlage ausschalten, es sei denn, die Musik ist wirklich anregend für die Arbeit; alle bunten Bilder und sonstigen „Lockvögel" aus dem Blickfeld schieben
- Den Schreibtisch leer räumen bis auf das, was man für die eine Aufgabe braucht, an der man jetzt arbeiten will: Lampe, Papier, Stifte, Computer und nur die gerade notwendigen Dokumente, Bücher und Aufzeichnungen

- Stundenweise die Tür schließen; auf der Außenseite einen Haft-Notizzettel oder Klinkenanhänger mit Aufschrift „Bitte nicht stören" anbringen
- Regelmäßig solche „stillen Stunden" einplanen, also „Termine mit sich selbst" vereinbaren und einhalten: für ungestörtes Lesen, Planen, Abwägen und Entscheiden
- Die Bekämpfung des „Patchwork-Syndroms": jede angefangene Tätigkeit konsequent zu Ende führen, zumindest bis zum Erreichen eines Teilziels
- Über endlose Besprechungen nicht im Hintergrund nörgeln, sondern sie offen kritisieren und konkrete Änderungen vorschlagen: sorgfältige Vorbereitung, klare Zielsetzung, Tagesordnung und Beschränkung der Dauer (laut schriftlicher Einladung!) sowie der Teilnehmerzahl
- Sich genauso entschieden wehren gegen unsinnige Mitteilungen in gedruckter oder elektronischer Form: mit einem Aufkleber „Keine Werbung" am privaten Briefkasten fängt es an und geht weiter mit Maßnahmen im beruflichen Umfeld: klare Richtlinien bezüglich Anzahl und Umfang von Protokollen und E-Mails; ebenso bezüglich Anzahl der Empfänger, insbesondere der bei „Kopie an" Genannten.

Das alles hat selbstverständlich viel mit Mut und Selbstachtung zu tun. Wenn Sie bei einer ehrlichen, selbstkritischen Überprüfung der obigen Punkte zu dem Ergebnis kommen, dass auch Sie in vielen Fällen dem psychologischen Druck Ihrer Umgebung zu wenig entgegen zu setzen haben: Fangen Sie mit kleinen Schritten an, nehmen Sie sich nicht zu viele Dinge gleichzeitig vor. Sie werden sehen, mit den ersten Teilerfolgen wächst das Gefühl, auf dem richtigen Weg zu sein. Abschließend zum Thema „Abschirmung" noch eine kleine Warnung:

Dämme gegen die Flut müssen Sie selbst bauen. Dies können weder Verwandte noch Freunde, weder Chefs noch Kollegen für Sie übernehmen; denn sie alle sind möglicherweise Teil des Problems.

David J. Schwartz[8] erzählt uns hierzu von einer Begebenheit, die er selbst als junger Mensch erlebt hat. Es geht dabei nicht um Ablenkungen äußerer Natur, sondern um Störungen, die in die Tiefe der Seele zielen und gefährlich wie ein Gift werden können.

Die Stimme des Versagens

„Im College war ich ein paar Semester lang mit Will befreundet. Er war ein guter Kamerad [...] Aber Will hatte eine fast hundertprozentig ablehnende, bittere Einstellung zum Leben, zur Zukunft und den Möglichkeiten, die sie bot. Er war ein echter Negator. [...] Will war ein paar Jahre älter als ich, studierte Maschinenbau und hatte ausgezeichnete Zensuren. Ich schaute zu ihm auf wie zu einem großen Bruder [...] Eines Abends nach einer langen Diskussion mit Will dämmerte mir plötzlich, dass ich der Stimme des Versagens lauschte. [...] Ich habe Will seit elf Jahren nicht mehr gesehen, doch ein gemeinsamer Freund von uns traf ihn vor ein paar Monaten. Will arbeitet als schlecht bezahlter technischer Zeichner in Washington."

Zu Recht stellt Schwartz in seinen weiteren Ausführungen fest, dass negatives Denken meist zu Neidgefühlen und Klatschsucht führt. Der Negativdenker mag es nicht, wenn seine Vorurteile und Lebenslügen durch Menschen in seiner Umgebung in Gefahr geraten. Er trägt deshalb, bewusst oder unbewusst, dazu bei, jeglichen Erfolg zu verhindern – bei den anderen und erst recht bei sich selbst.

Also, bauen Sie Ihren persönlichen Schutzwall gegen Schwarzmalerei und kleinliches Denken! Gehen Sie auf Distanz zu den „falschen Hasen", die uns schon in Kapitel 10 („Projektfähigkeit – Multiplikation in der Gruppe") begegnet sind, und suchen Sie stattdessen den Kontakt zu Menschen, die eher mit Humor und Optimismus an die Dinge herangehen.

Machen Sie sich stets bewusst: Sie allein entscheiden, womit Sie Ihre Zeit verbringen und wen oder was Sie sich vom Leibe halten – es geht um Ihr Leben, um Ihr Projekt. Ein kleines Gleichnis, in welchem dieser Gedanke sehr eindringlich beschrieben wird, finden wir in den „Tafelgesprächen" des Sufi-Meisters Rumi[9]:

„Es ist, als hätte der König dich in ein fremdes Land geschickt, um eine ganz bestimmte Aufgabe zu erledigen. Du gehst und erfüllst hundert wichtige Aufgaben; wenn du jedoch die eine Angelegenheit, deretwegen du geschickt wurdest, unerledigt lässt, ist es, als hättest du gar nichts erreicht. Genauso kommt der Mensch auf die Welt, um eine ganz bestimmte Aufgabe zu erfüllen, das ist sein Lebenszweck. Erfüllt er sie nicht, hat er versagt."

(A) Akkumulieren

Beim zweiten der acht DAFFODIL-Schritte machen wir, wie Sie wissen, den Schutzwall, den wir uns gerade gebaut haben, zum Staudamm. Es geht nun um das Sammeln von:

1. Fakten   2. Ideen   3. Methoden, Techniken, Tools.

Bei Punkt 1 geht es um Fleißarbeiten wie Internet-Recherchen oder das Durchforsten von Zeitschriften, Büchern und Dokumenten. Größere Aufgabenstellungen erfordern zusätzliche Istaufnahme- oder Erhebungstechniken wie zum Beispiel Interviews oder Fragebogen-Aktionen.

Der zweite Punkt führt uns zu den schon an anderer Stelle erwähnten Kreativitätstechniken. Auf der nächsten Seite finden Sie einen Leitfaden zur Durchführung eines Brainstormings. Wenn Sie sich die Punkte dort einmal genauer anschauen, stellen Sie schnell fest: Es geht hier zwar in erster Linie ums Akkumulieren, nämlich das Sammeln möglichst vieler Ideen. Bei der Vor- und Nachbereitung jedoch tauchen weitere „alte Bekannte" aus der DAFFODIL-Methode auf: Dämme bauen, Filtern und Fokussieren. Über weitere Kreativitätstechniken wie etwa Kärtchentechnik oder Methode 635 sollten Sie sich bei Bedarf einmal in Ruhe informieren.

Der dritte Punkt (Methoden, Techniken, Tools) bringt uns auf die Meta-Ebene. Oft schaffen wir erst dann einen wirklichen Durchbruch bei unserer Arbeit, wenn wir uns die Zeit nehmen, neue Verfahrensweisen kennen zu lernen, beispielsweise im Bereich der Analyse, der Kommunikation und Präsentation. Für all diese Dinge gilt natürlich: Lesen reicht nicht – also ausprobieren, machen, üben.

Wenig meisterlich am Arbeitsplatz ist übrigens übertriebene Sammelleidenschaft. Durch überflüssigen Müll wird die Suche nach wirklich wichtigen Dingen immer schwieriger. Besonders schlimm ist die elektronische Variante: Wenn ich auf meinem Rechner in einem Berg von Spam und Junk nach einer ganz bestimmten E-Mail suche, während mein Kunde oder mein Chef dabei am Telefon mächtig Druck macht, will keinerlei Freude aufkommen. Die Peinlichkeit wird größer durch die inzwischen enormen Leistungsdaten moderner Hightech-Systeme, für Verzögerungen gibt es immer weniger glaubhafte Ausreden. Es ist ein Jammer, aber neben einem Datentransfer via Satellit mit Lichtgeschwindigkeit schaut der normale Bürohengst meist wie eine lahme Ente aus. Und sein Boss macht ihn dann noch zur Schnecke, denn Chefs lieben die Steigerung.

Selbstverständlich gibt es für die Probleme, die wir ohne Computer- und Internet-Technologien gar nicht hätten, längst Abhilfe, und zwar computer-

BRAINSTORMING

Ziel:

Mit dieser bekannten und leicht anwendbaren Problemlösungstechnik sollen in kurzer Zeit möglichst viele Ideen zu einem definierten Thema (z. B. technisches oder organisatorisches Problem, Urlaubsreise etc.) gefunden werden. Es geht also (noch) nicht um eine Bewertung oder Strukturierung der gefundenen Ideen.

Vorbereitung, Randbedingungen:

- Störungsfreier, behaglicher Raum; Flipchart + Stifte
- Moderator benennen
- 5 bis 12 Teilnehmer (möglichst Mischung: Praktiker-Theoretiker,
  Experten-Nichtbeteiligte, Frauen-Männer, verschiedene Hierarchiestufen)

Durchführung:

- Thema klar definieren und sichtbar machen
- Regeln für Teilnehmer erläutern und sichtbar machen
- Dauer: ca. 15 bis 20 Minuten

Regeln für den Moderator:

- Regeln überwachen
- Alle Ideen aufschreiben (lassen), auch bei Wiederholungen
- Teilnehmer aktivieren (Fragen stellen, Verknüpfungen herstellen,
  eigene Ideen äußern)

Regeln für Teilnehmer:

- Keine Kritik
- Hierarchie- und repressionsfreie Kommunikation
- Quantität vor Qualität
- „Spinnen" und Humor erwünscht!
- Kein Urheberrecht, d. h. Fortführen fremder Ideen erlaubt

Nachbereitung:

- Ideen bewerten/filtern (sinnvoll, machbar?)
- Ideen sortieren, clustern (Gruppen bilden) und priorisieren
- Ergebnisse dokumentieren (z.B. mit Digitalkamera)

(aus: „Organisationsplanung", Siemens AG)

gestützt! Die Bezeichnung Content-Management (CM) klingt ohne Zweifel etwas nobler als „Müllverwaltung und -beseitigung", aber in vielen Fällen ist genau das damit gemeint. Uwe Küll schreibt dazu[10]: „CM-Tools [...] kosten nicht nur viel Geld, sondern erfordern häufig erhebliche organisatorische Änderungen. Einfach und billig ist dagegen der gelegentliche Druck auf die Löschtaste." Damit sind wir schon beim nächsten DAFFODIL-Schritt.

(F) Filtern

Den Müll beseitigen – ein enorm wichtiger, leider täglich zu wiederholender Vorgang. Das, was mir nach der Müllbeseitigung dann übrig bleibt, ist zwar grundsätzlich brauchbar, möglicherweise aber nicht das Richtige für mich. Das gilt für Fakten und Ideen, erst recht aber für Methoden.

Zu Recht betont F. Malik[11] das Individuelle jeder Arbeitsmethodik. Er weist auf die verschiedenen Rahmenbedingungen hin, die sich auf meinen persönlichen Arbeitsstil auswirken: das Metier, die Branche, meine Stellung innerhalb einer Organisation, Arbeitsumgebung, Häufigkeit von Reisen etc.. Daraus zieht Malik den Schluss: Jeder sollte seine Arbeitsmethodik überdenken, und zwar

▶ regelmäßig etwa alle 3 Jahre sowie
▶ nach wesentlichen Veränderungen wie etwa Beförderung oder Übernahme einer neuen Aufgabe

Weniger kompliziert als das Auswählen von Methoden und Techniken ist in der Regel das Bewerten und Sortieren von Fakten oder Aufgaben. Nehmen wir einmal an, wir haben den Müll beseitigt und herausgefiltert, was für uns von Interesse ist. Was wir dann noch brauchen, ist ein dritter „Waschgang", das Klären der Prioritäten. Dwight D. Eisenhower, von 1953 bis 1961 Präsident der USA, hat hierzu ein genial einfaches Verfahren entwickelt, die so genannte „Eisenhower-Methode" (siehe Abb. auf der folgenden Seite).

Das Entscheidende bei der Sache ist die klare Trennung zwischen „wichtig" und „dringlich". Oft stufen wir ja Dinge, bei denen „die Zeit drängt", automatisch als wichtig ein – ein absoluter Denkfehler.

Bei genauem Hinsehen stellen wir fest: Manches sollte noch heute erledigt werden, ist aber nicht von hoher Bedeutung (nach Eisenhower die C-Aufgaben); anderes dagegen hat noch etwas Zeit, ist aber wichtig (B-Aufgaben). Nur die A-Aufgaben, bei denen beide Merkmale stark ausgeprägt sind, sollten wir sofort anpacken. Und das Wertvollste, was Eisenhower uns zu bieten hat, finden wir unten links in der Grafik: Papierkorb, Senkrecht-Ablage! Die ideale Zieladresse für das, was kein Mensch braucht: nicht wichtig, nicht dringlich – nicht aufbewahren.

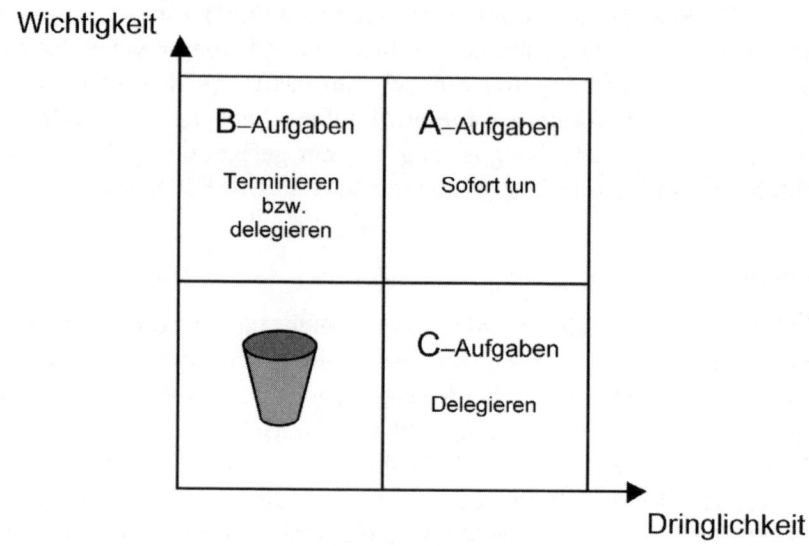

Die „Eisenhower-Methode"

Das heißt, es gibt nur die drei Prioritäten A, B und C. Und, bitte, versuchen Sie nicht, cleverer als Eisenhower zu sein, indem Sie sich Prioritätsstufen D und E oder auch A1, A2, B1, B2 etc. ausdenken. Glauben Sie mir, ich habe es ausprobiert. Eine oberschlaue Systematik bringt nur zusätzliche Verwirrung, sonst nichts.

(F) Fokussieren

Schon beim Filtern und beim Sortieren nach Wichtigkeit taucht irgendwann die Frage auf: Was ist die Basis für meine Entscheidungen? Natürlich handeln wir alle hin und wieder spontan und unbedacht. Wenn ich dies aber zur Regel werden lasse, wird es schnell gefährlich. Ich werde anfälliger gegenüber Vorurteilen und Gerüchten, lasse mich zu sehr von anderen beeinflussen, kurz: Ich habe keinen Plan, womöglich nicht einmal ein Ziel. Ich lebe von der Hand in den Mund.

Nun kann ich mich zwar weigern, ernsthaft darüber nachzudenken, warum ich dies oder jenes tue. Aber auch bei der scheinbar harmlosen Entscheidung „Papierkorb: ja oder nein" übernehme ich die Verantwortung für die Folgen. Und, nicht vergessen:

Die Entscheidung, nicht zu entscheiden, ist fast immer die schlechteste.

Ein gutes Mittel gegen Verzagtheit oder Rückzug in den Schmollwinkel ist die Projektarbeit. Denn mit einem Projekt haben Sie schlagartig ein klares Ziel und einen festen Endtermin. Sie gehen mit einer anderen Einstellung auf die Menschen zu, Sie werden konzentrierter und konsequenter im Umgang mit Fernsehen und Internet, mit Fachbüchern und Zeitschriften – nicht nur beim Lesen, sondern schon vorher, bei der Auswahl der Dinge, für die Sie sich Zeit nehmen. Das heißt, ein Projekt gibt Ihrem Denken und Handeln einen Fokus. Wer ein klares Ziel vor Augen hat, wird sich nicht so leicht in Nebensächlichkeiten verlieren, der Blick für das Wesentliche wird geschult, das „Prinzip Selbstverantwortung"[12] wird zur Richtschnur des Handelns.

Als praktische Orientierungshilfe bei der täglichen Arbeits- und Zeiteinteilung bietet sich das „Pareto-Prinzip" an.

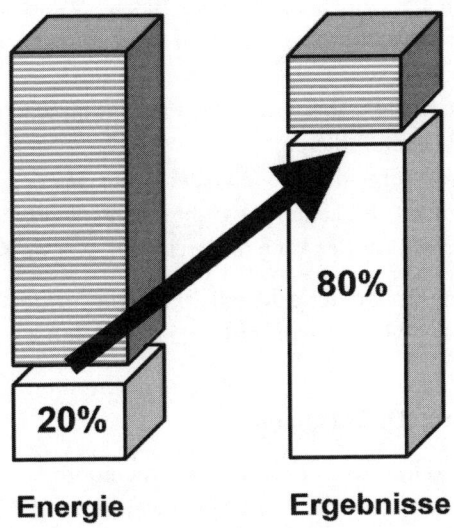

Das „Pareto-Prinzip"

Der Name geht zurück auf den italienischen Volkswirtschaftler Vilfredo Pareto (1848-1923), der herausfand, dass 80% des Volksvermögens sich in den Händen von 20% der Bevölkerung befanden.

Die 80/20-Regel gilt erfahrungsgemäß auf zahlreichen Gebieten von Produktion, Handel und Verwaltung[13]:

▶ Mit 20% der Artikel werden 80% des Umsatzes erzielt.
▶ In 20% der Besprechungszeit werden 80% der Beschlüsse gefasst.
▶ 20% der Arbeitszeit bringen 80% der Ergebnisse.

Wenn ich also während eines Bürotages zu mehr Ergebnissen kommen will, sind Überstunden oft die falsche Lösung. Entscheidend ist, dass ich die richtigen Dinge tue. Das Hauptziel ist Effektivität, nicht Effizienz (vgl. Kap. 13). „Falsche" Dinge sind zum Beispiel solche, die andere besser erledigen können als ich. Ein weiterer Fall ist eine B-Aufgabe im Sinne der Eisenhower-Methode, die ich selbst bearbeiten muss, die aber nicht dringlich ist. Auch wenn es mich reizt, gleich loszulegen – der richtige Weg ist das Terminieren, die „Wiedervorlage". Und bisweilen gibt es unerwartete Hilfe: Es gibt Dinge, die erledigen sich von selbst.

Stellen Sie sich vor, Sie erarbeiten für ein nicht dringliches Problem mit viel Mühe eine tolle Lösung, und währenddessen löst sich alles in Wohlgefallen auf. Wie in der folgenden Geschichte[14]:

> Im alten Indien verurteilte ein König einen Mann zum Tode. Der Mann bat den König, das Urteil aufzuheben, und fügte hinzu: „Wenn der König gnädig ist und mein Leben schont, werde ich seinem Pferd innerhalb eines Jahres das Fliegen beibringen."
>
> „Es sei", sagte der König, „aber wenn das Pferd in dieser Zeit nicht fliegen lernt, wirst du dein Leben verlieren."
>
> Als seine Familie voll Sorge den Mann später fragte, wie er sein Versprechen einlösen wolle, sagte er: „Im Laufe eines Jahres kann der König sterben. Oder das Pferd kann sterben, oder es kann fliegen lernen. Wer weiß das schon?"

Es gibt übrigens eine zusätzliche Möglichkeit, die in der Geschichte nicht erwähnt wird: Auch der Mann kann im Laufe dieses Jahres sterben.

(O) Organisieren und (D) Delegieren

Durch Eisenhower und Pareto sind wir bereits mit einem Bein ins Organisieren und Delegieren geraten. Um die hierbei notwendigen Einzelschritte besser „auf die Reihe" zu bekommen, bietet sich als zusätzliche Eselsbrücke die **ALPEN**-Methode[15] an:

- ▶ **A**ktivitäten aufschreiben
- ▶ **L**änge (Zeitaufwand) der Aktivitäten schätzen
- ▶ **P**ufferzeiten reservieren
- ▶ **E**ntscheidungen bezüglich Delegation fällen
- ▶ **N**achkontrolle – Unerledigtes übertragen

Der erste dieser fünf Schritte ist der wichtigste. Er erinnert an eine fundamentale Regel jeder Planung und Organisation, das

Prinzip der Schriftlichkeit.

Es ist hier also ähnlich wie bei der SMART-Regel für die Definition von Zielen, wo ja auch gleich im ersten Punkt darauf hingewiesen wird. Das Aufschreiben der zu erledigenden Aufgaben sollte in tabellarischer Form erfolgen, z. B. nach folgendem Raster:

To-do-Liste

Zu erledigen bis (Kalenderwoche)	Prio.	Tätigkeit	Wer?	Erledigt?
13	b	Sponsor für Party finden	selbst	nein
13	c	Organisation Meilenstein-Party	Tom	ja
14	a	Check Quartalsziele	selbst	ja
14	c	Adressenliste aktualisieren	Iris	ja
15	b	Präsentation Prototyp vorbereiten	Anja	ja
16	b	Recherche / Seminar	Klaus	nein

Besonders hervorheben möchte ich noch einmal das „P" im Zentrum der „ALPEN", den „Mont Blanc" jeglicher Zeitplanung: Puffer einplanen!

Vielleicht machen Ihnen Magengeschwüre und Schweißausbrüche grundsätzlich nichts aus. Falls doch, sollten Sie diesen Punkt sehr ernst nehmen. Wenn Sie bis spätestens Mittwoch, 11:00 Uhr, einen Bericht fertig stellen müssen, planen Sie so, dass Sie bis Montagabend alles erledigt haben. Sie werden sehen, meistens kommt etwas Unvorhersehbares dazwischen, und Sie brauchen Ihre „eiserne Reserve".

Beim Delegieren ist letztlich nur eines wichtig: Dass man es tut. Und zwar so oft wie möglich. In meinen Seminaren kommt oft der Einwand: „Ich würde ja gern delegieren, aber mir sind keine Mitarbeiter direkt unterstellt." Glauben Sie mir, dies ist kein echter Hinderungsgrund. Sie können zum Beispiel Ihre Kollegin oder Ihren Kollegen bitten, Ihnen eine Aufgabe abzunehmen – natürlich auf Gegenseitigkeit. Sie können an Ihren Steuer- oder Versicherungsberater delegieren, an Handwerker, Freunde oder Vereinskameraden. Die Idee ist schlicht: Jeder macht das, was er am besten kann. Allerdings sollten Sie, bis auf begründete Ausnahmen, unbedingt eins vermeiden: das „Rückdelegieren" an Ihren Vorgesetzten.

(I) Initiieren

Nun haben Sie fast alle DAFFODIL-Schritte durchlaufen. Sie haben Dämme gegen die Störenfriede gebaut und wie ein Hamster Ideen und Fakten gesammelt, Sie haben gefiltert und fokussiert, organisiert, delegiert und dabei die ALPEN überquert. Was jetzt noch fehlt, ist das I-Tüpfelchen: Initiative.

Haken Sie nach, wenn es um Termine und vereinbarte Leistungen geht – bei Lieferanten und Behörden, bei Mitarbeitern, Kollegen und auch bei Ihrem Boss. Machen Sie ein wenig Dampf, natürlich auch sich selbst! Setzen Sie sich Ihre eigenen Termine und belohnen Sie sich im Erfolgsfall – mit einem Kino- oder Restaurantbesuch.

Selbstverständlich ist niemand ständig in der Stimmung, die Welt aus den Angeln zu heben. Aber, ganz unter uns, das ist in den meisten Fällen auch nicht nötig. Versuchen Sie dennoch, ein wenig die Stimmung zu heben – durch ein kleines Erfolgserlebnis. Sie haben es selbst in der Hand! In „Momo", der zauberhaften Parabel von Michael Ende[16] zum Thema Zeit, gibt es die Schlüsselszene mit dem Straßenfeger, der morgens schier verzweifeln will, wenn er an die endlos langen Bürgersteige denkt, auf denen er wieder einmal seine wenig verlockende Arbeit verrichten muss. Aber er denkt sich einen einfachen Trick aus, der ihm seine Heiterkeit und Lebensfreude zurückbringt. Statt an die gesamte riesige Strecke zu denken, schaut er nur auf das nächste Teilziel: die nächste Laterne oder die nächste Straßenkreuzung. Wenn er dort angekommen ist, macht er eine kleine Pause und genießt das Gefühl, wieder eine Etappe geschafft zu haben. Die Arbeit ist plötzlich nicht mehr unerträglich, und der Feierabend kommt schneller als erwartet. Also:

Größere Ziele sollten wir in Teilziele herunterbrechen.

Im Büro haben zudem kleine Dinge oft eine große Wirkung: ein neues Ablagesystem; ein neuer, gut strukturierter Ordner – ob im Regal oder in elektronischer Form auf Ihrem Computer; ein neuer Organizer oder ein Zeitplanbuch.

Halten Sie sich auf dem Laufenden! Suchen Sie regelmäßig, etwa zum Quartalsbeginn, in einer guten Fachbuchhandlung nach Neuerscheinungen – dies sollte ein ständiger Punkt auf Ihrer Aktivitätenliste sein. Machen Sie aus dem Durcharbeiten eines neuen Fachbuchs ein Mini-Projekt mit klaren Teilzielen. Und lassen Sie es nicht bewenden beim Lesen und Studieren. Buchen Sie ein Seminar, wo Sie mit anderen zusammen lernen und üben können.

Woher all die Zeit nehmen? Falls Sie sich jetzt diese Frage stellen, gehen Sie zurück zu „Dämme gegen die Flut", begeben Sie sich sofort dorthin, gehen Sie nicht über „Los"!

(L) Loslassen

Prima, Sie haben es geschafft. Sie konnten den Rücksprung zum Dämme-Feld vermeiden – für Sie stellt sich nicht mehr die Frage nach dem Zeit-Nehmen, weil Sie sich Zeit lassen.

Wenn Sie einen guten Job gemacht haben, dann haben Sie es sich verdient: Ein wenig Muße, eine schöpferische Pause, Tapetenwechsel, die Seele einmal baumeln lassen.

Vermeiden Sie also übertriebenen Arbeitseifer, zeigen Sie Mut zur Lücke. Machen Sie es

nicht perfektionistisch, nur perfekt.

Sie wissen es schon, aber Sie müssen es auch begreifen und danach handeln: Sie sind keine Maschine, sondern ein Mensch mit Höhen und Tiefen in der Leistungskurve eines Tages oder eines Monats. Trainieren Sie, vor allem jetzt, wo es ins Halbfinale geht, den Blick für das Wesentliche, mit Dwight D. Eisenhower, Vilfredo Pareto und Ziggy Ziggler: „Die Hauptsache ist, die Hauptsache immer die Hauptsache sein zu lassen."

HALBFINALE

Das Projektteam

30 Netze in der Hierarchie: Formen der Projektorganisation

Niemand kann zwei Herren dienen.
Matthäus 6 24

Wenn ich als Fußballnationaltrainer für ein wichtiges Turnier, nehmen wir ruhig die Weltmeisterschaft, eine neue Mannschaft aufbauen will, steht am Anfang die Frage: Wo finde ich gute Leute für mein Team? Wenn diese Frage beantwortet ist, muss ich die nächste, weitaus schwierigere Aufgabe lösen:

Wie gewinne ich „die Besten" für mein Projekt? Wie schaffe ich es, sie davon zu überzeugen, dass es sich lohnt, bei mir einzusteigen; dass es in meinem Team etwas zu gewinnen gibt? Wohlgemerkt, in einem Team, das es noch gar nicht gibt. Das Team wird es erst geben, wenn meine Überzeugungsarbeit gelungen ist.

Wieder so ein Teufelskreis. Immerhin, was ich bieten kann, ist die Vision vom Turniersieg – die Weltmeisterschaft! Damit aber die Sache glaubwürdig wird, brauche ich eine erfolgversprechende Strategie, das Konzept zum Siegen. Und selbst wenn die Strategie stimmt, kann es noch jede Menge Schwierigkeiten geben:

- Mein Boss, der Vorsitzende des nationalen Fußballverbands, redet mir in die Mannschaftsaufstellung hinein. Ich muss ihm klarmachen, dass dies mein Job ist.
- Der bestmögliche Torwart ist verletzt.
- Die Top-Stürmer verlangen enorme finanzielle Zulagen – das gibt Probleme mit dem Budget und wird außerdem böses Blut in der Mannschaft geben.
- Der ideale Mittelfeldregisseur bekommt von seinem Arbeitgeber, einem ausländischen Verein, keine Freigabe für die Vorbereitung auf das Turnier im Trainingslager.
- Der Weltklasse-Libero wird von seinem Verein nur für die jeweils erste Halbzeit eines Spiels freigegeben.

Spätestens beim letzten Beispiel werden Sie vermutlich sagen: So etwas gibt's doch nicht. Richtig, beim Fußball nicht.

Das Libero-Syndrom

Angenommen, wir haben ein Projekt SAMBA, und es geht gerade nicht um Fußball, insbesondere nicht um den Freudentanz eines brasilianischen Torschützen an der Eckfahne; auch nicht um den Bau einer Sportanlage. Ziel des Projekts ist diesmal die Entwicklung eines „**S**ystems zur **A**ktualisierung **m**anagement**b**ezogener **A**uslandsdaten" in einem international tätigen Unternehmen. In diesem Fall haben wir ein enormes Risiko, dem bereits in Kapitel 24 erwähnten „Libero-Syndrom" zu begegnen – dem nach wie vor bei Managern beliebten Unfug, einen Mitarbeiter innerhalb einer Woche oder sogar eines Arbeitstages für mehrere Projekte tätig werden zu lassen.

Um die Ursachen hierfür genauer zu durchleuchten, schauen wir uns die Rahmenbedingungen unseres neuen SAMBA-Fallbeispiels an:

- Mittlere Größenordnung, Budget zwischen EUR 100.000,-- und EUR 1.000.000,--
- Fachübergreifende Aufgabenstellung
- Im Projektteam werden Erfahrungen und Fachkenntnisse seitens der Auftraggeber benötigt, und zwar aus jedem der betroffenen Unternehmensbereiche.

Für den Projekt-Profi ist dies ein klarer Fall von *Matrix-Projektorganisation*, das heißt, das Projekt überlagert als horizontale Organisationsstruktur die vertikale Aufbauorganisation des Unternehmens. Etwas salopper ausgedrückt: der Projektleiter und sein Team „legen sich quer" zum Linienmanagement.

Selbstverständlich gehören zum Projektteam oft auch externe Spezialisten. Wir konzentrieren uns im folgenden aber auf die internen, also die beim Auftraggeber festangestellten Mitarbeiter, denn vor allem für sie kann es durch das Projekt zu unerfreulichen Konfliktsituationen kommen.

Die nachfolgende Abbildung macht deutlich, dass in jeder Fachabteilung, die von SAMBA betroffen ist, ein oder mehrere Angestellte für die Projektmitarbeit ausgewählt werden. Da kein Mammutprojekt zu stemmen ist, bleiben sie nach wie vor ihrer alten Abteilung und damit ihrem disziplinarischen Vorgesetzten zugeordnet – dem, der Urlaub genehmigen beziehungsweise streichen oder auch eine Kündigung aussprechen kann. Die genaue Fachbezeichnung hierfür lautet: disziplinarische Weisungsbefugnis.

Angenommen, Sie übernehmen die SAMBA-Projektleitung im Rahmen einer solchen Matrix-Projektorganisation, dann haben Sie in Ihrem Team die fachliche oder projektbezogene Weisungsbefugnis. Und das bedeutet in der Konsequenz: Jedes Teammitglied wird zu einem „Diener zweier Herren", wobei der „Herr" oder die „Herrin" im Linienmanagement eindeutig die größere Macht hat.

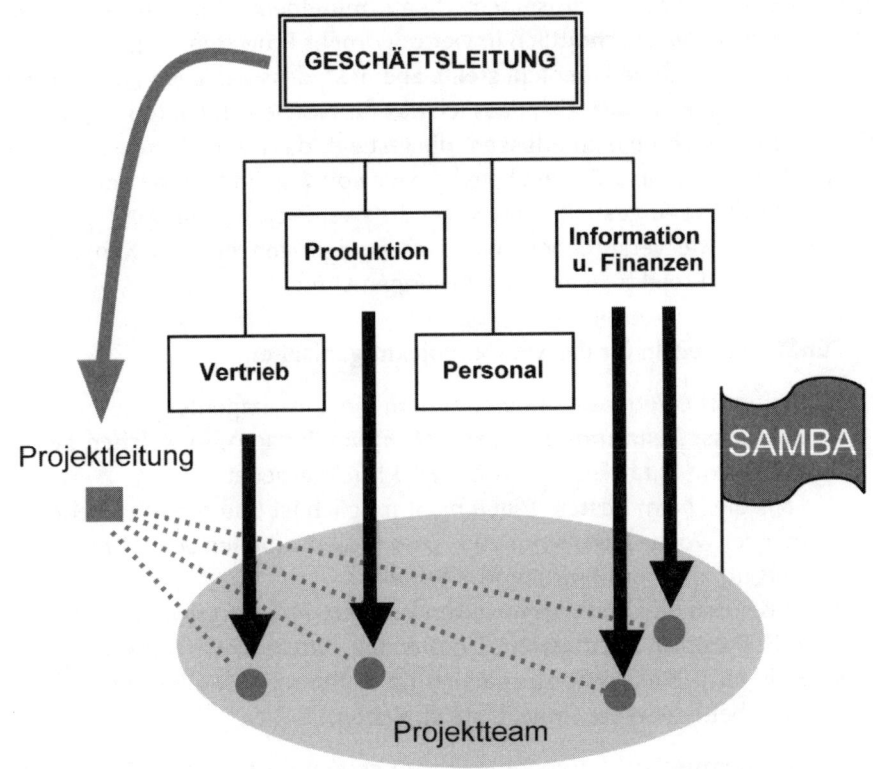

Matrix-Projektorganisation

Eine solche Konstellation gibt naturgemäß Anlass zu Konflikten zwischen der Projektleitung und „der Linie". Es fängt an beim Thema Urlaubsplanung und hört bei Sondereinsätzen wegen Termindrucks noch lange nicht auf. Vielleicht haben Sie selbst hierzu schon jede Menge leidiger Diskussionen erlebt. Die Frage ist: Gibt es konkrete Maßnahmen, durch welche die Projektleitung das „Leben in der Matrix" für alle einigermaßen erträglich gestalten kann?

Freunde des Patchworks

Bevor wir zur Antwort auf diese Frage kommen, zunächst ein kleiner Hinweis: Falls Sie sich mit dem Thema „Zerstückelung von Arbeitskraft" intensiver befassen wollen, schauen Sie sich die Bücher von Tom DeMarco an. Als kleine Kostprobe folgt die gekürzte Fassung einer der zahlreichen Stories des Autors[1]. Er berichtet darin von seinem Disput mit einem Abteilungsleiter, dessen Angestellte durchschnittlich in vier oder mehr Projekten tätig waren:

„Er fand es auch bedauerlich, stellte aber fest, dass das Leben nun einmal so sei [...] Ich machte ihm klar, dass ich das für Nonsens hielt. Ich schlug vor, eine spezielle Richtlinie zu erlassen, die festlegt, dass eine Person zu einem Zeitpunkt nur an einem Projekt beteiligt sein soll. [...] Ein Jahr danach war der durchschnittliche Angestellte in weniger als zwei Projekten tätig."

Hier nun, wie versprochen, ein paar Anregungen für den Kampf ums Überleben des Projekts in einem schwierigen Umfeld:

Fünf Grundregeln für die Matrix-Projektorganisation

1. Schriftliche Vereinbarungen mit dem Linienmanagement
2. Möglichst Zeiträume (*Projektwochen*) vereinbaren, in welchen der betroffene Mitarbeiter zu 100% im Projekt arbeitet
3. Falls dies beim besten Willen nicht möglich ist und der Mitarbeiter in einer Woche jeweils nur zu x % im Projekt arbeiten soll, Minimalwert für x: 60% (Mehrheit fürs Projekt)
4. Außer den bloßen Prozentwerten konkrete *Projekttage* vereinbaren; z. B. Dienstag / Mittwoch / Donnerstag statt lediglich 60%
5. Falls auch dies nicht zu machen ist, sollte man den betreffenden Mitarbeiter von der Projektliste streichen.

Nach all den kritischen Anmerkungen wird es nun höchste Zeit für ein Auflisten der unbestreitbaren

Vorteile der Matrix-Projektorganisation[2]:

- Höheres Sicherheitsgefühl der Mitarbeiter, da sie nicht aus ihrer Abteilung herausgerissen werden
- Besserer Transfer von Erfahrung, Spezialwissen und aktuellen Informationen zwischen Fachabteilung und Projekt
- Bessere Möglichkeiten, „in der Linie" die Werbetrommel für das Projekt zu rühren
- Für die Installation des Projektteams ist weniger Geld und Zeit nötig.

Diese durchaus starken Argumente für das Matrixmodell unterstreicht Rory Burke[3] mit der lapidaren Feststellung: „Die Matrixstruktur wird von vielen Praktikern als die natürliche Organisationsstruktur für ein Projekt gesehen."

Klare Verhältnisse

Schauen wir uns nun die folgende Abbildung an, das Modell der „Reinen Projektorganisation". Hier wird das Projektteam komplett aus der Unternehmensorganisation des Auftraggebers ausgegliedert. In der Regel wird auch in einem separaten Gebäude oder, je nach Aufgabenstellung, sogar an einem eigenen Standort gearbeitet – das alles kostet eine Menge Geld.

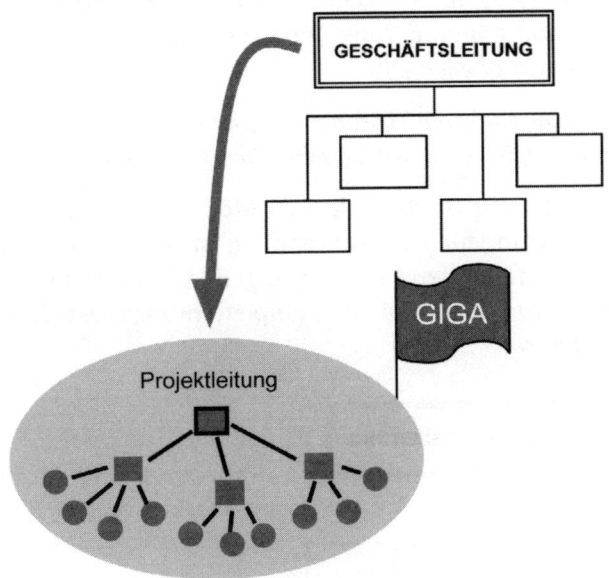

Reine Projektorganisation

Besonderes Markenzeichen dieses Modells ist die volle Weisungsbefugnis des Projektleiters. Er ist also für die Dauer des Projekts der disziplinarische Vorgesetzte seiner Mitarbeiter.

Vorteile der Reinen Projektorganisation:

- Starke Projektleitung, klare Verantwortlichkeiten
- Hohe Konzentration auf die Projektziele
- Schnellere und bessere Entwicklung von Teamgeist

Der Projektname „GIGA" in der Grafik deutet es schon an: Bei einem Großprojekt führt kaum ein Weg an der Reinen Projektorganisation vorbei. Wegen des größeren organisatorischen Aufwands ist sie für kleine Projekte jedoch unangemessen. Und auch bei Vorhaben mittlerer Größenordnung gibt es eine

Kehrseite der Medaille:

- Hohe Gemeinkosten
- Unsicherheit vieler Projektmitarbeiter bezüglich ihrer Tätigkeit nach dem Projektende

Ein typischer Fall: Für den Aufbau einer Auslandsniederlassung geben Mitarbeiter ihre alte Position auf; nach ihrer Rückkehr in das Stammhaus aber stellen sie fest, dass es für sie keinen angemessenen Job mehr gibt, erst recht nicht die erhoffte Beförderung. Wir sehen, auch bei der Bewertung von Projektorganisationsmodellen gilt:

Aus sogenannten „sauberen" Lösungen ergeben sich
für die davon Betroffenen bisweilen sehr trübe Aussichten.

Vergleichsweise harmlos ist das folgende Modell der *Projektorganisation in der Linie*. Voraussetzung für seine Anwendung ist jedoch, dass die Aufgabenstellung nicht fachübergreifend ist. Das folgende Schaubild veranschaulicht beispielsweise ein Vorhaben, welches komplett im Fachbereich „Information und Finanzen" abgewickelt wird.

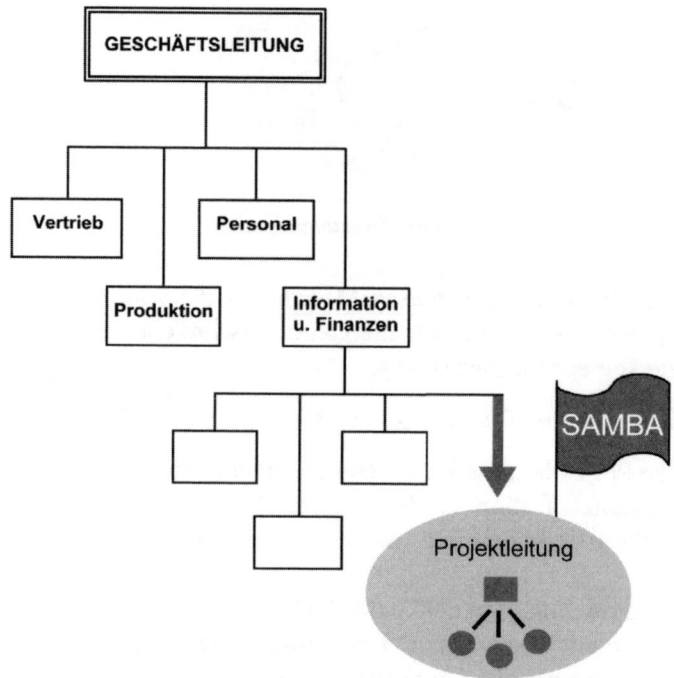

Projektorganisation in der Linie

Wie bei der Reinen Projektorganisation gibt es auch hier nicht das Problem des „Dieners zweier Herren"; die Mitglieder des SAMBA-Teams haben für die Dauer des Projekts nur einen direkten Vorgesetzten: den Projektleiter. Auch wenn in vielen Fällen die disziplinarische Weisungsbefugnis in der Ebene oberhalb der Projektleitung liegt, wird es dadurch nicht unbedingt Konflikte geben. Entscheidend ist, dass die Anordnungen stets „von oben nach unten" erfolgen. Die Vorteile der beiden vorangehenden Modelle addieren sich: klare Verantwortlichkeiten, gute Voraussetzungen für die Teambildung, Know-how-Transfer und höheres Sicherheitsgefühl für die Mitarbeiter.

Wir unterbrechen die Sendung für eine wichtige Mitteilung ...

In der nächsten Abbildung sehen Sie die SAMBA-Flagge auf Halbmast, als Zeichen der Trauer über einen herben Verlust: Es gibt keine Projektleitung mehr. Der Projektleiter ist, wie beim vorigen Modell, fest in der Unternehmenshierarchie verankert, aber nicht „in der Linie". Er ist also nicht Abteilungs- oder Gruppenleiter, sondern übt nur eine Stabsfunktion aus, beispielsweise als Assistent der Geschäftsleitung. Weil er keinerlei Weisungsbefugnis hat, wird er zum Koordinator oder, etwas salopper formuliert, zum „Kümmerer".

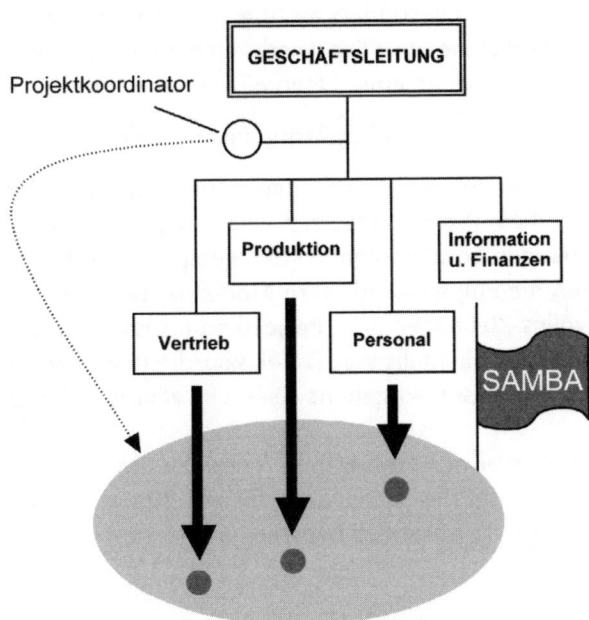

Stabs- oder Einfluss-Projektorganisation

Ich stelle Ihnen nun eine Frage, die Sie an dieser Stelle vielleicht überraschen wird: Für wie wirksam und ratsam halten Sie den Coitus interruptus als Methode zur Empfängnisverhütung? Nein, ich will nicht, wie Sie vielleicht vermuten, zurück zum Thema der ärgerlichen Unterbrechungen von Projekttätigkeiten. Es geht schlicht um die Wirksamkeit einer Vorgehensweise. Angenommen, Sie lesen in einer Informationsbroschüre für Teenager den folgenden Text:

> „Obwohl der Coitus interruptus für die Empfängnisverhütung die unwirksamste Methode ist, wird sie in der Praxis häufig angewandt. Der relativ hohe Verbreitungsgrad ist damit zu erklären, dass sie problemlos und ohne organisatorische Umstellung einzuführen ist."

Und nun ersetzen Sie in der ersten Zeile dieses Textes „der Coitus interruptus" durch „die Einfluss-Projektorganisation" und „Empfängnisverhütung" durch „Projektdurchführung", dann haben sie fast wörtlich den Kommentar von H.-D. Litke[4] zur Brauchbarkeit von Stabs- oder Einfluss-Projektorganisation in der alltäglichen Praxis. Sie sehen, es gibt überall liebenswerte Narrheiten, ob es nun um Sex oder um Projektmanagement geht.

So viel steht fest: Wenn ich mich für eine bestimmte Methode nur deshalb entscheide, weil sie so wenig Mühe macht, ist mir der Erfolg bei der ganzen Sache offensichtlich nicht besonders wichtig. Es ist wie mit dem Betrunkenen, der in der Dunkelheit seinen Schlüssel verloren hat und ihn nun an einer ganz anderen Stelle sucht – neben einer Laterne, weil es dort hell ist.

Für die Stabs- oder Einfluss-Projektorganisation bleibt festzuhalten:

- Mit diesem Modell lässt sich ohne nennenswerten Aufwand aus dem Stegreif ein Projekt aufsetzen. Dies macht beispielsweise Sinn bei kurzfristigen Sonderaufgaben mit wenig Aufwand.
- Wir sollten die Finger von diesem Modell lassen, wenn wir ein anspruchsvolles Ziel haben. Von Projektleitung kann bei ihm nämlich keine Rede sein, allenfalls von Projektkoordination. Ebenso wenig kann sich bei dieser Vorgehensweise ein echtes Projektteam entwickeln.
- Wir haben es hier nicht mit echten Adlern zu tun; ein guter Projektkoordinator bringt die Sache vielleicht auf Bussard-Niveau, in den meisten Fällen aber bleibt es bei einer lahmen Ente.

Zusammenfassung

Im Verlauf der Projektvorstufe stellt sich die Frage: Auf welche Art soll das Projektteam organisatorisch in das Gesamtunternehmen eingebettet werden? In den meisten Fällen handelt es sich dabei um das Unternehmen des Auftraggebers; das heißt, die Projektmitarbeiter, oder zumindest ein Teil von ihnen, sind im normalen Tagesgeschäft Festangestellte in irgendeiner Abteilung der Firma.

Gerade in einem solchen Gefüge kann es zu enormen Reibungsverlusten zwischen den verschiedenen Akteuren innerhalb und außerhalb des Projektteams kommen. Einen Überblick über alle Projektbeteiligten hatten wir uns ja bereits in Kapitel 20 verschafft.

Die obige Frage lässt sich auch so formulieren: Welches Projektorganisationsmodell wählen wir für unser Vorhaben? Eine Antwort lässt sich in der Regel mit der folgenden Faustregel finden:

- Großprojekt   → Reine Projektorganisation
- Miniprojekt   → Einfluss-Projektorganisation
- Aufgabenstellung
  nicht fachübergreifend   → Projektorganisation in der Linie
- In allen anderen Fällen   → Matrix-Projektorganisation

Zu Beginn jedes Projekts müssen wir also die passenden Rahmenbedingungen hinsichtlich der Aufbauorganisation schaffen. Wer hier „aus der Hüfte schießt", braucht sich nicht zu wundern, wenn es später bei der Projektabwicklung knirscht und kracht.

Etwas albern und, auf lange Sicht betrachtet, naiv ist in diesem Zusammenhang das Verhalten mancher Manager, die bei Frust und Ärger unter den Mitarbeitern nicht über die strukturellen Ursachen nachdenken oder gar offen diskutieren wollen. Sie wissen wohl, dass es hier ans „Eingemachte" geht: an festgefügte Hierarchien, bestehende Seilschaften und Machtbereiche. Den Mitarbeitern werden in solchen Fällen vorzügliche, kostspielige Verhaltens- oder Motivationstrainings verabreicht – schmerzlindernde Pillen, aber die Krankheit bleibt.

Bevor ich missverstanden werde:

Hierarchien sind notwendig, auch im Projekt.

Schon bei mittelgroßen Vorhaben, erst recht bei Großprojekten muss für jeden klar sein, wie Verantwortung und Kompetenzen verteilt und voneinander abgegrenzt sind. Gerade im Projektgeschäft sind kurze Entscheidungswege gefragt. Das bedeutet unter anderem:

Ein und nur ein Projektverantwortlicher
als Ansprechpartner für den Auftraggeber.

Ebenso kann jeder, der in einem Projektteam arbeitet, zu Recht erwarten, dass es genau eine Person gibt, die ihm projektbezogene Aufgaben überträgt und ihm bei der Bewältigung dieser Aufgaben mit Rat und Tat zur Seite steht.

Aus dem Blickwinkel des Projektmanagements ist somit eine Unternehmenshierarchie weder gut noch schlecht. Sie ist so lange richtig, wie sie kurze Entscheidungswege gewährleistet. Und es gibt keinen besseren Prüfstein hierfür als ein Projekt. Durch Projekte und die hierdurch initiierten Veränderungsprozesse werden Organisationen einem Härtetest unterworfen. Dabei kommt schnell zutage, ob die Strukturen und Abläufe noch stimmen oder eben nicht. Die bekannten Bibelworte über die falschen Propheten können wir ohne weiteres auf „falsche" Organisationen übertragen:

An ihren Projekten sollt ihr sie erkennen.

Wie jedes politische System ist auch jede Firma oder Behörde irgendwann reif für einen Wechsel, eine Erneuerung. Und ein Projekt, welches schonungslos die Schwächen einer Organisation bloßlegt, kann zum Auslöser für dringend notwendige Veränderungen werden.

Durch jedes gut geführte Projekt entsteht ein rasch wachsendes Netz aus Menschen und Informationen in einer bestehenden Hierarchie. Nach dem Prinzip der Selbstorganisation (vgl. Kap. 11) entstehen neue Teilstrukturen und Abläufe – Vitaminzufuhr für einen erschöpften Organismus.

Ein gut geführtes Projekt – was ist das?

31 Pizza & Eiscreme –
Projektleitung à la DAFFODIL

Ein Onkel, der Gutes mitbringt, ist besser
als eine Tante, die bloß Klavier spielt.
Wilhelm Busch

Falls Sie jemals Chef oder Chefin eines Projektteams werden sollten: Geben Sie niemals der Versuchung nach, zur Klavier spielenden Tante zu werden. Daniel Barenboim ist Ihnen ein Begriff? Dann wissen Sie, dass dieser großartige Musiker zunächst ein weltberühmter Pianist war, bevor er als Dirigent zum Erfolg kam. Was ich mit diesem Beispiel sagen will: Hervorragende Kenntnisse des Klavierspielens sind eine gute Basis fürs Dirigieren, aber es wird nicht reichen.

In dem Moment, wo Sie Chef eines Orchesters werden, ist mehr gefragt als das Lesen und Begreifen einer komplexen Partitur. Erst recht müssen Sie nicht ständig Ihrem Team, Ihrem Boss oder sich selbst beweisen, wie flink Ihre Finger über die Tasten gleiten.

Lassen Sie jeden in Ihrem Team das machen, wofür er bezahlt wird – auch wenn Sie bisweilen glauben, Sie könnten einen Job besser machen als der betreffende Mitarbeiter. Sie selbst haben jetzt einen anderen Job. Denken Sie an den letzten Schritt der DAFFODIL-Methode: einfach lassen. Statt also mit Ihren Künsten am Piano zu langweilen:

> *Bringen Sie Ihrem Team mal etwas Gutes mit! Pizza oder Eiscreme für alle oder auch eine gute Nachricht: Wir bekommen einen eigenen Projektraum, ein neues Tool, eine Erfolgsprämie.*

Bleiben wir ruhig noch eine Weile bei der DAFFODIL-Methode, immerhin gibt es vor dem erwähnten letzten Schritt ja noch sieben andere Schritte.

(D) Dämme bauen

Ein guter Projektleiter hält seinem Team den Rücken frei. Das fängt schon vor dem Projektstart an: mit der Forderung nach geeigneten Räumen, in denen möglichst ungestört gearbeitet werden kann; ebenso mit dem Kampf um möglichst große, ununterbrochene Zeitintervalle, in welchen die Mitarbeiter ausschließlich fürs Projekt arbeiten. Ich erinnere hierbei an die Anregungen aus dem vorigen Kapitel zum Umgang mit Libero- und Patchwork-Experten.

Ferner sollten wir nicht das sechste Gebot aus Kapitel 25 aus den Augen verlieren: Du sollst nicht voreilig „Ja" sagen. Bevor Sie also die Verantwortung für ein Projekt übernehmen, sollten Sie darauf bestehen, dass in einer schriftlichen *Projektleiter-Stellenbeschreibung* Ihre künftigen Rechte und Pflichten beschrieben sind, insbesondere Ihre Weisungsbefugnisse gegenüber den Mitgliedern des Projektteams. Im Anhang auf Seite 243 finden Sie hierzu ein Muster, aus welchem unter anderem hervorgeht: Hier sollten für jeden Mitarbeiter, der nicht zu 100 Prozent im Projekt arbeitet, die jeweiligen Projekttage fixiert werden.

Bereits in der Vorstufe des Projekts muss also der Teamchef beweisen, dass er Rückgrat hat. Wenn ihm das in dieser Phase nicht gelingt, wird auch danach seine Autorität immer wieder angezweifelt werden – von denen, die ihn damals „weichgeklopft" haben, aber auch von den Mitarbeitern in seinem Team.

Und schließlich: Zeigen Sie bei Spannungen zwischen dem Projektteam und seinem Umfeld als Chefin oder Chef des Teams, dass Sie zu hundert Prozent auf der Seite Ihrer Leute stehen. Auch wenn einer Ihrer Mitarbeiter sich einmal falsch verhalten hat: Lassen Sie niemals zu, dass jemand von außen direkt und massiv Einfluss auf Teammitglieder nimmt. Stellen Sie sofort klar, dass Sie selbst die einzig richtige Adresse für Kritik oder Forderungen bezüglich Ihres Projekts sind.

Schirmen Sie Ihr Team nach außen ab! Und sorgen Sie innerhalb des Teams für eine kreative, repressionsfreie Atmosphäre. Auf diese Weise wird sich die Projektfähigkeit der Gruppe zügig und stetig erhöhen.

Interessanterweise sind wir alle eher freundlich und nachgiebig gegenüber Menschen, mit denen uns gar nicht viel verbindet, hingegen unduldsamer und strenger mit denen, die uns am nächsten stehen: mit Mitarbeitern, Freunden und Familienangehörigen. Zumindest in einem Fall bin ich jedoch in meinem Verhalten nicht diesem üblichen Muster gefolgt, worauf ich noch heute stolz bin:

Mein Sohn Felix war etwa sieben oder acht Jahre alt, als ich mit meiner Familie bei Bekannten zu Besuch war, die einen etwas jüngeren Sohn hatten. Schon bald fing der Filius des Gastgebers an, unseren Jungen mit dummen Sprüchen, dann mit kleinen Fußtritten zu traktieren. Vielleicht war es nur eine ungeschickte Art von Annäherungsversuch, aber es schien so, dass

Felix die Sache nicht sehr originell fand und als der Größere und Kräftigere der beiden nicht lange stillhalten würde.

Weil die gastgebenden Eltern es nicht für nötig hielten, ihren Sprössling zurechtzuweisen, ging das Spiel eine Weile so weiter, wodurch auch das Gespräch der Erwachsenen beeinträchtigt wurde. Schließlich wurde es Felix zu bunt, er langte ohne besondere Vorwarnung zu, und der kleine Störenfried purzelte einige Meter durchs Wohnzimmer.

Wir sind anschließend nicht mehr sehr lange an der Kaffeetafel geblieben, saßen also schon bald wieder in unserem Wagen, um nach Hause zu fahren. Ehe ich den Motor anließ, wandte ich mich jedoch kurz meinem Sohn zu, der schweigend auf der Rückbank saß. Ich sagte zu ihm: „Junge, ich finde, das hast du richtig gemacht." Es folgten noch ein paar Bemerkungen in Richtung „erst mal mit Worten versuchen", aber ich glaube, entscheidend war die klare Botschaft: Ich bin auf deiner Seite.

(A) Akkumulieren

Ein gesundes Projekt lebt von guten Ideen. Nicht nur zu Beginn, sondern während seines gesamten Verlaufs werden immer wieder ungewöhnliche Einfälle gebraucht. Denn, anders als im Routinegeschäft, sind unvorhersehbare Schwierigkeiten an der Tagesordnung.

Damit das Projektboot alle Klippen ohne großen Schaden umschiffen kann, braucht es einen erfahrenen Skipper – jemanden, der zwar nicht im Voraus alle Klippen kennt, der aber von vornherein weiß: Völlig reibungslos wird auch diese Tour nicht ablaufen. Einen, der weiß, dass zum Erfolg die Energie des ganzen Teams benötigt wird.

Sorgen Sie als Teamchefin oder Teamchef stets für einen guten Energiefluss! Treten Sie all denen entgegen, die Querdenken für Anarchie und schöpferische Pausen für Luxus halten.

Was ich Ihnen hierbei wünsche, ist jede Menge Spirit. Versuchen Sie, ein guter Moderator und Coach für Ihre Leute zu sein. Machen Sie spontane Brainstormings und Workshops, bringen Sie auf Flipcharts und Pinnwänden Farbe ins Spiel.

Besuchen Sie nicht nur Seminare, lesen Sie nicht nur Bücher über Methodenkompetenz, probieren Sie ein neues Verfahren, eine neue Technik einfach einmal mit Ihrem Team aus. Was kann schlimmstenfalls passieren? Wenn die Sache danebengeht, wird die Gruppe auch hierdurch lernen. Beim nächsten Mal greifen Sie wieder auf eingespielte Abläufe zurück, und irgendwann hat jemand aus dem Team eine neue Alternative. Das heißt, wenn eine Teamchefin locker an die Dinge herangeht und offen ist für neue Lösungsansätze, wird sie die anderen mitziehen – sie fördert die Innovationskraft des gesamten Teams.

(F) Filtern und (F) Fokussieren

Bei einem Brainstorming (vgl. Kapitel 29) geht es zunächst einmal um Masse – so viele Ideen wie möglich. Dann aber gilt es, die Ideen zu prüfen: auf Machbarkeit und Nützlichkeit; es ist also Ihr Pragma gefragt. Und auch das lässt sich trainieren: Bewertungstechniken oder beispielsweise die Durchführung einer Kosten/Nutzen-Analyse.

Ein sorgfältiges und trotzdem zügiges Herausfiltern der besten Ideen setzt allerdings voraus, dass ich handfeste Prüfsteine für die Brauchbarkeit eines Einfalls habe. Dazu wiederum müssen die Ziele klar und „smart" definiert sein.

Ist dies der Fall, dann sind die Ziele bekanntlich attraktiv und realistisch – genau die Mischung, die ich als Projektleiter zur Motivation meines Teams brauche. Im nächsten Kapitel werden wir auf diesem Feld noch etwas tiefer graben, aber soviel sei vorweggenommen: Erst durch die Einstellung auf ein gemeinsames Ziel kann aus einer Projektgruppe ein Team werden. Deshalb werden gute Teamchefs immer wieder den Blick auf die Projektziele richten und deutlich machen: Wir können es schaffen.

(O) Organisieren

Ein guter Projektleiter ist ein guter Organisator. In der Turnier-Vorrunde haben wir uns bereits intensiv damit auseinandergesetzt, wie man den organisatorisch optimalen Stapellauf eines Projekts bewerkstelligen kann. Dies ist sowohl eine Frage der Strategie als auch der Taktik – der permanenten, tagesgenauen Anpassung. Aus Sicht der Projektleitung heißt das: Zeit- und Budgetpläne ständig aktualisieren, stets auf guten Kontakt zu den führenden Stakeholdern achten, entsprechende Informationstreffen veranlassen, kurz: gutes Projektmarketing betreiben. Oft reicht hierfür hinten und vorn die Zeit nicht – und schon sind wir beim nächsten Punkt.

(D) Delegieren

Wenn ich als Chef Probleme mit meinem Zeitbudget bekomme, sollte ich nicht konzept- und wahllos lästige Aufgaben auf Mitarbeiter abwälzen. Die werden mir nämlich schnell auf die Schliche kommen und solche Jobs eher schlecht als recht erledigen. Delegieren wird auf diese Art zum Eigentor, das gilt fürs Projektgeschäft genauso wie für jede andere Form von Management.

Die entscheidende Frage vor dem Delegieren ist letztlich: Welche Aufgaben muss ich als Teamleiter nicht unbedingt selbst erledigen? Hierfür kommen auf keinen Fall Kontaktpflege und Projektmarketing in Betracht. Typische Beispiele aber wären das Aktualisieren von Projektdaten oder etwa das Vorbereiten von Meetings. Schon bei mittelgroßen Vorhaben ist es fast immer eine gute Entscheidung, hierfür einen Projektassistenten einzustellen, eventuell auf Teilzeitbasis. Und wenn Sie sich endlich zum Delegieren durchgerungen haben, hören Sie auf M. Scott[5]: Delegieren Sie Ziele, nicht Aufgaben!

(I) Initiieren

Wenn Sie die Leitung eines Projektteams übernehmen, erwartet niemand, dass sie unfehlbar sind. Die eine oder andere Schwäche macht sie in den Augen Ihrer Mitstreiter nur menschlich. Aber auf einem Gebiet sollten Sie nicht „unterbelichtet" sein: in Sachen Initiative und Entscheidungsfreude. Versetzen Sie sich in die Lage des Kapitäns auf dem „Projektboot SAMBA" (Kap. 20). Auf zwei Arten müssen Sie aktiv werden:

- Nach unten: Stets auf Tuchfühlung mit den Teammitgliedern bleiben; K. D. Tumuscheit[6] bringt es auf den Punkt: „Gehen Sie in die Bereiche hinein. Seien Sie persönlich anwesend beim Start des Arbeitspakets [...] Unterstützen Sie die Teammitglieder aktiv: ‚Was fehlt noch? Was muss modifiziert werden?' [...] Warten Sie nicht, bis die schlechten Nachrichten zu Ihnen durchsickern." Der Autor weist jedoch darauf hin, dass die Mitarbeiter hierbei stets das Gefühl haben müssen, Unterstützung zu bekommen, und nicht, ständig kontrolliert zu werden.

- Nach oben: Das Vorbereiten und Herbeiführen von Entscheidungen seitens Ihrer Projektvorgesetzten, also des Entscheidungskreises. Typisches Beispiel ist das Prüfen und Absegnen von Zwischenergebnissen, insbesondere am Ende einer Projektphase. Warten Sie auch hier nicht zu lange ab, setzen Sie Fristen und haken Sie nach, wenn es zu Verzögerungen kommt. Die Entscheider erwarten genau das von Ihnen: dass Sie im Interesse Ihres Projekts auch nach oben Druck machen.

(L) Lassen

Gleich zu Beginn dieses Kapitels haben wir darüber gesprochen, dass Sie als Chefin oder Chef eines Projektteams nicht ständig selbst im Mittelpunkt stehen oder gar Ihre Mitarbeiter belehren sollten. Es sind eher die Qualitäten eines Generalisten als die eines Spezialisten gefordert.

Ein Generalist ist laut Duden[7] „jemand, der nicht auf ein bestimmtes Gebiet festgelegt ist", also alles andere als ein Befehle erteilender General; ebenso wenig ein „Generalisierer" – jemand, der alles zu verallgemeinern versucht.

Selbstverständlich braucht man in jedem Projektteam Experten, Menschen mit Liebe zum Detail bis hin zur Leidenschaft oder Besessenheit. Das wird jeder bestätigen, der einmal in einem Forschungs- oder Entwicklungsprojekt gearbeitet hat. Aber das Thema dieses Kapitels ist Führung. Wenn ich ein Team zum Erfolg führen will, darf ich mich nicht in Details verlieren. Richtschnur meines Handelns müssen stets Ziele sein, nicht die Einzelheiten der Umsetzung. Wenn es ums „Doing" geht, muss ich als Teamchef loslassen können. Damit ist selbstverständlich nicht Laissez-faire gemeint, das ist im obigen Abschnitt „Initiieren" hinreichend betont geworden.

Die entscheidende Voraussetzung dafür, dass Sie wirklich loslassen können, ist das Vertrauen zwischen Ihnen und Ihren Mitarbeitern. Und den ersten Schritt auf diesem Weg müssen Sie selbst tun. Falls Ihnen das schwer fällt, wird es auch in der umgekehrten Richtung schwierig bleiben. Warum soll Ihr Team loyal zu Ihnen als Teamchef stehen, wenn Sie übertriebenes Misstrauen an den Tag legen? Unser Freund Lenny Harper würde es auf Nietzsche-Art sagen:

Du gehst zum Projekt? Vergiss die Harfe nicht.

Wenn Sie nun alle acht Schritte der DAFFODIL-Methode zusammennehmen und noch einmal zum dritten Kapitel mit der „schweinischen Mehrheit" zurückblättern, stellen Sie fest:

Im Grunde gibt es das gar nicht: Projektmanagement.

Ein Projekt kann man nicht managen wie eine Abteilung oder ein Einwohnermeldeamt, es ist unregierbar wie ein Wolkenbruch oder Karneval in Köln.

Was Sie als erfolgreicher Chef eines Projektteams betreiben, ist Management im Projekt, und das heißt zuallererst Selbstmanagement – woran wir uns ja im Viertelfinale längst die Zähne ausgebissen haben.

Abschließend stellt sich die Frage: Woran erkennen wir nun die erst-klassige Projektleiterin, den exzellenten Projektleiter? Na klar, an Pizza und Eiscreme, oder?

Falls Sie nach etwas härteren Kriterien suchen: Nehmen Sie den Begriff der Projektintelligenz, dessen Definition uns seit der Qualifikationsrunde ge-läufig ist. Ohne Wenn und Aber sage ich: Der PI-Wert eines Projektleiters sollte deutlich über dem Durchschnitt liegen. Hier sind Adler gefragt, nicht Hasen, Gänse oder Füchse. Ein fast noch besserer Maßstab für die Kompe-tenz eines Teamchefs ist aus meiner Sicht die Projektfähigkeit seines Teams, gemessen bei Projektabschluss, im Vergleich zum Ausgangswert beim Start des Vorhabens.

Und beim Start des Vorhabens, das hat uns der Fußballnationaltrainer am Anfang des vorigen Kapitels erklärt, ist streng genommen noch gar kein Team vorhanden, denn ...

32 Von der Gruppendynamik zum Teamgeist

Was ist ein Team? Was unterscheidet ein Team von einer Gruppe? Die Antwort von D. Francis und D. Young[8] lautet:

Team

Eine aktive Gruppe von Menschen, die sich auf gemeinsame Ziele verpflichtet haben, harmonisch zusammenarbeiten, Freude an der Arbeit haben und hervorragende Leistungen bringen.

Das klingt für viele, so erlebe ich es in meinen Seminaren immer wieder, stark übertrieben und lebensfern. Die obige Definition ist aber völlig in Ordnung. Nicht in Ordnung ist eher, dass die Bezeichnung „Team", ähnlich wie „Projekt", inflationär und unangemessen verwendet wird. Topmanager und Politiker reden von einem Team, wo es nichts weiter gibt als eine riesige Belegschaft oder eine Gruppe von Karrieristen.

Schade eigentlich für viele Egotrip-Experten, dass sie sich nie das Erlebnis echter Teamarbeit gönnen. Es ist so, als ob sie ein Leben lang auf den Genuss eines guten Rotweins verzichten würden. Aber zum Glück wissen diese Leute nichts von ihrem Unglück – sie nuckeln an ihren bizarren Cocktails und knallroten Energiedrinks und reden von Chianti und Spätburgunder.

Wie Teams entstehen

So sehr mir die Francis/Young-Formulierung auch zusagt, in einem Punkt halte ich sie für verbesserungswürdig: Vor dem „harmonisch" sollte stehen: „und deshalb". Ohne diesen Zusatz nämlich kann es schnell zu Verwechslungen von Ursache und Wirkung kommen. Die Reihenfolge der aufgezählten Merkmale deutet es immerhin an: In einem Team werden nicht automatisch hervorragende Ergebnisse erzielt, wenn für gute Laune gesorgt wird. Es ist genau umgekehrt: Wenn eine Gruppe sich die ersten Teilerfolge erkämpft hat, notfalls auch durch harte und sachliche Auseinandersetzung, wird sie allmählich zum Team – Stimmung und Leistung werden zusehends besser.

Wenn also aus Menschen, die einander völlig fremd sind, eine Arbeitsgruppe gebildet wird, durchläuft diese Gruppe stets einen Wachstumsprozess, ehe man sie als Team bezeichnen kann. Dieser Prozess läuft in den meisten Fällen nach dem folgenden groben Schema ab[9]:

Die vier Phasen der Teamentwicklung

1. Testphase (sich kennen lernen)
2. Nahkampfphase (Kampf um Macht und Einfluss)
3. Organisierungsphase (Rollen verteilen, Methoden und Spielregeln klären)
4. Verschmelzungsphase (Freude an der Arbeit, Fairness, Geschlossenheit, Zielorientierung).

Wer zum Leiter oder zur Leiterin einer Projektgruppe ernannt wird, sollte sich selbst von Beginn an als Teil dieses Prozesses sehen, und zwar als denjenigen, dem die größte Verantwortung zufällt. Von ihm wird erwartet, dass er durch die richtigen Impulse die gesamte Teamentwicklung fördert. Eine solche Aufgabe wird Ihnen zweifellos leichter fallen, wenn Sie, in unserem „Trainingslager" oder wo auch immer, eine wichtige Kleinigkeit gelernt haben: das

Denken in Prozessen.

Hierzu gehört nicht zuletzt die Fähigkeit eines Gärtners oder Farmers, die Dinge reifen zu lassen. Es gilt die alte Bauernregel:

Der Versuch, die Nahkampf- und die Orientierungsphase zu verkürzen oder gar zu überspringen, bleibt niemals ungestraft. Irgendwann wird das nachgeholt – mit besonderer Heftigkeit und meist zum ungünstigsten Zeitpunkt.

Eine bewährte Vorgehensweise ist das systematische Teamtraining für Mitarbeiter, die über längere Zeit zusammen arbeiten sollen. Dabei wird quasi die Testphase und ein Teil der Nahkampfphase vorweggenommen, bevor es ernst wird. Dann nämlich führen Streit und Frust zu erheblichen Zeit-, Geld- und Qualitätsverlusten.

Bei solchen Schulungen werden einerseits Spielregeln für das Team erarbeitet, zum andern werden Verhaltensweisen sowie Moderations- und Problemlösungstechniken trainiert, also die Dinge, die schon im vorigen Kapitel zur Sprache gekommen sind.

Der feine Unterschied

Was letztlich ein Team von einer Gruppe unterscheidet, hat R. Lay in einer Tabelle zusammengefasst[10], die ich hier in leicht gekürzter Form wiedergebe:

	Team	Gruppe
Orientierung:	Probleme und Aufgaben	Beziehungen
Technik:	Diskurs	Konferenz, Sitzungen
Ziel:	Optimale Lösung	Claims abstecken Einfluss mehren Sich durchsetzen Recht behalten
Hierarchie:	Keine	Formelle wie informelle
Sieger/Verlierer:	Das ganze Team	Einzelne Personen

Nachzutragen bleibt eine Beschreibung des in dieser Tabelle verwendeten Schlüsselbegriffs „Diskurs". Aufbauend auf Formulierungen von Lay und Habermas[11] schlage ich die folgende Definition vor:

Diskurs

Methodische Erörterung mit mehreren Teilnehmern, in welcher verschiedene Behauptungen und Lösungsansätze geprüft werden, und zwar schrittweise, argumentativ und im Dialog, mit dem Ziel, Irrtümer und Täuschungen zu beseitigen und eine Lösung zu finden, die von allen Teilnehmern einmütig getragen wird.

Der praktische Nutzen einer gekonnten Anwendung von Diskurstechniken wird nach meiner Erfahrung nicht nur im Projektgeschäft, sondern fast überall in Wirtschaft und Gesellschaft völlig unterschätzt. Deshalb wird für das Erlernen dieser Methodik grundsätzlich zu wenig Zeit und Geld bereitgestellt. Selbst wenn, wie es oben angeregt wurde, Teamtrainingsmaßnahmen durchgeführt werden, spielt das Thema Diskurs meist eine untergeordnete Rolle.

Ich gehe noch einen Schritt weiter und stelle die Frage: Warum schaffen wir es nicht, unseren Kindern in zwölf oder dreizehn Schuljahren mit etwa fünfzehntausend Unterrichtsstunden vertiefte praktische Kenntnisse, also nicht nur Bücherwissen zu vermitteln – über Dinge, die jeder erwachsene Mensch täglich braucht: Techniken der Argumentation und Diskussion, der Teamarbeit, der freien Rede, des sorgsamen Umgangs mit Zeit und Geld?

Im Rahmen der OECD-Studie PISA (Programme for International Student Assessment) wurden vor etlichen Jahren die Schulleistungen in 32 Staaten untersucht. Die Veröffentlichung der Ergebnisse, unter anderem in einem Spiegel-Artikel[12], löste bei Eltern, Lehrern und Bildungspolitikern in Deutschland Entsetzen aus. Seit dem PISA-Schock lässt es sich nicht länger verheimlichen: Die Leistungen deutscher Schüler sind im internationalen Vergleich inzwischen erbärmlich. Das Buch „Generation Doof"[13], in dem dieses Phänomen anhand vieler verblüffender Beispiele geschildert wird, wurde in kurzer Zeit zum Bestseller.

Der Pfiff bei der PISA-Studie war, dass nicht Faktenwissen, sondern Cleverness getestet wurde. Oder in der Formulierung der Spiegel-Autoren: „wie man Probleme löst, wie man beim Probleme zu lösen lernt, künftige Probleme zu lösen – und wie man über das, was man dabei gelernt hat, kommuniziert."

Als positives Beispiel wird ein Schulprojekt in Baden-Württemberg genannt: In einem Extra-Unterricht von drei Stunden pro Woche bearbeiten Gymnasiasten fächerübergreifende Themen und lernen dabei, Arbeitsgruppen zu bilden, Ziele zu formulieren, zu recherchieren und Ergebnisse zu präsentieren.

Warum werden solche Dinge an deutschen Schulen und ebenso an Hochschulen nicht häufiger gelehrt und dann geübt und ausprobiert? Welchen Sinn hat es, wenn wir stattdessen auch den letzten Kindergarten mit Computerblech zupflastern? Ich werde das Gefühl nicht los, dass es hier noch ein Riesenpotenzial für spannende und lohnende Projekte gibt.

33 Mitarbeiter auswählen, Teams aufbauen und führen

Man sollte einen Menschen nicht nach seinen Vorzügen beurteilen,
sondern nach dem Gebrauch, den er davon macht.
La Rochefoucauld

Schon zu Beginn dieses Halbfinales ging es um die Frage: Wie gewinne ich die Besten für mein Projekt? Dabei war jedoch der Blick vom Projekt auf das Gesamtunternehmen gerichtet. In diesem Kapitel ist es umgekehrt, wir schauen von außen, vom Standpunkt des Auftraggebers oder auch des Auftragnehmers, aufs Projekt. Es geht um das Rekrutieren der Projektmitarbeiter, die Verteilung der Rollen und Aufgaben, die zweckmäßige Teamgröße sowie konkrete Maßnahmen, um gute Arbeitsbedingungen zu schaffen.

Verfahren für die Auswahl von Mitarbeitern

Zur Beurteilung von Kandidaten für einen Firmen- oder Projektjob sind im Laufe vieler Jahrzehnte zahlreiche psychologische Testverfahren entwickelt worden. Wie wäre es zur Abwechslung mit einem Test für Testverfahren? Ich vermute, dass etliche Teilnehmer dabei über die Klinge springen würden.

Was mir vorschwebt, ist eine Art LaRochefoucauld-Test, der, gemäß dem oben zitierten Spruch des scharfsinnigen Franzosen, prüfen würde: Inwieweit gibt das betreffende psychologische Verfahren mir Auskunft über die tatsächlichen Skills des jeweiligen Bewerbers, statt lediglich ein Profil seiner Begabungen und Kenntnisse zu liefern?

Nehmen wir als Beispiel die Aufnahmeprüfung bei einem Orchester. Ich kann testen, ob ein Mensch Dur und Moll unterscheiden kann und ob er das absolute Gehör hat. Oder ich prüfe, ob die junge Frau oder der junge Mann in der Lage ist, fehlerfrei und mit hinreichender Ausdruckskraft die erste Geige in Beethovens „Pastorale" zu spielen, passend zur übrigen Orchestermusik, die für den Test elektronisch eingespielt wird oder live vom Orchester geliefert wird. Ich bin sicher, kein Dirigent wird sich mit der erstgenannten Methode begnügen.

Im Einzelfall kann es schwierig sein, schon vor dem Start eines Projekts herauszufinden, wie geeignet jemand für eine spezielle Rolle ist – bezogen auf Fachkenntnisse, aber auch auf die soziale Kompetenz. Wenn Sie eine

Brücke bauen, eine Werbekampagne oder ein Filmfestival organisieren wollen, können Sie von Ihrem Kandidaten nicht so ohne weiteres eine Kostprobe erbitten wie der besagte Dirigent: Hier ist ein Instrument, spielen Sie mir bitte etwas vor!

Dennoch, bestehen Sie als Entscheider in einer solchen Situation darauf, nicht nur förmlich-langweilige Zeugnisse vorgelegt zu bekommen, sondern auch Dokumente und Arbeitsproben, die anschaulich und zuverlässig die bisherigen Erfahrungen und Leistungen des Bewerbers in der Praxis belegen. Im übrigen wird bei Projekttätigkeiten, anders als bei festen Jobs, erstaunlich selten die Möglichkeit genutzt, eine Probezeit zu vereinbaren.

Wie auch immer, die Personalauswahl wird stets eine knifflige Aufgabe bleiben, ganz besonders im Projektgeschäft, wo es noch mehr Fragezeichen gibt als im operativen Bereich. Darauf habe ich ja bereits im Kapitel „Projektintelligenz" hingewiesen.

Im Grunde war diese Problematik ja der Auslöser für das Aufstellen der Formel: PI = 0,01 • EQ • IQ. Das alles führte schließlich in Kapitel 10 zum Begriff der Projektfähigkeit einer Gruppe und schließlich zu den sieben Faustregeln, die beim Aufbau von Teams zu beachten sind.

In diesem Zusammenhang gab es bereits den Verweis in Richtung IQ- und EQ-Tests. Die Schwerpunkte bei solchen Psycho-Tests sind durchaus unterschiedlich. Einige Verfahren konzentrieren sich auf die Charaktermerkmale der zu testenden Person; ein Beispiel ist der „Briggs-Myers-Indikator"[14], bei dem vier Kategorien unterschieden werden. Zur Erinnerung: Bei den Projektarchetypen ging es nur um starkes beziehungsweise schwaches Spirit und Pragma, es gab folglich vier Kombinationsmöglichkeiten. Hingegen gibt es 16 (!) Briggs-Myers-„Schubladen", nach denen Sie Ihre Mitmenschen sortieren können. Beim „Task-People-Test" und beim „FIRO-B-Awareness-Test"[15] wird vor allem die Teamfähigkeit überprüft.

Vor einer Entscheidung für die Verwendung des einen oder anderen Tests sollten Sie jedenfalls zwei Fragen klären, und zwar mit Fachleuten, die nachweislich Erfahrung im Projektgeschäft haben:

- Wie zuverlässig ist der in Frage kommende Test?
- Wie sieht das Verhältnis von Kosten und Nutzen aus?

Im Übrigen ist alles ganz einfach: Je mehr Projekterfahrung Sie selbst haben, desto eher haben Sie das richtige Händchen für die Auswahl guter Leute. Und damit habe ich Ihnen zum vorliegenden Thema abschließend eine ähnlich tiefschürfende Aussage geliefert wie Karl Valentin zum Thema „Kunst". Aus dem Bayrischen ins Deutsche übersetzt lautet sie: „Wenn's einer kann, ist's keine Kunst. Und wenn's einer nicht kann, dann schon mal gar nicht."

Das Apollo-Syndrom

Ein aus meiner Sicht bahnbrechendes Experiment zum Problem der Teamzu-
sammenstellung hat man vor einigen Jahren in den USA durchgeführt, und
zwar wurden in einer Firma die Leistungen mehrerer konkurrierender Teams
miteinander verglichen[16]. Das Ergebnis war sehr ernüchternd: Das „Apollo-
Team", in dem man die hinsichtlich Intelligenz und Bildung „Besten" zusam-
mengebracht hatte, erzielte die schlechtesten Ergebnisse! Denn es wurde
„zuviel debattiert anstatt gearbeitet", ständig wollte „jeder [...] den anderen
überzeugen".

Dies ist eine klare Bestätigung der These aus Kapitel 10, dass ein hoher
Durchschnitts-IQ einer Gruppe keineswegs eine Garantie für einen guten PI-
Wert dieser Gruppe bietet. Für die Zusammensetzung von Projektteams lau-
tet also wiederum die Botschaft: Die Mischung macht's.

In einer weiteren Untersuchung kamen Katzenbach und Smith[17], nachdem sie die Arbeit zahlreicher Teams beobachtet hatten, zu dem Ergebnis:
„In keinem einzigen Team waren von Anfang an alle benötigten Fähigkeiten
der Mitarbeiter vorhanden. Die noch fehlenden Fähigkeiten brachten sich die
Teammitglieder während des Teamprozesses selbst bei."

Die projektinterne Organisation

Bevor wir nun weitermarschieren, möchte ich gemeinsam mit Ihnen einen
kurzen Check durchführen: An welchem Punkt auf der Zeitachse befinden
wir uns, wenn wir mit der Auswahl von Projektmitarbeitern beginnen? Wenn
wir uns den Projektfahrplan in Kapitel 16 anschauen, stellen wir fest: Die
Beschaffung von Personal und sonstigen Ressourcen macht erst dann Sinn,
wenn das Budget gesichert ist. Zumindest sollte der Basisplan für das Projekt
fertig und der Projektantrag gestellt sein.

Zur Basisplanung eines Projekts aber gehört, wie wir spätestens seit Kapitel 22 wissen, ein Projektstrukturplan, und er ist die notwendige und geeignete Grundlage für die Auswahl der Projektmitarbeiter sowie die Zuordnung
der Aufgaben zu den einzelnen Teammitgliedern.

Mit den Aufgaben wird selbstverständlich auch die Verantwortung hierfür übertragen. Wir erinnern uns an die Überlegungen zum zweiten „D" der
DAFFODIL-Methode, zum Delegieren. Weil es im Gegensatz zur „Linie" im
Projekt kaum Routinetätigkeiten gibt, kann sich der einzelne kaum hinter seinem Chef, hinter Dienstvorschriften, hinter dem „Apparat" verstecken – es
gibt keinen Apparat.

Die Transparenz der Abläufe ist groß, es sind oft und rasch Entscheidungen zu treffen, die Anforderungen an Qualität und Termintreue sind hoch. Von jedem Teammitglied wird deshalb Phantasie und Initiative erwartet, vor allem aber Selbstverantwortung bezüglich des ihm übertragenen Aufgabenbereichs. Überspitzt lässt sich sagen:

Jedes Mitglied des Projektteams ist Teilprojektleiter in eigener Sache.

Bei mittleren und großen Vorhaben wird es natürlich auch echte Teilprojekte geben. Die Grafik „Reine Projektorganisation" in Kapitel 30 gibt uns ein Beispiel: Im Rahmen des Gesamtprojekts „Giga" werden drei Teilprojektteams gebildet. Darin gibt es jeweils drei bis vier Mitarbeiter plus einen Teilprojektleiter, der an den Gesamtprojektleiter berichtet. Hier noch einmal der betreffende Ausschnitt aus dieser Grafik:

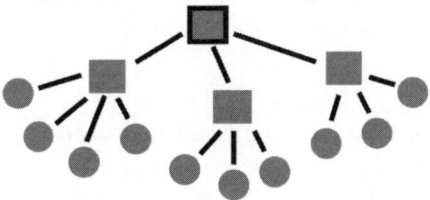

Ein Gesamtprojektleiter, drei Teilprojektleiter

Ein anderes Modell liefert uns das „Projektboot SAMBA" aus dem 20. Kapitel:

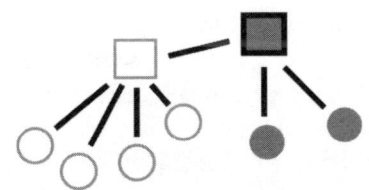

„Doppelspitze": Der Projektleiter und sein
Stellvertreter führen je ein Teilprojektteam

Unter den insgesamt acht Teammitgliedern sind fünf Externe (im Bild durch weiße Farbe gekennzeichnet), sie stammen also nicht aus der Belegschaft des Auftraggebers. Diese Externen bilden eine Teilprojektgruppe, wobei einer von ihnen als Teilprojektleiter und als stellvertretender Projektleiter agiert. Zum anderen haben wir drei Interne, von denen einer die beiden anderen führt und gleichzeitig Gesamtprojektleiter ist.

Alle Entscheidungen bezüglich der internen Projektorganisation sind schlicht eine Frage der Größe des Vorhabens und des damit zusammenhängenden Aufwands für Koordination und Information zwischen den Beteiligten. Die Nachteile eines zu großen Projektvolumens waren ja bereits Gegenstand des Kapitels „Projektdesign", wobei es unter anderem um die Aufteilung in Teilprojekte ging. Als grobe Richtschnur können wir festhalten:

Die ideale Teamgröße liegt bei drei bis fünf Mitarbeitern.

Es ist also anders als in einer eingespielten Linienorganisation, wo die Führung von zehn oder mehr Mitarbeitern durch einen Manager nicht ungewöhnlich und ganz im Sinne einer „flachen Hierarchie" ist. Gerade bei Planungs- und Entwicklungsprojekten aber gilt es stets neue Herausforderungen zu meistern. Es wird im Team diskutiert, auch gestritten, es wird modelliert und entworfen. Und die Erfahrung zeigt, dass bei solchen Workshop-Bedingungen der Leistungsgrad einer Gruppe schon bei mehr als vier oder fünf Köpfen rapide sinkt.

Gezielt investieren statt am falschen Ende zu sparen

Nach wie vor unterschätzen viele Entscheider die katastrophalen Auswirkungen einer schlechten Arbeitsumgebung. Dies gilt ganz allgemein im Berufsleben, nicht nur fürs Projektgeschäft. Ich bin absolut auf der Seite von Leuten wie DeMarco und Lister[18], die mit Hohn und Spott über Großraumbüros und sonstige grandiose Eigentore von Firmenleitungen berichten.

Ich selbst habe über viele Jahre als externer Berater in den Büros zahlreicher Unternehmen gearbeitet. Natürlich gab es des Öfteren gut und funktionell eingerichtete Räume, aber gar nicht selten absolut jämmerliche Arbeitsbedingungen. Ich habe es nie verstanden, dass hochdotierte Spezialisten für € 25.000,-- und mehr pro Monat angeheuert werden, damit sie dann ein Jahr lang in schlecht belüfteten Kaninchenställen bei Lärm und ständiger Unruhe maximal 70 Prozent der möglichen Leistung erbringen.

Was vielen Managern nicht klar ist, die selbst nie eine solche Tätigkeit als Berater auf Zeit ausgeübt haben: Der externe Mitarbeiter wird sich kaum über die schlechte Behandlung beschweren. Er ist in der Regel hart im Nehmen, macht seinen Job und kassiert jeden Monat sein Honorar. Dass die Qualität der Ergebnisse nicht stimmt, kann er verschmerzen – er weiß, schon bald ist er auf einer anderen Baustelle. Und nebenbei baut er sich seinen Alterssitz an der Mittelmeerküste.

Was heißt dies in der Konsequenz für ein Projektteam und vor allem für den Teamchef? Ganz einfach:

Es lohnt sich zu kämpfen.

Für:
- Arbeitsräume mit einem persönlichen Arbeitsbereich von mindestens 9 m² für jeden Mitarbeiter,
- eine Schreibtischfläche von mindestens 2,7 m² pro Mitarbeiter,
- Lärmschutz in Form von geschlossenen Büros oder mindestens 1,80 m hohen Trennwänden.

Alle angegebenen Zahlen stammen aus einer Studie, die vor etlichen Jahren für IBM erstellt wurde[19]. Erst recht sollte ein Projektleiter sich für die folgenden Punkte einsetzen, wobei dies teilweise kaum ohne die Unterstützung eines Promotors mit entsprechender Projektintelligenz geht:

- Eigener, genügend großer Projektraum mit Flipcharts und Pinnwänden,
- räumliche Zusammenlegung der Arbeitsplätze des Projektteams beziehungsweise der Teilprojektteams,
- ein Projektbüro als zentrale, administrative Anlaufstelle für die Teammitglieder, eventuell gemeinsam für mehrere, parallel laufende Projekte,
- wöchentlicher Jour fixe und
- eine angemessene Kick-off-Veranstaltung.

Auf die letzten beiden Punkte kommen wir im Modul „Oben bleiben" noch einmal zurück, um dort die Einzelheiten der Durchführung herauszuarbeiten.

Zuvor jedoch ist im Programm unserer Projekt-Weltmeisterschaft noch eine Kleinigkeit zu erledigen: das Finale.

ENDSPIEL

Projektbudgets und Projektrisiken

34 Mit solider Aufwandsschätzung zur Wirtschaftlichkeit

Gewinnen kann man. Verlieren kann man.
Aber zurückgewinnen: unmöglich.
André Kostolany

Seit das Geld erfunden wurde, versuchen Menschen, auf möglichst kluge und elegante Weise mit ihm umzugehen. Oft bleibt es bei dem Versuch. Zwar gibt es beim Zahlungsverkehr selten Geschwindigkeitskontrollen, aber jeder von uns muss irgendwann Lehrgeld zahlen – Strafe für zu schnelles Geldausgeben.

Nun gibt es genügend Geschichten von cleveren Firmenbossen, die einen durch Mitarbeiter verschuldeten Millionenverlust als notwendige Investition betrachten. Niemand sollte sich jedoch darauf verlassen, dass sein Chef mit dieser speziellen Art von Cleverness gesegnet ist. Ratsamer ist es, die eigene Fehlerquote niedrig zu halten und aus den Fehlern der anderen zu lernen. Und falls wir einmal selbst Fehler machen, gilt Bertrand Russells Wahlspruch: „Man sollte im Leben niemals die gleiche Dummheit zweimal machen, denn die Auswahl ist ja groß genug."

Faszinierenderweise machen aber viele Menschen, ob im Privatleben oder im Beruf, über Jahre hinweg immer wieder dieselben Fehler, wenn es um Geld geht. Der eine ist ein unverbesserlicher Geizhals oder Schnorrer und wundert sich, dass sein Freundeskreis dabei sehr überschaubar bleibt. Der andere ist ein Zocker und riskiert grundsätzlich zu viel – meist nicht nur beim Geld, sondern auch im Hinblick auf Gesundheit, Freundschaft und Familie. Der dritte ist kein Spieler, gibt aber gern Geld aus – für Sachen, die er im Grunde nicht braucht.

Dass Geld wichtig ist und Schulden auf Dauer bedrückend sind, hat sich im Laufe der Jahrtausende herumgesprochen. Dass aber das Geld letztlich weniger Einfluss auf Zufriedenheit und Erfolg im Leben hat als unsere innere Einstellung, das haben die Philosophen der Antike besser erkannt als die großen Finanzgenies unserer Tage.

Ein Beleg hierfür ist die folgende Anekdote von Krösus, dem König von Lydien. Er lebte im sechsten Jahrhundert vor unserer Zeitrechnung und war schon damals berühmt wegen seines unermesslichen Reichtums, nicht zuletzt deshalb, weil in Lydien das Münzgeld erfunden wurde und somit im gesamten Mittelmeerraum die lydischen Münzen als Zahlungsmittel dienten.

Krösus und Solon

Von Herodot, dem „Vater der Geschichtsschreibung", wird berichtet, dass der Lyderkönig eines Tages Solon, den angesehenen Staatsmann und Weisen aus Athen, als Gast in seinem Palast begrüßte. Solon ließ sich in keiner Weise vom Reichtum seines Gastgebers beeindrucken. Als Krösus den weit gereisten Athener fragte, wen er für den glücklichsten Menschen halte, nannte dieser zunächst einen und danach noch weitere Namen, nicht aber den des Königs, worauf dieser sehr gekränkt war. Später, nach seiner vernichtenden Niederlage gegen Kyros II. von Persien, soll Krösus sich dann an die Worte Solons erinnert haben: „Keiner ist vor seinem Tode glücklich zu preisen."

Das Leben des reichen Krösus lehrt uns nicht nur einiges über die Entstehung und Bedeutung des Geldes sowie über die Vergänglichkeit von Ruhm, Reichtum und Macht. Sie liefert uns wertvolles Rohmaterial für das tägliche Projektgeschäft, für das Einschätzen von Risiken und den Umgang mit finanziellen Ressourcen. Bevor wir jedoch zum Risikomanagement und zur Planung und Steuerung von Projektbudgets kommen, stehen zunächst noch zwei andere Punkte auf unserem Programm: Aufwandsschätzung und Wirtschaftlichkeitsprüfung.

Methoden der Aufwandsschätzung

Ehe wir bei einem Projekt über Termine reden und Ressourcen und Budgets anfordern, sollten wir unsere Hausaufgaben gemacht haben. Was damit gemeint ist, können wir mit unserer Navigationshilfe (Kap. 21) schnell feststellen: Unmittelbar vor der Termin- und Ressourcenplanung erfolgt die Schätzung des erforderlichen Projektaufwands. Dabei ist der Bedarf an Maschinen und Material in der Regel schnell geklärt, während die Ermittlung des Personalaufwands oft sehr schwierig ist. Gerade hier gibt es zum Zeitpunkt der Basisplanung jede Menge Fragezeichen.

Um so wertvoller sind deshalb Schätzverfahren, die uns helfen, auf möglichst einfache Weise zu genügend zuverlässigen Planwerten zu kommen. Für technische Aufgabenstellungen, insbesondere Projekte im Bereich der Information und Kommunikation, stehen inzwischen zahlreiche Methoden zur Verfügung[1], die ich hier nicht alle im Einzelnen aufzählen möchte. Stattdessen werde ich eine Gruppe von *Aufwandsschätzverfahren* darstellen, in der wir für Projekte beliebigen Typs und jeder Größenordnung eine Lösung finden können: die Expertenschätzungen. Unabhängig jedoch von der Wahl des Verfahrens gilt:

Ein sorgfältig erarbeiteter Projektstrukturplan und ein gutes Phasenkonzept sind die „halbe Miete" bei der Aufwandsschätzung.

Die „Familie" der *Expertenschätzungen* besteht aus den folgenden vier Mitgliedern[2]:

- Einzelschätzung
- Mehrfachbefragung
- Delphi-Methode
- Schätzklausur

Wie der Name dieser Methodengruppe vermuten lässt, werden in allen vier Fällen Experten befragt, also Leute, die nicht nur Fachwissen, sondern vor allem langjährige Erfahrung aus dem jeweiligen Projektumfeld mitbringen.

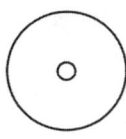 Bei der *Einzelschätzung* werden die Schätzwerte allein von einer Person bestimmt. Weil dies schnell und kostengünstig abläuft, wird es auch in allzu vielen Fällen so gemacht. Die Nachteile liegen aber auf der Hand: Ein Einzelner, auch ein guter Fachmann, wird nicht immer an alle Besonderheiten des Projekts denken; es gibt zu seinem Urteil kein Gegengewicht und keine Überprüfung.

 Bei der *Mehrfachbefragung* hingegen geben mehrere Personen ihr Votum ab: den geschätzten Aufwand pro Arbeitspaket, bezogen auf Projektstrukturplan beziehungsweise Planungsmatrix, die allen Befragten vorliegen. Anschließend wird der jeweilige Mittelwert gebildet, eventuell nachdem vorher die Extremwerte gestrichen wurden. Die Befragten sollten möglichst aus verschiedenen Fachbereichen kommen, und es sollte nicht jeder von ihnen an dem Projekt beteiligt sein, für welches die Schätzung durchzuführen ist. Auch bei kleineren Vorhaben ist das Befragen von wenigstens zwei oder drei Fachleuten sicherlich der Einzelschätzung vorzuziehen. Die geringere Fehlerquote rechtfertigt den höheren Aufwand. Dieser hält sich auch dadurch in Grenzen, dass die Befragten nicht an einem Ort zusammenkommen müssen, vielmehr führt jeder für sich seine Schätzung durch und liefert die Ergebnisse an den Projektleiter.

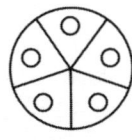 Demgegenüber treffen sich bei der *Delphi-Methode* die Experten in einem Workshop. Sie führen auch hier getrennt voneinander ihre Schätzung durch. Anschließend fasst ein Koordinator die Einzelergebnisse zusammen und eröffnet eine neue Runde: Er legt allen Beteiligten seine Zusammenfassung vor, und zwar einschließlich einer Erläuterung der Werte, jedoch in anonymer

Form. Danach vergleicht jeder seine alten Schätzwerte mit dem Gesamtergebnis und gibt dann seine neuen Zahlen an den Koordinator. Diese Prozedur wird, je nach Abweichung der Werte voneinander, mehrfach wiederholt. Erst am Ende werden Mittelwerte gebildet.

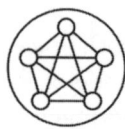 Noch etwas aufwändiger ist die *Schätzklausur*. Bei ihr diskutieren die Experten offen darüber, warum etwa bei einem bestimmten Arbeitspaket völlig unterschiedliche Schätzwerte abgegeben wurden. Neben der hohen Genauigkeit der Schätzergebnisse besteht der Vorteil dieser Methode darin, dass am Ende die Beteiligten meist geschlossen hinter dem Gesamtergebnis stehen.

Die zuletzt aufgeführte Methode ist nach meiner Erfahrung gerade für mittelgroße Projekte sehr gut geeignet. Deshalb möchte ich im folgenden Abschnitt die wichtigsten Punkte auflisten, die beim Anwenden dieses Verfahrens zu beachten sind.

Ablauf einer Schätzklausur

1. Unterlagen bereitstellen: Projektstrukturplan, Phasenkonzept
2. Auswahl und Einladung der Experten
3. Durchführung
   a) Spielregeln vereinbaren
      - *Schätzintervall* festlegen: Wie groß darf die prozentuale Abweichung des Maximal- oder Minimalwerts vom Mittelwert sein?
      - Art der Schätzung definieren; z. B.: Es wird nur der Netto-Aufwand geschätzt, ohne Anteile für Administration und Koordination
   b) Schätzung pro Arbeitspaket und pro Phase des Projekts durch jeden Teilnehmer der Klausur
   c) Falls die Werte nicht alle innerhalb des Schätzintervalls liegen: Diskussion und neue Schätzung
   d) Mittelwerte bilden
4. Nachbereitung
   a) Summenbildung
   b) Risikozuschlag sowie Zuschläge für Administration und Koordination.

Wirtschaftlichkeitsprüfung

Stellen wir uns einmal die folgende Situation in einem Projekt vor: Die Projektvorstufe (vgl. Kapitel 16) ist abgeschlossen, das heißt, der Basisplan einschließlich Aufwandsschätzung ist komplett, und der Projektantrag wird gestellt. Für den Investor des Vorhabens geht es jetzt, bevor er das Budget freigibt, um die Frage der Wirtschaftlichkeit, also eine Gegenüberstellung von Kosten und Nutzen oder von eingesetztem Kapital und Gewinn. Auch ohne eine kaufmännische Ausbildung ist dies jedem geläufig, der ein neues Auto kaufen oder ein Eigenheim bauen will. Dennoch ist eine kurze Klärung der für unser jetziges Thema wichtigsten Begriffe sicher nützlich:

Gewinn = Ertrag – Aufwand

Mit dem Aufwand in einem Projekt haben wir uns im vorigen Abschnitt gründlich auseinandergesetzt. Der Ertrag sollte nicht verwechselt werden mit dem Erlös oder dem Umsatz, vielmehr müssen wir den Erlös um die Bestandsveränderungen berichtigen. Wenn beispielsweise der Bestand sich verringert hat, ist auch der Ertrag dementsprechend geringer anzusetzen. Weitere Kennziffern sind:

Wirtschaftlichkeit = Ertrag : Aufwand

und

Rentabilität = (Gewinn : Kapital) · 100 (%)

Während der Begriff der Kosten kaum einer Erläuterung bedarf, ist dies beim Nutzen schon etwas anders. Gerade im Projektgeschäft geht es nicht immer nur um den quantitativen, also den in Euro oder Dollar zu messenden Nutzen, sondern auch um den qualitativen Anteil, beispielsweise Verbesserung des Firmenimages oder Erhöhung des Bekanntheitsgrades. Auch wenn dies vielen „Erbsenzählern" ein Gräuel ist: Anders als im Tagesgeschäft ist bei der Entscheidung für oder gegen die Durchführung eines Projekts eben nicht nur Pragma, sondern auch Spirit im Spiel.

Um die Wirtschaftlichkeit eines Projekts zu prüfen, gibt es eine Reihe von Möglichkeiten. Die Grafik auf der nächsten Seite gibt einen Überblick über die gängigsten Methoden:

▶ Für viele kleine und mittlere Projekte, auch im privaten Bereich, eignet sich die *Nutzwertanalyse*, die ich Ihnen absolut empfehlen kann, weil sie mir schon oft geholfen hat; vor allem dann, wenn es überwiegend um qualitativen Nutzen ging, z. B. bei der Bewertung mehrerer

Alternativen vor einem Berufswechsel oder vor der Entscheidung für ein Studienfach bzw. eine Hochschule. Falls Sie diese Methode einmal ausprobieren wollen, sollten Sie sich im Internet zunächst nur über die „einfache Nutzwertanalyse" informieren.

▶ In vielen Fällen – denken wir einmal an Bau-, Reorganisations- oder Entwicklungsprojekte – wird aber ein nutzenorientiertes Verfahren nicht ausreichen, es wird allenfalls als Ergänzung zu einer kostenorientierten Methode genommen. Eine von mehreren Möglichkeiten, zudem eine sehr einfache, ist hierbei die *Kostenvergleichsrechnung*. Dabei vergleicht man die Kosten mehrerer Alternativlösungen miteinander und wählt die kostengünstigste aus. Dies macht selbstverständlich nur dann Sinn, wenn mit jeder Alternative der gleiche Ertrag zu erzielen ist.

▶ Wenn diese Voraussetzung nicht gegeben ist oder auch nur eine einzige Lösung zu bewerten ist, bietet sich die *Amortisationsrechnung* an. Mit ihr wird ermittelt, in welchem Zeitraum das investierte Kapital auf Grund der Erlöse vollständig zurückgeflossen ist.

▶ Bei der *Rentabilitätsrechnung* werden in der oben aufgeführten zugehörigen Gleichung die Durchschnittswerte von Gewinn und gebundenem Kapital genommen. Rentabel ist ein Projekt demnach, wenn das so erhaltene Ergebnis über einem Mindestwert liegt, welcher vom Kapitalgeber festzulegen ist.

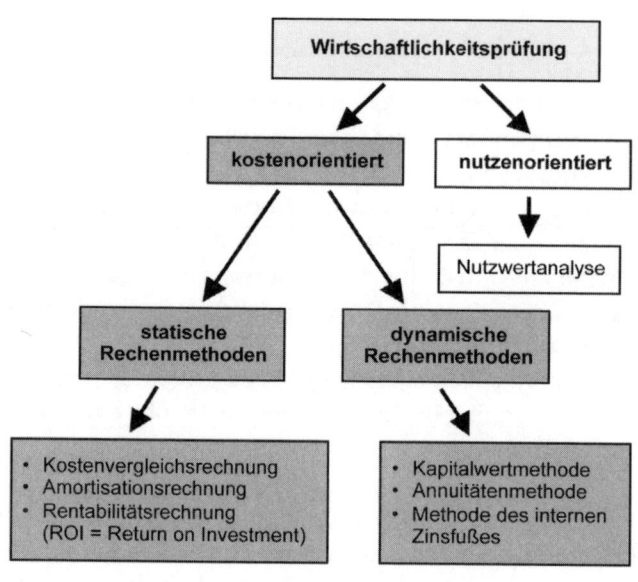

Methoden der Wirtschaftlichkeitsprüfung

Die drei letztgenannten Verfahren haben eine entscheidende Schwäche: Ihnen allen liegen statische Betrachtungen zugrunde, der Zinseszinseffekt wird nicht berücksichtigt. Nehmen wir einmal an, ich bringe ein Projekt innerhalb eines halben Jahres „über die Bühne", nach einem weiteren halben Jahr habe ich das investierte Geld über Erträge aus diesem Projekt wieder eingespielt und anschließend mache ich noch einige Jährchen weiteren Gewinn – dann habe ich sicher nichts verkehrt gemacht. In diesem Fall wird eine Amortisationsrechnung, möglicherweise in einer halben Stunde auf ein Blatt Papier gebracht, völlig ausreichen. Bei lang dauernden Produktentwicklungen mit ebenfalls langem Lebenszyklus des Produkts ist hingegen die Anwendung einer „dynamischen Rechenmethode" unverzichtbar.

Zu sehr aussagekräftigen Ergebnissen kommt man beispielsweise mit der Methode des *internen Zinsfußes*, auch *Marginalrenditerechnung* genannt. Hierfür muss man jedoch, wie bei allen dynamischen Verfahren, eine deutlich längere Bearbeitungszeit in Kauf nehmen. Stark vereinfacht kann man dieses Verfahren auf die folgende Frage aus der Sicht des Investors zurückführen: Wenn ich in das Projekt X einen Geldbetrag Y investiere, wird mir dies auf mittlere Sicht, sagen wir innerhalb von drei Jahren, mehr einbringen, als wenn ich den gleichen Betrag Y bei meiner Bank anlege? Und es muss schon wesentlich mehr sein, denn das Projekt kann scheitern – eher als die Bank Pleite macht. Genauere Hinweise zu diesen Themen findet man bei Burghardt, Burke und Litke[3].

Unter den Abschnitt „Wirtschaftlichkeitsprüfung" möchte ich folgende Fußnote als Warnung an jeden Projektteamchef setzen:

Es ist eine Eselei, sich als Projektleiter eine Last
aufbürden zu lassen, die andere zu tragen haben.

Schauen wir uns, um das Gesagte deutlicher zu machen, noch einmal das SAMBA-Bauprojekt aus Kapitel 22 an. Die Projektleiterin Petra ist dafür verantwortlich, dass mit dem bereit gestellten Budget alle Baumaßnahmen zum geplanten Termin beendet werden, und ebenso dafür, dass das Sportfest zu einem Erfolg wird. Ob der Bau der Sportanlage sich für ihren Verein langfristig rechnet – dafür ist sie nicht verantwortlich! Diese Frage nämlich war Gegenstand der bereits durchgeführten Vorstudie. Nehmen wir an, ihr Kollege Bodo hat dieses Vorstudienprojekt geleitet, dann trägt er die Verantwortung für die Qualität seiner Projektergebnisse, also auch hinsichtlich der Berechnungen zur Wirtschaftlichkeit.

Damit ich nicht falsch verstanden werde: Selbstverständlich darf ich als Projektleiter nicht alle Ereignisse und Daten nur durch die fachliche Brille betrachten – also fixiert auf wissenschaftliche, technische oder künstlerische

Gesichtspunkte. Im Interesse des Auftraggebers muss ich sorgsam mit meinem Budget umgehen, aber dies ist etwas anderes als die Prüfung der Rentabilität.

Die Budgetplanung und -kontrolle ist Gegenstand des übernächsten Kapitels. Zunächst jedoch werden wir uns mit einem anderen, ebenso wichtigen Thema beschäftigen: mit den Projektrisiken.

35 Risikomanagement nach der DAFFODIL-Methode

Jedes Projekt ist ein Wagnis, und Wagnis heißt Risiko. Es geht also lediglich um die Frage: Wie gehe ich damit um? Nun, fürs Projektgeschäft gilt wie fürs Privatleben: In dem Moment, wo ich mit dem Schlimmsten rechne, im wahren Sinne des Wortes, habe ich die Bedrohung berechenbar gemacht, und im Ernstfall bin ich gewappnet.

Erinnern Sie sich noch an das Spiralmodell aus Kapitel 19? Selbst wenn Sie sich in Ihrem Projekt ansonsten kaum an dieses Schema halten, können Sie dem Modell eine wertvolle Anregung entnehmen; es ist die erste und fast wichtigste Regel zum Thema Projektrisiken:

Führen Sie nach der Klärung der Ziele und Rahmenbedingungen Ihres Projekts unverzüglich eine erste Risikoanalyse durch und überarbeiten Sie diese danach zu Beginn jeder Projektphase.

Die Notwendigkeit der regelmäßigen Überarbeitung hat einen einfachen Grund: Im Verlauf der Projektabwicklung erledigen sich gewisse Gefahrenpunkte; andere kommen durch organisatorische oder technologische Veränderungen neu hinzu oder treten erst zu Tage, wenn die Arbeitspakete einer neu beginnenden Phase genauer durchdacht und geplant werden.

Eventuell eintretende Stör- und Schadensfälle im Vorhinein erfassen, ihre Tragweite abschätzen und sich Maßnahmen ausdenken, um ihnen zu begegnen – das ist ein typischer Fall von Problemlösung und damit eine Situation, in der uns die DAFFODIL-Methode helfen kann:

(D) Dämme bauen

Bevor Sie anfangen, sich mit Ihrem Team Gedanken über Störfälle im Projekt zu machen: Besorgen Sie sich einen störungsfreien Raum!

(A) Akkumulieren

An Hand einer Planungsmatrix, also bezogen auf die Arbeitspakete und Projektphasen, sind möglichst viele Risiken aufzuspüren. Dies gelingt einer

Gruppe stets besser als einem Einzelnen, der allein am Schreibtisch über seinen Unterlagen brütet. Als Techniken bieten sich Brainstorming oder Delphi-Methode an. Hilfreich ist dabei stets eine Checkliste der *Risikotypen*:

► Organisatorisch-strukturelle Risiken
► Technische Risiken
► Wirtschaftliche Risiken
► Politisch-gesellschaftliche Risiken
► Psychologische Risiken

(F) Filtern

Jedem Risiko wird ein *Risikorang* (A, B oder C) zugeordnet, am besten gemäß der folgenden Portfolio-Grafik:

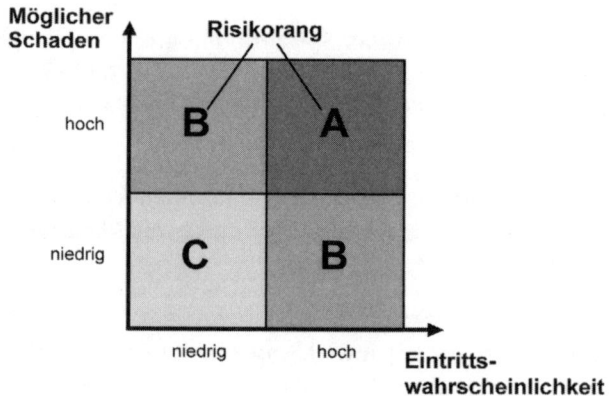

(F) Fokussieren

Als Leiterin oder Leiter eines Projekts müssen Sie den Blick Ihrer Kolleginnen und Kollegen immer wieder auf das Projektziel richten. Um dieses Ziel zu erreichen, wird die Risikoanalyse durchgeführt, nicht um ihrer selbst willen. Kein Mensch interessiert sich dafür, auf wie vielen Seiten Sie die Projektrisiken beschrieben haben. Was zählt, ist der erfolgreiche Projektabschluss – trotz vorhandener Risiken.

(O) Organisieren

Als nächster Schritt erfolgt das Erstellen eines *Maßnahmenkatalogs*. Dieser kann einen ähnlichen Aufbau haben wie die To-Do-Liste in Kapitel 29. Hierbei wird es sowohl vorbeugende Maßnahmen geben als auch solche, die erst bei

Eintreten des jeweiligen Störungsfalls zu ergreifen sind. Auch diese aber sollten schon im Vorfeld klar definiert und genügend vorbereitet sein.

Bei Risiken vom Rang A ist möglicherweise ein Bündel von Maßnahmen nötig. Auch die B-Risiken erfordern handfeste Aktionen, der Aufwand sollte hier jedoch nicht übertrieben hoch sein. Bei Rang C können wir fast immer das Etikett „Restrisiko" verwenden, d. h. wir nehmen den letzten DAFFODIL-Schritt vorweg: kommen lassen. Allerdings, ein C-Risiko kann bei einer erneuten Risikobetrachtung zu einem späteren Zeitpunkt zum B- oder A-Risiko werden.

(D) Delegieren

Dieser Schritt ist ein Teil des vorherigen. Im Maßnahmenkatalog wird festgelegt, wer bis wann die jeweilige Aktivität zu erledigen hat.

(I) Initiieren

Bei diesem Punkt kann ich auf Kapitel 31 verweisen: Der Teamchef sollte bezüglich der beschlossenen Maßnahmen nachfragen, nachhaken, Anstöße geben.

(L) Lassen

Wenn alle obigen Schritte erledigt sind, ergibt weiteres Grübeln keinen Sinn. Unsere Ergebnisse heften wir in einem Ordner ab und lassen ihn getrost im Regal – bis zur nächsten Risikomanagement-Runde beziehungsweise bis ein wirklicher Störfall eintritt.

36 Kostenkontrolle:
Sei gut zu deinem Geld – vor allem, wenn's nicht dein eigenes ist

Das Geld, das man besitzt, ist ein Mittel zur Freiheit;
das Geld, dem man hinterher jagt, ein Mittel zur Knechtschaft.
Jean-Jacques Rousseau

Wir werfen zu unserer Orientierung noch einmal einen Blick auf das Diagramm „Basisplanung im Projekt" (Kap. 21) und stellen fest: Nachdem wir die Aufwandsschätzung abgehandelt haben, können wir nun unseren Kostenplan erstellen.

Sinn und Zweck jeder Kostenplanung, ob im Projekt oder im normalen Tagesgeschäft, ist selbstverständlich, sich unliebsame Überraschungen zu ersparen. Vom Grundsatz her läuft es hier wie bei den Terminen und beim Personaleinsatz: Wenn ich einen Plan gemacht habe, nach dem alles funktionieren könnte, wird der spätere tatsächliche Verlauf zwar irgendwann einmal von diesem Plan abweichen; bei einem regelmäßigen Vergleich von Plan- und Ist-Werten werde ich dies jedoch frühzeitig feststellen und kann entsprechende Maßnahmen ergreifen.

Wer ohne einen ernst zu nehmenden Plan in eine riskante Sache einsteigt, beweist, dass er ein Abenteurer, ein Faulpelz oder ein Einfaltspinsel ist, wobei Kombinationen aus diesen drei Sonderangeboten nicht ungewöhnlich sind. Auf jeden Fall kann ein solcher „Experte" im Voraus nicht wissen, ob es bei der betreffenden Sache überhaupt eine Erfolgschance gibt. Er hat sich nicht die Mühe gemacht, das Ganze einmal auf dem Papier oder im Kopf sauber durchzurechnen.

Dreh- und Angelpunkt der Kostenplanung ist die Zuordnung von Kostenpaketen zu Verursachern, so dass sich im Fall einer Fehlentwicklung rasch die Quelle der Störung einkreisen lässt. Dabei wird zunächst einmal nach *Kostenarten* unterschieden: Personal, Material, Dienstleistungen etc.. Ferner wird in jeder größeren Firma oder öffentlichen Organisation eine Aufteilung der Kosten nach Funktionsbereichen und Abteilungen vorgenommen, bei größeren Unternehmen wird entsprechend weiter untergliedert bis hin zu den sogenannten *Kostenstellen*.

Letzteres aber macht bei Projekten nicht viel Sinn, da es hier keine dauerhaften Organisationseinheiten gibt. Hingegen wird in einem Betrieb, in dem ständig zahlreiche Projekte parallel in Arbeit sind, üblicherweise ein Projekt, eventuell auch ein Teilprojekt oder ein Arbeitspaket, als *Kostenträger* betrachtet – eine ähnliche Vorgehensweise wie in einem Fertigungs- oder Dienstleistungsunternehmen, welches die anfallenden Kosten auf seine Produkte umrechnet. Daraus ergibt sich wiederum eine Unterteilung in:

- *Einzelkosten* (direkte Kosten), die einem Kostenträger, also beispielsweise einem bestimmten Arbeitspaket, direkt zugeordnet werden können, sowie
- *Gemeinkosten* (indirekte Kosten), bei welchen dies nicht möglich ist, z. B. die Nutzung von zentralen Diensten oder Hardware/Software.

Inwieweit bin ich von all diesen Überlegungen nun betroffen, wenn ich die Leitung eines Projekts übernehme? Das hängt von der Größe des Projekts ab:

- Ein Großprojekt können wir als eine Firma auf Zeit betrachten, in der es neben Kostenarten auch Kostenträger gibt, nämlich die verschiedenen Teilprojekte. In der Regel werden bei einem Großvorhaben auch Kostenstellen festgelegt.
- Der Leiter eines kleineren Projekts hat normalerweise mit Kostenstellen wenig am Hut. Beim Projektstart weiß er, wie viel Geld ihm für die Abwicklung aller notwendigen Arbeiten zur Verfügung steht. Und er muss mit diesem Geld (in den meisten Fällen OPM = other people's money[4]) so wirtschaften, dass es für die Erreichung des Projektziels ausreicht. Der finanzielle Spielraum wird minimal, wenn Auftraggeber und Auftragnehmer des Projekts getrennte Firmen sind und miteinander einen *Werkvertrag* geschlossen haben; dies bedeutet, der Auftragnehmer hat ein zuvor klar definiertes „Werk" – ein Gebäude, ein Softwaresystem, einen Werbefilm etc. – zu einem vereinbarten Festpreis zu erstellen. Anders ist es im Fall des *Dienstvertrags*, bei welchem nach Aufwand gezahlt wird.

Bei allen Unterschieden, die sich aus ungleichen Projektvolumina ergeben, ist es in jedem Projekt notwendig und sinnvoll, das Gesamtbudget auf die einzelnen Vorgänge herunter zu brechen, welche laut Vorgangstabelle und Netzplan (vgl. Kapitel 23) festgelegt sind.

Bei größeren Vorhaben ist dies ein Job für den Teilprojektleiter oder Subunternehmer. Das passende Beispiel hierzu liefert uns das SAMBA-Bauprojekt aus Kapitel 22, wo Baufirma und Sportgeräte-Lieferant jeweils ihre eigenen Kostenpläne erstellen. Während der Projektabwicklung wird dann ein regelmäßiger Plan/Ist-Vergleich durchgeführt, und bei Abweichungen muss der Projektleiter steuernd eingreifen.

Das alles ist deshalb so wichtig im Projektgeschäft, weil es hier nichts bringt, nach Monaten oder Quartalen zu planen. Was für einen Linienmanager üblich ist, wird für einen Projektleiter schnell zur Gefahr:

Als Abteilungsleiter habe ich Quartalsberichte im Kopf, als Projektleiter muss ich „in Meilensteinen denken".

Angenommen, Sie sind der Auftraggeber für den Bau eines Einfamilienhauses. Nachdem genau die Hälfte der veranschlagten Projektdauer verstrichen ist, teilt der Projektleiter, ein Mitarbeiter der beauftragten Baufirma, Ihnen eine „frohe Botschaft" mit: Obwohl 50% der Zeit abgelaufen ist, sind erst 35% des Projektbudgets verbraucht worden. Vermutlich werden Sie entgegnen: Dies ist weder eine gute noch eine schlechte Nachricht, sondern überhaupt keine. Was Sie sehen wollen, ist ein Vergleich von Plan- und Istwerten. Denn selbstverständlich ist das Budget eines Projekts niemals gleichmäßig über alle Projektphasen verteilt. In aller Regel ist der Aufwand zu Beginn nicht so hoch wie im späteren Verlauf.

Ihr Projektleiter zeigt sich aber keineswegs irritiert. Er ist auf ihre Reaktion vorbereitet und präsentiert Ihnen lächelnd das folgende Diagramm, in welchem der Status am Ende der Phase 2 dargestellt wird

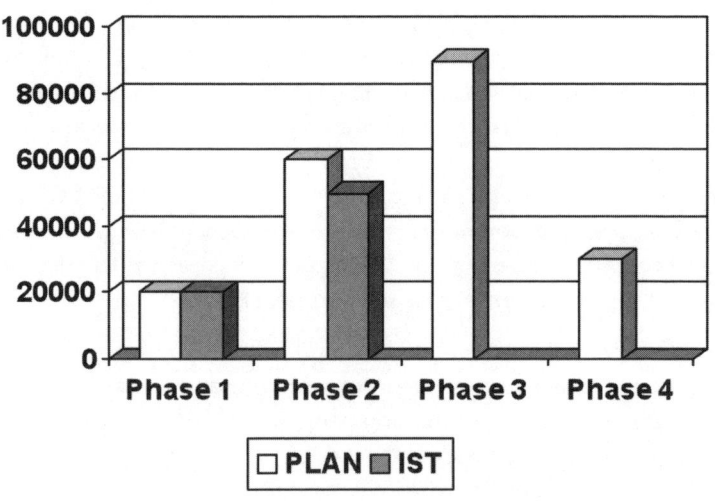

PLAN-IST-Vergleich der Kosten
ohne Berücksichtigung des Projektfortschritts

Der treuherzige Kommentar des Projektleiters zu diesem Bildchen lautet: „Wie Sie sehen, haben wir gut gewirtschaftet. In der ersten Phase lief es mit den Kosten genau nach Plan, in Phase 2 haben wir sogar weniger ausgegeben als geplant. Insgesamt fielen bisher Kosten in Höhe von 20.000 Euro plus 50.000 Euro an; es wurden also nur 70.000 Euro von den 200.000 Euro des Gesamtbudgets verwendet."

Wenn Sie als Bauherr sich jetzt zufrieden geben, haben Sie einen Riesenfehler gemacht. Ihr Gesprächspartner war nämlich so geschickt, den Projektfortschritt aus dem Spiel zu lassen. Und er weiß, dass Sie lange nicht mehr selbst auf der Baustelle waren, weil Sie dazu von Ihrem jetzigen Wohnort aus 1200 km Luftlinie zurückzulegen haben.

Sie als Finanzier des Projekts wissen somit nicht, dass die Phase 2 noch gar nicht abgeschlossen ist, denn der in dieser Phase zu erstellende Rohbau ist erst zu 50% fertig! Im Klartext: Es wurden zwar nur 50.000 von den vorgesehenen 60.000 € in Phase 2 ausgegeben, aber erst die Hälfte aller Arbeiten ist erledigt.

Um solche Art von Augenwischerei, sei es auch ungewollt, im Projekt zu vermeiden, empfiehlt es sich, mit *Kosten-Termin-Diagrammen* zu arbeiten. Schauen wir uns das folgende Beispiel an[5]:

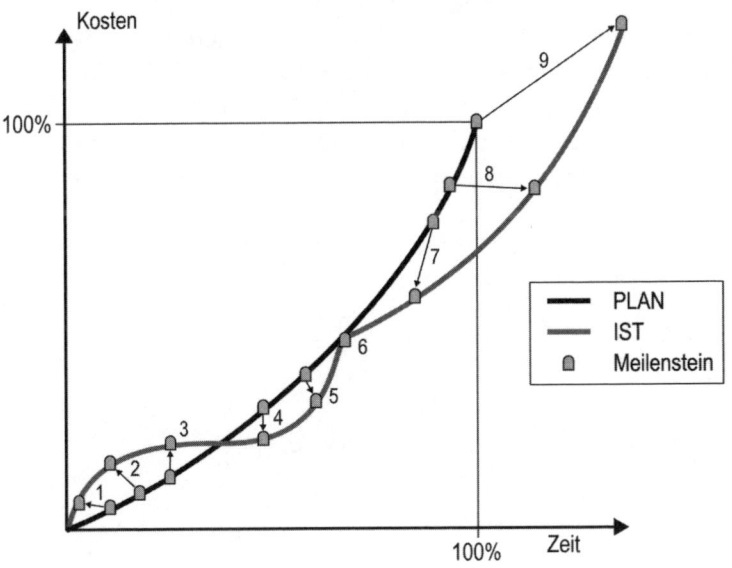

Kosten-Termin-Diagramm

In dieser Darstellung werden zwar, ähnlich wie in der vorangehenden Grafik, die IST-Kosten den PLAN-Kosten gegenübergestellt, allerdings mit folgenden Erweiterungen:

- Sowohl der PLAN- als auch der IST-Kurve liegen die aufaddierten Kosten zu Grunde.
- Auf beiden Kurven sind die Meilensteine des Projekts, durchnummeriert von 1 bis 9, markiert.
- Hierdurch lässt sich für jeden der neun Meilensteine ohne Schwierigkeit der Status ablesen, und zwar bezogen auf Kosten, Zeit und vor allem Projektfortschritt:
  - Meilenstein 1 wird vorzeitig erreicht, die Kosten
    sind „im grünen Bereich"
  - Meilenstein 2: Kosten über Plan, Termin unterschritten
  - Meilenstein 3: Kosten überplanmäßig, Termin eingehalten ... usw..
  Nur bei Meilenstein 6 liegen Kosten und Termin im Plan.

Falls Sie im Rahmen eines größeren Vorhabens besonders effiziente Werkzeuge zur Analyse des Projektfortschritts benötigen, sollten Sie einmal recherchieren in Richtung EVM (Earned-Value-Methode), aus welcher sich die Indizes SPI und CPI (Scheduled bzw. Cost Performance Index) ergeben; diese kann man dann in einem Diagramm gegenüberstellen.

Voraussetzung für eine wahrheitsgetreue Wiedergabe des Projektfortschritts ist in jedem Fall eine Qualitätsprüfung, sprich Abnahme der jeweiligen Teilergebnisse, durch einen sachkundigen Dritten. Qualität aber ist das Stichwort für unseren Abschlussblock: „Oben bleiben" ist wichtig, wenn man die ersten Erfolge erzielt hat – im Profisport wie im Projektgeschäft.

OBEN BLEIBEN

Qualitätssicherung und Controlling im Projekt

37 Qualität – gute Ware für gutes Geld

Ein wenig Nachhilfeunterricht im Fach „Qualität" hat noch niemandem geschadet, auch nicht einem der großen Pioniere des Automobilbaus[1]:

Henry Ford und die Qualitätsfrage

Als Ford einmal über Land fuhr, sah er am Straßenrand einen Ford-Wagen, dessen Fahrer verzweifelt versuchte, ihn wieder in Gang zu bringen. Der Automobilkönig hielt an, warf einen kurzen Blick in den Motorraum und beseitigte den Fehler zum Erstaunen des Fahrers mit wenigen routinierten Handgriffen.

Darauf bekam er zwei Dollar Trinkgeld in die Hand gedrückt. Ford gab das Geld lachend zurück: „Besten Dank, aber ich bin in leidlich guten Verhältnissen." „Ja, Mensch", rief der Autofahrer, „warum fahren Sie dann einen Ford?"

Zur Frage, was unter Qualität zu verstehen ist, gibt es eine förmliche und sehr allgemein gehaltene DIN-Antwort:

Qualität (DIN 55350)

Die Gesamtheit von Eigenschaften und Merkmalen eines Produkts oder einer Tätigkeit, die sich auf deren Eignung zur Erfüllung gegebener Erfordernisse bezieht.

Um die Sache ein wenig anschaulicher zu gestalten, habe ich mir einige Fallbeispiele ausgedacht, die auf der folgenden Seite tabellarisch aufgeführt werden. Wie Sie sehen, ist alles ganz einfach: Wenn sich Qualitätsmängel häufen, gibt es Ärger. Ein Hollywoodkonzern kann ebenso pleite machen wie eine Würstchenbude, komplette Abteilungen können aufgelöst oder aus der Firma ausgegliedert werden. Möglicherweise gehen dabei Arbeitsplätze verloren, Know-how wandert ab oder, wie im Beispiel DDR oder Sowjetunion, ein ganzes Staatsgefüge bricht zusammen.

Fast immer kommt beim Thema Qualität die Untersuchung der Prozesse zu kurz. Mängel in der Produktqualität, ob bei Frankfurter Würstchen oder bei der Vorlesung eines Universitätsprofessors, sind letztlich nur Symptome. Die wahren Ursachen dieser Mängel sind bei den oft komplizierten Abläufen zu suchen – in der Entwicklung und Herstellung des Produkts oder im Bereich der Kundenbetreuung. Allzu oft gibt es verkrustete Strukturen, Behäbigkeit und Selbstzufriedenheit statt Innovation, Originalität und Liebe zum Detail. Also, öfter mal die alten Trampelpfade in Frage stellen, neue Wege finden und neuartige Fahrweisen ausprobieren. Das aber heißt nichts anderes als: mehr Projekte machen.

Kunde	Lieferant	Falls der Kunde unzufrieden ist, kann er ...
Würstchenkäufer	Würstchenbude	Bude wechseln, in ein Restaurant gehen, Obsttag einlegen, selber kochen
Kinobesucher	Filmproduzent	Film bzw. Kino wechseln, alte Filme im Fernsehen anschauen, ins Theater gehen, ein Buch lesen, selber filmen
Student	Professor	Professor bzw. Uni wechseln, bummeln bzw. Studium abbrechen (→ Folgekosten!)
Marketingabteilung der Firma Y	Abteilung für Softwareentwicklung der Firma Y	Software von Fremdfirma entwickeln lassen, Standardsoftware kaufen, Problem ohne neue Software lösen
Bürger	Behörde	Beschwerde bei höherer Instanz einlegen, über Zeitung oder Fernsehsender Missstand publik machen, auswandern

Kundenreaktion bei schlechter Qualität

Die nachstehenden drei Definitionen machen deutlich, wie schwierig es ist, den Qualitätsbegriff kurz und bündig zu umschreiben[2].

Qualität

Fehlerfreiheit eines Produkts   (Thaller)
Kundenzufriedenheit   (DATEV)
Erfüllung von Anforderungen   (Weinberg)

Ich finde, die Thaller-Erklärung ist nicht ganz vollständig, denn sie erfasst nur die Frage der Verifikation, nicht die der Validation (vgl. Kap. 19). Die DATEV-Lösung halte ich für die pointierteste, und die Weinbergsche, die ja der DIN-Definition sehr nahe kommt, für die praktischste Beschreibung, bezogen aufs Projektgeschäft: Als Auftragnehmer sollte ich den Auftraggeber schon beim ersten Gespräch höflich, aber bestimmt darauf hinweisen, dass seine Anforderungen vollständig, unmissverständlich und schriftlich zu umreißen sind, am besten in Form eines Lasten- und eines Pflichtenheftes (vgl. Kap. 16).

Das bedeutet, dass auch der Kunde in Sachen Qualität gefordert ist, nämlich bei der Auftragsformulierung. Und dazu braucht er kompetente Unterstützung, beispielsweise durch neutrale Experten. Wenn ich als Auftragnehmer dann mein Produkt liefere, haben wir beide, der Kunde und ich, eine vernünftige Basis für die Überprüfung der Produktqualität.

Auch nach der Klärung der Projektanforderungen mit dem Auftraggeber muss ein Projektleiter neben den Kosten und den Terminen die Qualität fest im Blick behalten. Auf professionelle Weise wird dies gelingen, wenn ein Projektqualitätsplan erstellt wird.

Der Projektqualitätsplan

Diese Aufgabe ist der einzige von allen Schritten der Basisplanung, welchen wir noch nicht im Einzelnen besprochen haben. Die Abbildung „Basisplanung im Projekt" (Kap. 21) macht aber deutlich, dass dieser Schritt keineswegs am Ende der Abfolge steht.

Vielmehr sind die im Projektqualitätsplan beschriebenen Maßnahmen zur Qualitätssicherung (QS) als Teil der Projekttätigkeiten zu sehen, d. h. sie gehen ein in die Aufwandsschätzung, die Vorgangstabelle und damit in die Kosten-, Termin- und Ressourcenplanung. Als Faustregel für Projekte der Informationstechnik gilt: circa 15 Prozent des Gesamtaufwands sind für die Summe aller QS-Aktivitäten anzusetzen.

Typische Bestandteile eines Projektqualitätsplans sind[3]:

- ▶ Rahmenbedingungen der Qualitätssicherung (QS)
- ▶ Qualitätsziele
- ▶ QS-Organisation: Rollenkonzept, Aufbau- und Ablauforganisation
- ▶ Konstruktive QS-Maßnahmen
- ▶ Analytische QS-Maßnahmen.

Die Grundidee beim frühzeitigen Erarbeiten eines Qualitätsplans ist: Schon beim Projektbeginn soll für alle Beteiligten klar sein, welchen Anforderungen das zu erstellende Produkt genügen soll und auf welche Weise die Güte der Zwischen- und Endergebnisse zu prüfen ist. Aus diesem Grund sind die Qualitätsziele von vornherein festzulegen, und auch für sie gilt die SMART-Regel aus Kapitel 12.

Nachzutragen bleiben ein paar Erläuterungen zu den neu aufgetauchten Begriffen:

- *Qualitätssicherung* (QS) ist der Oberbegriff für alle geplanten und systematischen Tätigkeiten zur Verbesserung der Qualität in einem Projekt; sie ist also immer auf ein einzelnes Projekt bezogen.
- *Qualitätsmanagement* (QM) hingegen ist eine Gesamtführungs- aufgabe im Unternehmen; hierdurch werden projektübergreifend und unternehmensweit die Ziele und Verantwortlichkeiten bezüg- lich Qualität festgelegt.
- *Konstruktive QS-Maßnahmen* (z.B. QS-Startsitzung, Erstellen und Überarbeiten von Checklisten) werden in einem Entwicklungsprojekt im Vorhinein durchgeführt mit dem Ziel, Fehler zu vermeiden.
- *Analytische QS-Maßnahmen* (z. B. Reviews, Tests) erfolgen im An- schluss an die Entwicklung mit dem Ziel, Fehler zu erkennen.

Viele der hier beschriebenen Begriffe und Verfahren gehören ursprünglich zur Welt der Technik. „Projektmenschen" aus den Bereichen Medien, Kunst, Sport oder Po- litik sind jedoch gut beraten, wenn sie bei ihrer täglichen Arbeit die „Toolbox" des ingenieurmäßigen Projektmanagements stets in ihrer Reichweite haben.

Unabhängig von Branche oder Aufgabenstellung werden in jedem Projekt laufend Dokumente erstellt. Spezifikationen, Konzepte und Checklisten sind unverzichtbare Voraussetzungen für erfolgreiche Projektarbeit. Somit ist viel gewonnen, wenn alle Projektdokumente einer strengen Qualitätskontrolle unterworfen werden. Als Richtschnur kann diese Übersicht dienen[4]:

Qualitätsmerkmale für Dokumente

leserfreundlich	→ eindeutig und verständlich
vollständig	→ am besten mit Checklisten zu überprüfen
korrekt	→ widerspruchsfrei, auf aktuellem Stand
modular aufgebaut	→ leicht zu ändern

Mit den Projektdokumenten geht es geradewegs zum nächsten Thema: zur Überwachung des Projektfortschritts und zur Steuerung aller Aktivitäten und Informationsflüsse.

38 Projekte steuern, Informationen kanalisieren

Ein guter Pfad hat keine Spuren.
Eine gute Rede hat keine Schwachstellen.
Eine gute Berechnung benutzt keine Schablonen.
Ein guter Knoten engt nicht ein,
und doch kann niemand ihn lösen.
Laotse

Dass wir Dämme gegen die ständig wachsende Informationsflut bauen müssen und wie dies am besten gelingt, davon war bereits ausführlich die Rede. Ich möchte aber noch einmal die Doppelfunktion in Erinnerung rufen, die ein solcher Damm übernehmen kann, wenn wir die DAFFODIL-Methode anwenden: Einerseits schirmt er uns ab gegen unerwünschte Störungen, andererseits wird er zum Staudamm, hinter welchem zahlreiche Daten angesammelt werden.

Nach dem Herausfiltern des für uns wertvollen Teils der Daten kommt es darauf an, diese Daten zu Informationen zu machen. Der Unterschied zwischen den beiden Begriffen wird oft übersehen, dabei ist der Plot im Grunde recht einfach: Zunächst dürre und unbedeutende Fakten werden erst durch charmante Verknüpfungen plötzlich zur Information. Und ob eine Verknüpfung charmant ist, hängt ab vom Empfänger der Nachricht sowie vom Zeitpunkt der Datenübertragung. Das alles ist für einen guten Detektiv sonnenklar, wahrscheinlich klarer als für manchen mittelmäßigen Informatiker.

Nachdem ich über Jahrzehnte die Entwicklung von Datenverarbeitung und Datenbanksystemen verfolgt habe, finde ich es immer wieder ernüchternd, zu sehen, wie dürftig der Informationsgehalt gewaltiger, weltweit verteilter Datensammlungen ist, die uns mit hochverfeinerten Suchalgorithmen und gigantischen Übertragungsraten höchste Effizienz vorgaukeln.

Projektcontrolling

Und nun zurück zum ganz alltäglichen Projektdschungel. Gerade hier ist das professionelle Steuern von Informationen überlebenswichtig – innerhalb des Projektteams, aber auch an den Nahtstellen zu den übrigen Stakeholdern des Projekts. Beginnen wir mit dem projektinternen Informationsfluss.

Schon in Kapitel 36 haben wir uns intensiv mit der Verfolgung des Projekt-fortschritts beschäftigt, und zwar aus dem Blickwinkel der Kostenkontrolle. Für ein ganzheitliches Projektcontrolling brauchen wir jedoch mehr. Es geht los mit dem Erteilen unmissverständlicher Arbeitsaufträge an die Mitarbeiter und deren Rückmeldungen an den Projektleiter; Musterformulare hierfür finden Sie im Anhang des Buchs. Ein Arbeitsauftrag sollte stets einige Tage vor Beginn der jeweiligen Aktivität erfolgen, die Rückmeldungen braucht der Teamchef spätes-tens am Tag vor dem Jour fixe, der wöchentlichen Teamsitzung.

Hilfreich für alle Beteiligten ist eine tabellarische Übersicht über alle regel-mäßig zu erstellenden Berichte und Dokumente einschließlich der jeweiligen Absender und Empfänger. Im Anhang gibt es ein Beispiel für eine solche Informationsmatrix.

Meilenstein-Trendanalyse

Eine gute Möglichkeit, wichtige Termine zu überwachen, ist die Meilenstein-Trendanalyse (MTA). In der Abbildung auf der nächsten Seite wird diese Tech-nik an Hand eines Beispiels veranschaulicht, und zwar dient das SAMBA-Bauprojekt aus Kapitel 22 hierbei als Grundlage.

Die MTA-Grundidee ist, für jeden Meilenstein den ursprünglichen Plan-termin und dessen anschließende Entwicklung, d. h. die aktuellen Planwerte zum jeweiligen Monatsanfang, grafisch darzustellen. Dazu werden auf der waagerechten Achse die monatlichen Berichtszeitpunkte – in unserem Bei-spiel der 01.08.2011, der 01.09.2011 usw. – abgetragen, während die senk-rechte Achse für die jeweiligen Plantermine steht. Im vorliegenden Schaubild wird dies für die folgenden drei Meilensteine des SAMBA-Bauprojekts (vgl. Kap. 22) durchgeführt:

Meilenstein	Anfang gemäß Basisplan	Ende gemäß Basisplan
(E1.3) Ende Hallen-Innenausbau	26.08.11	14.03.12
(E1.2b) Ende Außenanlage, 2.Teil	26.08.11	04.04.12
(E2.2) Ende Sportgeräte-Installation	17.03.12	24.04.12

In der Grafik auf der nächsten Seite sind die Plantermine bis einschließlich 01.03.2012 eingetragen. Wenn wir uns nun in die Lage der SAMBA-Projekt-leiterin Petra am 1. März 2012 versetzen, stellen wir fest: Es wird langsam ungemütlich, was die Einhaltung der Termine anbelangt.

An den drei MTA-Kurven lässt sich nämlich ablesen:

- Die E1.3-Kurve (quadratisches Symbol) ist noch die erfreulichste, denn ihr Verlauf ist gleichmäßig fallend. Die Prognosen für die Fertigstellung des Hallen-Innenausbaus wurden also immer optimistischer, und schließlich wurde dieser Vorgang auch früher beendet als ursprünglich veranschlagt.

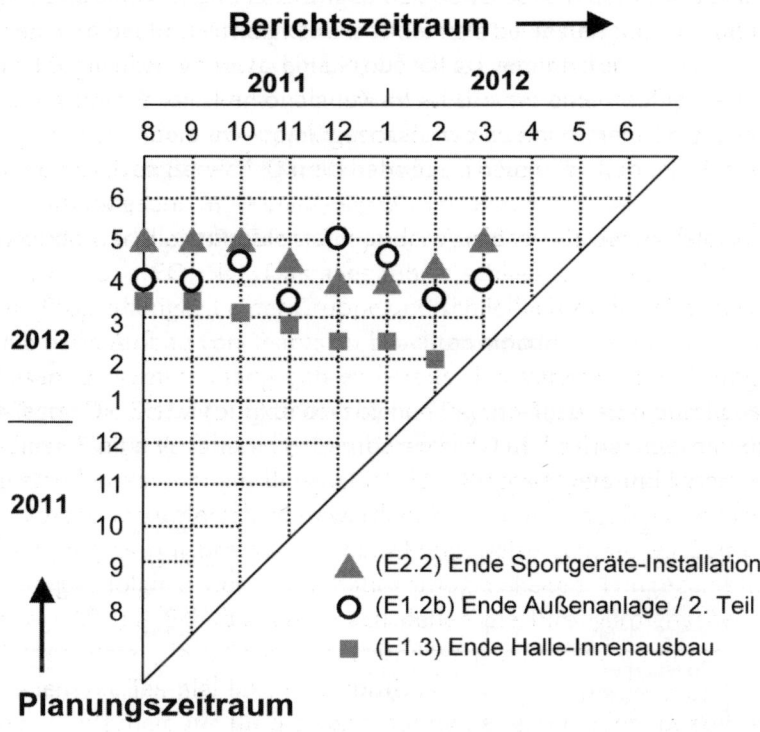

Meilenstein-Trendanalyse für das SAMBA-Bauprojekt

- Der Kurvenverlauf für E2.2 (Dreieck-Symbol) ist zunächst auch fallend, jedoch ist dies kein Kunststück; denn der Beginn der Sportgeräte-Installation liegt zu dieser Zeit noch in weiter Ferne. Weil dieser Vorgang an den Hallen-Innenausbau gekoppelt ist, haben wir hier auch nur einen „Mitläufer-Effekt". Erstaunlicherweise rutschen aber die Plantermine nach oben, kurz bevor es mit diesem Vorgang losgehen soll. Der letzte Plantermin liegt zwar auf der Höhe des ursprünglichen Wertes, dennoch wirkt der Trend bedrohlich.

- Der Zick-Zack-Kurs beim Vorgang „Außenanlage, 2. Teil" ist ebenfalls nicht gerade beruhigend für die Projektleiterin. Bei solchen Schwankungen kommt kein Vertrauen zum verantwortlichen Teilprojektleiter beziehungsweise Subunternehmer auf.

Allgemein lässt sich zum MTA-Verfahren sagen: Es ist einfach zu benutzen, man kann die Zeichnung ohne Weiteres von Hand anfertigen; und durch die einprägsame Darstellung schult sie bei allen Beteiligten das Bewusstsein für Termintreue. Allerdings sollten wir uns stets bewusst machen, dass es sich hier nur um eine bildliche Darstellung der Datumswerte handelt, über die Ursachen eines nicht planmäßigen Kurvenverlaufs wird nichts ausgesagt. Diesbezüglich muss im Einzelfall nachgeforscht werden.

Nehmen wir nun einmal an, es gibt eindeutige Warnsignale im Projekt, sei es durch eine MTA-Grafik, ein Kosten-Termin-Diagramm oder ganz einfach durch die alarmierende Rückmeldung zu einem Arbeitsauftrag. Was ist zu tun?

Projektsteuerungsmaßnahmen

Die folgende Tabelle gibt einen Überblick über die Mittel und Wege, die sich Ihnen anbieten, wenn Sie als Chefin oder Chef eines Projektteams mit Schwierigkeiten zu kämpfen haben[5].

Termine	Kosten	Qualität
Ressourcen umschichten	-	Qualitätsziele überarbeiten
Ressourcen austauschen	Ressourcen austauschen	Qualitätssicherungs-Maßnahmen verstärken
Kapazität auf 100% (Befreien von Nebentätigkeiten)	weniger Personal	zusätzliche Ausbildung der Mitarbeiter
Überstunden	Partner suchen	Experten hinzuziehen
Urlaubssperre	Zukauf von Komponenten oder Know-how	Termin verschieben
Fremdvergabe	Sponsor suchen	Budget erhöhen
Stufenkonzept, Leistungsumfang „abspecken"	Leistungsumfang „abspecken"	-
Termin verschieben	Budget erhöhen	Anforderungen an die Qualität senken

Wenn es Probleme in einem Projekt gibt, beziehen sie sich stets auf eine oder mehrere Ecken des „Magischen Dreiecks" – genau das sind die Spaltenüberschriften in der vorangehenden Maßnahmentabelle.

Einige der aufgeführten Maßnahmen, wie etwa Budgeterhöhung oder „Abspecken" des Leistungsumfangs, kann der Projektleiter nur mit der Einwilligung des Lenkungsausschusses oder anderer Entscheidungsträger durchführen. Bei den meisten von ihnen sollte er zunächst das Gespräch mit den Mitarbeitern beziehungsweise den Teilprojektleitern suchen, denn:

Zu den wichtigsten Instrumenten der Projektsteuerung gehören der Jour fixe, die regelmäßige Teambesprechung, und bei außergewöhnlichen Vorfällen das Einzelgespräch mit dem betreffenden Teammitglied.

Konfigurations- und Änderungsmanagement

Zum „Sargnagel" eines Projekts werden unweigerlich ständige Änderungen der Anforderungen und Ziele während der Projektabwicklung. Im 20. Kapitel („Das Projektboot ...") gab es hierzu bereits die Anregung, einen Änderungskreis (Change Request Board) einzurichten. Zu diesem meist zwei- oder dreiköpfigen Gremium gehört neben dem Projektleiter ein Vertreter des Auftraggebers und eventuell ein neutraler Experte, der jeweils dazu Stellung nehmen kann, inwieweit Änderungswünsche des Kunden sinnvoll, technisch machbar und auch finanzierbar sind.

Was oft hierbei vergessen wird: Es reicht nicht, Personen für die Bearbeitung der Änderungswünsche (Change Requests) zu benennen. Fast noch wichtiger ist es, schon bei Projektstart den Ablauf des betreffenden Entscheidungsprozesses mit allen beteiligten Stellen schriftlich zu fixieren. Zur Verdeutlichung sollte es auch eine entsprechende Grafik geben, beispielsweise in Form eines Programmablaufplans (PAP). Andernfalls wird es schnell zu Verwirrung und Kompetenzrangeleien kommen.

Es kommt aber noch ein weiterer Aspekt hinzu: Gerade bei der Entwicklung eines komplexen Produkts besteht die Gefahr, bei der Vielzahl von Änderungen an allen möglichen Produktbestandteilen den Überblick zu verlieren. Nehmen wir als Beispiel eines solchen Produkts ein umfangreiches Softwarepaket. Dann hat die Projektleitung in der Regel mit folgenden „Stolpersteinen" zu kämpfen:

- Es ist unklar, warum und von wem die jeweilige Änderung durchgeführt wurde.
- Es ist unklar, ob ein Fehler behoben wurde oder nicht.

- Es ist nicht sicher, welche Version bzw. Konfiguration beim Anwender im Einsatz ist.

Diese Art von Problemen ist nur dadurch zu lösen, dass konsequent „Buch geführt" wird über alle vorgenommenen Änderungen von Produktkomponenten wie auch über die Folgen, die sich daraus für das Zusammenspiel mit anderen Komponenten ergeben. Ein solches konsequentes *Change- und Configuration-Management (CCM)* ist je nach Aufgabenstellung kaum von Hand zu bewältigen. Es empfiehlt sich also der Einsatz entsprechender Software-Tools.

Ziel aller Anstrengungen muss sein, sicherzustellen, dass jederzeit auf vorherige Versionen zurückgegriffen werden kann. Insbesondere sind Referenzkonfigurationen („Baselines") zu gewährleisten, d. h. es gibt in jeder Phase des Entwicklungsprozesses ein abgesichertes und freigegebenes Zwischenergebnis. Weitere Anregungen zu diesen Themen findet man bei Balzert und Thaller[6].

Kontakt zu allen Projektbeteiligten

Seit der Pizza-Eiscreme-Runde (Kap. 31) wissen wir: Ein guter Projektleiter hat stets das Ohr an der Schiene, so dass er früh genug mitbekommt, ob ein Bummelzug oder ein Express vom Auftraggeber auf ihn zurollt.

Für eine möglichst reibungslose Kommunikation zwischen allen Projektbeteiligten sind eine Reihe von Spielregeln zu beachten:

- Noch vor dem Start der Projektabwicklung sollte die Geschäftsleitung des Auftraggebers in einem entsprechenden Schreiben die wichtigsten Informationen zum anstehenden Vorhaben an alle Betroffenen weitergeben:
  - Sinn und Zweck des Projekts
  - Name, Telefonnummer und E-Mail-Adresse des Projektleiters sowie weiterer Ansprechpartner
  - Datum des Projektstarts, Kick-off-Termin
  - geplanter Endtermin
  - mögliche Auswirkungen auf die betrieblichen Abläufe
- In nicht zu großen Zeitabständen sollten Workshops mit dem Beraterkreis (vgl. Kapitel 20) durchgeführt werden.
- Ein Projekt-Glossar sollte erstellt und permanent aktualisiert werden.
- Nicht zu vergessen sind Projektmarketing-Aktivitäten wie etwa eine Info-Messe, ein Tag der offenen Tür oder bei größeren Vorhaben auch eine vierteljährlich erscheinende Projektzeitung.

Zu den Pflichtaufgaben der Projektleitung gehören die monatlichen *Projekt-statusberichte* (ein Muster hierfür finden Sie im Anhang des Buchs).

Der letzte aller Statusberichte ist der Projektabschlussbericht. Dieser aber gehört schon ins nächste Kapitel, mit dem wir auch zum Abschluss unseres Turniers kommen.

39 Das Beste zum Schluss

*Wir haben aber nicht wenig Zeit, wir haben viel
vergeudet. Hinreichend lang ist das Leben und großzügig
bemessen, um Gewaltiges zu vollbringen [...] Überdenke,
wann Du ein klares Ziel vor Augen hattest, wie wenige
Tage so vergingen, wie Du es Dir vorgenommen hattest,
wann Du Dich mit Dir selbst beschäftigt hast, wann Deine
Miene ausgeglichen, Dein Herz unerschüttert war.*

Seneca

Ebenso wichtig wie der gut vorbereitete und klar herausgestellte Start eines
Vorhabens ist ein geregelter und eindeutiger Projektabschluss. Jedes Projekt,
auch ein weniger erfolgreiches, hat es verdient, dass man ihm nicht kurzerhand „den Stecker herauszieht". Ebenso wenig sollte man die Sache im
Sande verlaufen lassen, wobei die Mitarbeiter sich einer nach dem anderen
davonschleichen. Dies gelingt durch

- ► eine letzte Teambesprechung („Manöverkritik"),
- ► das Erstellen eines Projektabschlussberichts und
- ► eine sorgfältige Erfahrungssicherung.

Erfahrungsdatenbank und Projektabschluss

Die Bedeutung des letztgenannten Punkts kann nicht hoch genug eingeschätzt
werden. Eine professionelle Lösung ist der Aufbau und die stetige Pflege einer
Erfahrungsdatenbank, in welcher alle wichtigen Informationen aus bereits abgeschlossenen Projekten eines Unternehmens gesammelt werden.

Das Ziel ist selbstverständlich, dass durch diese Erfahrungsdaten der Start
jedes neuen Projekts erleichtert wird – die gesamte Basisplanung, insbesondere Aufwandsschätzung und Risikoanalyse. Eine solche Datenbank kann ihren
Zweck nur erfüllen, wenn sie gut strukturiert ist, etwa nach Projektarten und
Projekttypen, und wenn sie neben statistischen Werten auch Kennziffern sowie Texte enthält: kurze und authentische Beschreibungen besonderer Randbedingungen und Störfälle; und zwar einschließlich der Art und Weise, wie
man solchen Störfällen begegnet ist, sowie der hierdurch erzielten Ergebnisse.

Natürlich sollen in einer Erfahrungsdatenbank auch die positiven Resultate gesammelt werden. Das können beispielsweise die Kurzberichte über erfolgreich angewendete Strategien sein, über neue Tools oder auch Methoden des Teamtrainings.

Je nach Projektgröße und Art der Aufgabenstellung sind zum Projektabschluss außerdem noch folgende Punkte zu erledigen:

▶ Übergabe des Produkts an den Auftraggeber unter Verwendung eines *Übergabeprotokolls*, welches von beiden Seiten zu unterzeichnen ist
▶ *Nachkalkulation* einschließlich Auflistung und Analyse aller Plan-Ist-Abweichungen
▶ Bei Großprojekten: Auflösung der Projektorganisation.

Wenn all diese Aufgaben bewältigt sind, ist nur noch ein letzter, sehr entscheidender Vorgang im Netzplan abzuarbeiten, der niemals kapazitätskritisch werden sollte (d. h. in diesem Fall: ausreichende Biermengen ordern!). Es geht um die Umsetzung des elften Gebots, durch welches die „Gesetzestafel" aus Kapitel 25 erst vollständig wird:

11. *Wenn du mit deinem Team das Projekt mit Erfolg beendet hast, sollt ihr ein besonders großes Fass aufmachen. Wer die Party versäumt, muss zur Strafe ein Jahr lang in der Linie arbeiten – unter absolutem Projektentzug.*

Das war's, unsere Projekt-Weltmeisterschaft ist gelaufen! Finito, Schlusspfiff. Und ein zusätzlicher Pfiff ist: Sie können, wenn Sie wollen, später jederzeit wieder im Turnierbericht blättern. Ach ja, da fällt mir noch ein ...

Der Kreis schließt sich – mit Shakespeare

Bevor wir uns voneinander verabschieden, will ich Ihnen kurz verraten, was ich, neben einigen anderen Dingen, im Laufe vieler Jahre im Projektgeschäft gewonnen habe: die Erkenntnis, dass Projekte selten wegen technischer, finanzieller oder zwischenmenschlicher Probleme in die Binsen gehen. Der entscheidende Grund ist fast immer ein akuter Mangel an Begeisterung und Durchhaltevermögen. Es fehlt der Spirit! Herzinsuffizienz. Keiner wird es jemals besser in Worte fassen als William Shakespeare: „Der angebornen Farbe der Entschließung wird des Gedankens Blässe angekränkelt."

Zu viele blasse Gedanken. Zu wenig Farbe, zu wenig Innovationskraft – in Wirtschaft und Politik, im Hörsaal und im Fernsehstudio, in Familie, Schule und Kirche. Die Leute reden gern von Projekten, aber die meisten haben nie verstanden, was das wirklich bedeutet: ein Projekt. Manchmal sind mir die Hasen mit Brille lieber als aufgeregte Gänse; erst recht sind sie mir lieber als die abgefeimten Füchse, die alles und jeden im Griff, jedoch kaum etwas begriffen haben. Vor allem eins nicht, denn sie haben es nie erlebt: Ein grandioses Projekt ist wie eine große Liebe, selbst ein Scheitern lässt dich wachsen.

Auf lange Sicht macht es jedenfalls mehr Sinn, dann und wann zu scheitern, als ständig zu kapitulieren. Nur wenn ich immer wieder den Schuss aufs Tor wage, werde ich genügend Treffer erzielen, um das Spiel zu gewinnen. Abgerechnet wird zum Schluss, und die Frage wird nicht lauten: Wie oft hast du es geschafft, eine Blamage zu vermeiden? Sondern: Wie oft hast du getroffen?

Und nicht vergessen: Clever bleiben, Ideen entwickeln, das Überraschende suchen. Nur so werden Sie Ihre Trefferquote erhöhen. Inspiration ist nichts Überirdisches, der Umgang mit ihr lässt sich erlernen, wie jedes Handwerk. Ich denke, heute ist ein guter Tag. Fangen Sie an, machen Sie Ihr Ding. Wenn die Lästermäuler und Neidhammel, die Drückeberger und Besserwisser Sie für verrückt halten, sind Sie auf dem richtigen Weg. Geben Sie nicht auf. Einfach weitermachen. Immer weiter, solange es Dinge gibt, die das Projektherz höher schlagen lassen.

Nachwort

Liebe Leserin, lieber Leser,

wir Menschen wissen nicht, ob unsere Gattung am Ende dieses Jahrhunderts noch existieren wird. Wohlgemerkt: wir Menschen. Nicht: wir Leguane, wir Mikroben oder Gesteinsformationen. Letztere wird es nach der Episode Homo sapiens wohl noch einige Millionen Jährchen auf diesem Planeten geben.

In dem Buch „Our Final Century?" mit dem deutschen Untertitel "Warum die moderne Naturwissenschaft das Überleben der Menschheit bedroht" entwirft der Mathematiker Martin Rees[1] ein Szenario, in welchem die Menschen die Kontrolle über die von ihnen geschaffene Technik verlieren. Es geht unter anderem um „selbstreplizierende Mikroroboter, die eigentlich die Atmosphäre von Smog reinigen sollen, aber am Ende die ganze Biosphäre verschlingen."[2]

Ich muss gestehen, dass Gedankenspiele dieser Art mich nicht ganz kalt lassen. Das liegt unter anderem wohl daran, dass ich als junger Mensch ebenfalls Mathematik und Naturwissenschaften studiert habe und seit dieser Zeit über viele Jahre hinweg an der Entwicklung diverser elektronischer Systeme beteiligt war. Somit habe ich, auch wenn es mir nicht immer passt, eine leise Ahnung davon, was möglich ist.

Sehen wir es so: Die Menschheit hat jede Menge Optionen, sich selbst zugrunde zu richten, ob nun mit oder ohne Hilfe von Mikrorobotern. Zweitens: Jedes Individuum, jeder Einzelne von uns muss irgendwann sterben, womöglich schon morgen Abend – unabhängig davon, ob es die Gattung Mensch noch dreißigtausend oder nur noch dreißig Jahre geben wird. Die Frage ist: Welche Schlüsse ziehen Sie und ich daraus? Was tun?

Angenommen, es wird eines Tages hochintelligente Lebewesen geben, die sich über die Entstehung, die Entwicklung und den Untergang der Gattung Mensch auf dem Planeten Erde Gedanken machen werden, so wie wir uns jetzt über Saurier unterhalten. Dann werden diese „Schlaumeier" sich wahrscheinlich sehr genau damit auseinandersetzen, was wir in der uns zur Verfügung gestellten Zeit auf die Beine gestellt haben – und was nicht. Sie werden beispielsweise die Architektur der Cheopspyramide analysieren, die Struktur einer Bach-Fuge oder eines Sonetts von Shakespeare. Vermutlich werden sie nicht Notiz davon nehmen, ob Ihr Schwager mehr Knete hatte als Sie beziehungsweise wie viel Paar Schuhe Sie im Schrank hatten.

Ich meine, wir sollten daran arbeiten und dafür kämpfen, dass wir uns nicht selbst zugrunde richten. Wir können uns auf sozialem oder politischem Gebiet engagieren, eine Fremdsprache erlernen, ein Haus bauen, einen Garten anlegen, Kinder darin aufwachsen lassen – oder ein Gedicht, einen Song, ein Drehbuch schreiben.

Das vorliegende Buch ist auf folgende Weise zustande gekommen: Zunächst war da die Idee, meinen Erstling „Intelligentes Projektmanagement" als Taschenbuch herauszubringen. Dann der Gedanke, ich sollte einiges ändern – am Inhalt, am Aufbau ... am Ende ist ein komplett neues Buch daraus geworden.

Im Frühjahr 2010
Bernhard M. Scheurer

Dank

Dieses Buchprojekt wäre nicht zu realisieren gewesen ohne Cornelia Busse, meine Kameradin und Ehefrau. Sie war stets an meiner Seite, wenn ich mit Zweifeln und Zweiflern zu kämpfen hatte oder auf der Suche nach einer Lösung für ein schwieriges Problem war. Und sie hielt mir, wenn die Arbeit sich türmte und die Zeit knapp wurde, den Rücken frei. Ihre beachtliche Fähigkeit, in brenzligen Situationen den Ball flach zu halten, fasziniert mich stets aufs Neue. Ebenso bin ich meiner Tochter Hedwig zu großem Dank verpflichtet. Sie ist in einem entscheidenden Zeitabschnitt in die Bresche gesprungen und hat viele wertvolle Beiträge geliefert. Insbesondere hat sie die Umschlaggestaltung des Buchs ausgeführt.

Viele Frauen und Männer in meinem Umfeld haben durch ihr Interesse, ihre Kritik und durch tatkräftige Unterstützung den Prozess von der Idee bis zur Druckreife des Buchs mitgeprägt – Leserinnen und Leser meines ersten Buchs, Freunde und Kollegen sowie die Teilnehmerinnen und Teilnehmer meiner Kurse, die mir oft wertvolle Anregungen gegeben haben. Denen, die mir hart entgegengetreten sind, gilt mein besonderer Dank. Sie haben mich ein gutes Stück weitergebracht.

Als stets geduldig und kooperativ habe ich in den letzten Monaten meinen Verleger Joachim Herbst erlebt. Sehr gefreut hat mich, dass er meiner Bitte entsprochen hat, mit spitzem Bleistift zu kalkulieren, so dass dieses neue Buch auch für junge Leute absolut erschwinglich geworden ist.

Erstklassige Wegbegleiter waren für mich auch Walter Bosshard und Kurt-Ulrich Witt, die immer wieder einen großen Teil ihrer knapp bemessenen Zeit für „Projektherz" abgezweigt haben, um Texte zu prüfen und zu hinterfragen. Sie haben mir nicht nur durch ihre Fachkompetenz geholfen, sondern mehr noch durch ihren Humor, ihre Gelassenheit, ihre Freundschaft.

Im Vorfeld, speziell bei den fachlichen Recherchen und Begriffsdefinitionen, waren Paul Gerlach und Christoph Jahnz meine wichtigsten Verbündeten. Noch einige andere waren in dieser frühen Phase an meiner Seite, vor allem Carola Neuberger, Barbara und Hans-Joachim Reichenbach, Thomas Gerlach und meine Kölner Jugendfreunde Karl-Josef Jacquemain, Albert Statz und Wolfgang Schmitz.

Bijan Booth danke ich herzlich für seine grafischen Beiträge, speziell für den Hasen, die Gans und den Fuchs, denn die Darstellung der Projektarchetypen hat zweifellos einen hohen Stellenwert im vorliegenden Buch.

Axel Cromberg danke ich für seine unermüdliche Arbeit an den Projektherz- und Projektintelligenz-Websites, seine Gemütsruhe auch bei der x-plus-ersten Änderung eines Details war schlicht außergewöhnlich.

Ähnlich heldenhafte Nehmerqualitäten hat in der Schlussphase Rudolf Gier-Seibert gezeigt, als es um den Feinschliff ging: Typografie, Satz und Design. Für einen Autor ist es immer interessant zu sehen, wie ein Text durch das richtige Schriftbild seine optimale Aussagekraft erhält. Ganz nebenbei haben Rudolf und ich bewiesen, dass Westfalen und Rheinländer als Team unschlagbar sind.

Bei der abschließenden Überprüfung des Texts waren Frauke Göttsche, Sebastian Werner und ganz besonders Franziska Gruhser im Einsatz. Sie alle haben nicht nur Fehler und Unebenheiten aufgespürt, sondern wichtige stilistische Verbesserungen bewirkt.

Anhang: Formblätter, Muster

Als Quellen für die hier vorgelegten Formblätter und Muster dienten:
Burghardt, Jossé, Klose, Litke, Mehrmann/Wirtz und Unilog, Sem. 2113
(vgl. Literatur).

Informationsmatrix (Beispiel)

Projekt: SAMBA				Projekt-Nr.: 03 - 4812
Anlass	**Frequenz**	**Form**	**Sender**	**Empfänger**
Teambesprechung (Jour fixe)	wöchentlich	Protokoll	Protokoll-führer	Team-mitglieder
Arbeitsauftrag	pro Arbeitspaket	Formblatt	PL	Bearbeiter
Rückmeldung	wöchentlich	Formblatt	Bearbeiter	PL
Review	Phasenende und nach Bedarf	Protokoll	Protokoll-führer	LA, PL
Projektstatusbericht	monatlich	Formblatt	PL	LA
Zwischenbericht	Phasenende, Teilprojektende	Bericht	PL	LA
Abschlussbericht	Projektende	Bericht	PL	LA
Lenkungsausschuss-sitzung	Phasenende und alle zwei Monate	Protokoll	Protokoll-führer	LA, PL
PL = Projektleiter, LA = Lenkungsausschuss				

Arbeitsauftrag

Projekt:	SAMBA	**Projekt-Nr.:** 03 - 4812
Phase:	Entwurf	
Teilprojekt:	SAMBA-DB	
Vorgang Nr.:	17	
Arbeitspaket:	Design Kunden-Datenbank	

Bearbeiter: Harald Müller

Aufgaben:
1. _____
2. _____
3. _____
4. _____
5. _____

Geplanter Umfang: _____
(Anzahl Seiten etc.) _____

Vorgehensweise: _____
(Tools, Konventionen) _____

Schnittstellen: _____
(Ansprechpartner) _____

Besonderheiten: _____
_____

Geplanter Aufwand: ___ Tage **Start:** _____ **Ende:** _____

Unterschriften:

_____   _____
Datum, Bearbeiter   Datum, Projektleiter

Projektleiter - Stellenbeschreibung

Projekt: SAMBA   **Projekt-Nr.:** 03 - 4812

Projektkurzbeschreibung: Entwicklung eines Systems zur
                                 Aggregation managementbezogener
                                 Auslandsdaten

Projektleiter: Margrit Schumacher

berichtet an: SAMBA-Lenkungsausschuss

Unterstellte Projektmitarbeiter (Name, Vorname, Funktion):

disziplinarisch unterstellt: *fachlich zugeordnet (Projekttage):*

1. Müller, Harald, DB-Designer   4. Abels, Iris, Organisator (Mo,Di,Fr)
2. Schorn, Rita, Programmierer   5. Gerling, Tom, Organisator (Mo-Do)
3. Schuster, Timo, Netzwerk-Spez.

Stelleninhaber vertritt: Leiter des Projekts 03 - 4815

Stelleninhaber wird vertreten von: Timo Schuster

Verantwortung:
Der Stelleninhaber ist verantwortlich für das termingerechte Erreichen der
Projektziele gemäß SAMBA-Basisplan, und zwar im Rahmen des dort
vorgegebenen Projektbudgets sowie entsprechend der vom Auftraggeber
im SAMBA-Anforderungskatalog beschriebenen Qualitätsmerkmale.

Befugnisse:
Projektbezogener Hard- und Software-Einkauf bis max. EUR 40.000,-

Aufgaben:
- Terminplanung und –überwachung
- Ressourcenplanung und –steuerung
- ...

Unterschriften:

_____   _____
Datum, Vorsitzender des Lenkungsausschusses   Datum, Projektleiter

Projektstammblatt	Stand: TT.MM.JJJJ

Projekt: SAMBA **Angebots-/Projekt-Nr.:** 03 – 4812

Projektkurzbeschreibung: Entwicklung eines Systems zur Aggregation managementbezogener Auslandsdaten

Projektleiter: Margrit Schumacher **Stellvertreter:** Timo Schuster

Projektmitarbeiter:

_____
_____
_____

Kaufm. Bearbeiter: _____

Auftraggeber

Name, Anschrift: *Ansprechpartner:*

_____   1. _____
_____   2. _____
_____

Honorar
Gesamthonorar: _____
Zahlungsplan: _____
Besonderheiten: _____
               (Pönale etc.)

Termine
Start: _____ Ende: _____
Meilensteine: _____

Partner
Kooperation: _____
Unterauftrag: _____

Unterschriften:

_____   _____

Projektstatusbericht	Stand: TT.MM.JJJJ

Projekt: SAMBA   **Projekt-Nr.:** 03 – 4812

Projektkurzbeschreibung: Entwicklung eines Systems zur
Aggregation managementbezogener
Auslandsdaten

Projektleiter: Margrit Schumacher **Stellvertreter:** Timo Schuster

Anlass des Statusberichts:

☐ Standard ☐ _____

Status

  Qualität/Leistungsumfang: _____

  Budget: _____

  Termine: _____

Probleme: ☐ keine ☐ geringe ☐ große

Im Fall großer Probleme:

Ursachen: _____

Lösungsvorschlag: _____

Entscheidungsbedarf: _____

Weiteres Vorgehen: _____

    _____

Unterschriften:

_____ _____

Datum, Projektleiter   Datum, Auftraggeber

Rückmeldung

Projekt: SAMBA	**Projekt-Nr.:** 03 - 4812

Phase: Entwurf
Teilprojekt: SAMBA-DB
Vorgang Nr.: 17
Arbeitspaket: Design Kunden-Datenbank

Bearbeiter: Harald Müller

Aufgaben:

1. _____ erledigt (J/N): _____
2. _____ _____
3. _____ _____
4. _____ _____
5. _____ _____

Geplanter Umfang: _____ **Status:** _____
(Anzahl Seiten etc.) _____ _____

Probleme: ☐ keine   ☐ geringe   ☐ große

Im Fall großer Probleme:

Ursachen: _____

Lösungsvorschlag: _____

Geplanter Aufwand: ___ Tage   **Start:** _____   **Ende:** _____

Aufwand bisher: ___ Tage   **voraussichtl. Ende:** _____

Unterschriften:

_____   _____
Datum, Bearbeiter   Datum, Projektleiter

Anmerkungen

QUALIFIKATIONSRUNDE
Projekt – Intelligenz – Projektintelligenz

1 Franz von Assisi (1181-1226), der Gründer des Franziskanerordens, wird in der katholischen Kirche als Heiliger Franziskus verehrt. Er führte ein außergewöhnliches Leben und wird beispielsweise von Manfred Lütz als Beispiel für einen Menschen aufgeführt, der sich nicht an die üblichen Normen hält und von seinen Mitmenschen für wahnsinnig gehalten wird. Siehe Lütz (2009)

2 Gerade in den letzten Jahren sind zahlreiche Bücher zum Thema Glück erschienen. Sie zeichnen sich entweder, wie z. B. Hirschhausen (2009), durch ihren lockeren Stil und ihren Witz aus oder aber durch ihre wissenschaftliche bzw. philosophische Tiefenschärfe, so etwa Klein (2007) und Precht (2007). Von Projekten ist in ihnen allerdings selten die Rede.

3 Siehe Goleman (1998)

4 Siehe Hofstadter (1985)

5 Aus http://www.wissen-gesundheit.de/weather. asp?wdid=2046&wpid=7043&sid=0, 18.12.2008

6 Aus Goleman (1998)

7 Descartes (latinisiert: Renatus Cartesius, 1596-1650) wurde vor allem durch seinen Ausspruch „cogito ergo sum" („ich denke, also bin ich") bekannt. Seine streng rationalistische Art zu denken wird auch als Cartesianismus bezeichnet. Descartes war nicht nur Philosoph, sondern ebenso Mathematiker und Naturwissenschaftler. Das nach ihm benannte „kartesische Koordinatensystem" wurde jedoch vermutlich nicht von ihm selbst erfunden.

8 Siehe Capra/Steindl-Rast (1991)

9 Siehe Wagner (2010)

10 Aus Goleman (1998); dort wird zitiert aus: Salovey, P. & Mayer, J. D.: Emotional Intelligence. Imagination, Cognition, and Personality, 9, 185-211

11 Goleman (1998)

12 Aus http://de.wikipedia.org/wiki/Emotionale_Intelligenz, 29.12.2008

13 Ebenda

TRAININGSLAGER
Grundbegriffe der Organisation und des Managements

1 Duden Fremdwörterbuch (1966)
2 Aus Steinbuch (1998)
3 Siehe Maturana/Varela (1991)
4 Brockhaus (1997)
5 Duden Rechtschreibung (1996)
6 Wahrig (1986)
7 Webster's (1981)
8 Brockhaus (1997)
9 Hammer/Champy (1995)
10 Kellner (2001)
11 Drucker (2000)
12 Malik (2001)
13 Webster's (1981)
14 Wahrig (1986)
15 Webster's (1981)

TURNIER-VORRUNDE
Das traditionelle Projektmanagement

1 Aus Burke (1999)
2 Nach Litke (1995)
3 Angelehnt an Burghardt (1988)
4 Aus Jossé (2000)
5 Aus Mehrmann/Wirtz (1999)
6 Vgl. Jossé (2000)
7 Aus Litke (1995)
8 Vgl. Balzert (1998)
9 Aus Höffe (1981), Bd. 1
10 Aus http://de.wikipedia.org/wiki/Francis_Bacon, 23.5.2010
11 Vgl. Burke (1999)
12 Vgl. Litke (1995) und Jossé (2000)
13 Vgl. Boehm (1988) und Balzert (1998)
14 Siehe Balzert (1998)
15 Dröschel (1998)
16 Siehe Versteegen (2000)
17 Siehe Burghardt (1988) und Burke (1999)

18   Goldratt (1997)
19   Burghardt (1988)
20   Vgl. Burghardt (1988) und Litke (1995)
21   Siehe Führer/Züger (2005)

VIERTELFINALE
Der Projektmensch

1   Zitiert in: Der Spiegel, 22.12.2001: „Die unverschleierte Würde des Westens"
2   Aus Watzlawick (1984)
3   Aus Sogyal Rinpoche (1995)
4   Ein komplettes und großartiges Buch zum Thema Trennung hat Judith Viorst geschrieben. Siehe Viorst (1988)
5   Siehe Taleb (2007)
6   Aus Scott (1993)
7   Ebenda
8   Schwartz (1983)
9   Aus Sogyal Rinpoche (1995)
10   Gefunden in: Computerwoche, Sonderbeilage „Content-Management", Sept. 2001
11   Siehe Malik (2001)
12   Siehe Sprenger (1995)
13   Aus Seiwert (1987)
14   Aus DeMello (2010)
15   Siehe Seiwert (1987)
16   Siehe Ende (1982)

HALBFINALE
Das Projektteam

1   Aus DeMarco/Lister (1987)
2   Vgl. Jossé (2000) und Litke (1995)
3   Siehe Burke (1999)
4   Vgl. Litke (1995)
5   Siehe Scott (1993)
6   Siehe Tumuscheit (2001)
7   Siehe Duden Rechtschreibung (1996)

8   Siehe Francis/Young (1992)
9   Ebenda
10 Vgl. Lay (1998)
11 Vgl. Lay (1998) sowie bzgl. der Habermas-Formulierung Brockhaus (1997)
12 Aus: Der Spiegel, Nr. 50, 10.12.2001: „Mangelhaft. Setzen."
13 Siehe Bonner/Weiss (2008)
14 Siehe Litke (1995)
15 Ebenda
16 Siehe Belbin (1991) und Litke (1995)
17 Siehe Katzenbach/Smith (1993)
18 Siehe DeMarco/Lister (1987)
19 Ebenda

ENDSPIEL
Projektbudgets und Projektrisiken

1   Siehe z. B. Burghardt (1988) und Litke (1995)
2   Aus Burghardt (1988), insbesondere die zugehörigen Diagramme
3   Siehe Burghardt (1988), Burke (1999), Litke (1995)
4   Aus Schäfer (1998)
5   Aus Burghardt (1988)

OBEN BLEIBEN
Qualitätssicherung und Controlling im Projekt

1   Aus Harenberg (2000)
2   Siehe Thaller (2000)
3   Aus DaimlerChrysler (1998)
4   Gemäß DIN EN ISO 8402
5   Vgl. Unilog Integrata, Sem. 2141 und Sem. 2113
6   Siehe Balzert (1998), Thaller (2000)

Nachwort
1   Zitiert in Sennett (2008)
2   Ebenda

Literatur

Balzert, Helmut: *Lehrbuch der Software-Technik: Software-Management, Software-Qualitätssicherung, Unternehmensmodellierung*, Spektrum, Akad. Verl., Heidelberg/Berlin 1998

Belbin, M. R.: *Management Teams – Why they succeed or fail*, Oxford 1991

Black, Roger: *Getting Things Done*, London 1988

Boehm, Barry: *A Spiral Model of Software Development and Enhancement*, in: IEEE Computer, May 1988, pp. 61-72

Bonner, Stefan und Weiss, Anne: *Generation Doof: Wie blöd sind wir eigentlich?*, Bastei Lübbe, 2008

Brockhaus: *Der Brockhaus in 15 Bänden*, Brockhaus, Leipzig/Mannheim 1997

Burghardt, Manfred: *Projektmanagement – Leitfaden für die Planung, Überwachung und Steuerung von Entwicklungsprojekten*, Siemens AG, Berlin/München 1988

Burke, Rory: *Project Management:- Planning & Control Techniques*, Wiley, Chichester/New York 1999

Capra, Fritjof und Steindl-Rast, David: *Wendezeit im Christentum*, Scherz, Bern/München/Wien 1991

Carnegie, Dale: *Sorge dich nicht – lebe!*, Scherz, Bern/München/Wien 1986

Crainer, Stuart: *Managementtheorien, die die Welt verändert haben*, Falken, Niedernhausen, 1999

DaimlerChrysler: *Handbuch zum IV-Qualitätsmanagement (IV-QM-Handbuch)*, Version 1.0, DaimlerChrysler AG, Stuttgart 1998

DeMarco, Tom und Lister, Timothy: *Wien wartet auf dich!*, Hanser, München/Wien 1987

DeMarco, Tom: *Der Termin: ein Roman über Projektmanagement*, Hanser, München/Wien 1998

DeMarco, Tom: *Spielräume – Projektmanagement jenseits von Burn-out, Stress und Effizienzwahn*, Hanser, München/Wien 2001

DeMello, Anthony: *Zeiten des Glücks: Geschichten für Herz und Seele*, Herder, Freiburg 2010

Dröschel, Wolfgang u. a. (Hrsg.): *Inkrementelle und objektorientierte Vorge-hensweisen mit dem V-Modell 97*, Oldenbourg, München/Wien 1998

Drucker, Peter F.: *Die Kunst des Managements*, Econ, München 2000

Duden Fremdwörterbuch, Der Große Duden – Band 5, Bibliogr. Institut, Mannheim/Zürich 1966

Duden Rechtschreibung der deutschen Sprache, 21. Auflage, Bibliogr. Institut & F. A. Brockhaus, Mannheim 1996

Durant, Will: *Das Vermächtnis des Ostens*, Francke, Bern 1956

Encyclopaedia Britannica: The New E. B. in 30 Volumes, 1982

Ende, Michael: *Momo*, Lizenzausgabe Ex Libris, Zürich 1982

Francis, Dave und Young, Don: *Mehr Erfolg im Team*, Windmühle, Hamburg 1992

Führer, Andreas und Züger, Rita-Maria: *Projektmanagement: Projekte erfolgreich abwickeln*, HERDT-Verlag, Bodenheim 2005

Goldratt, Eliyahu: *Critical Chain*. North River Press, Great Barrington 1997

Goleman, Daniel: *Emotionale Intelligenz*, dtv, München 1998

Hammer, Michael und Champy, James: *Business Reengineering: die Radikal-kur für das Unternehmen*, Campus, Frankfurt/New York 1995

Harenberg Anekdotenlexikon, Harenberg Lexikon Verlag, Dortmund 2000

Hirschhausen, Eckart von: *Glück kommt selten allein ...*, Rowohlt, Reinbek bei Hamburg 2009

Hoerner, R. und Vitinius, K.: *Heiße Luft in neuen Schläuchen – Ein kritischer Führer durch die Managementtheorien*, Eichborn, 1997

Hofstadter, Douglas R.: *Gödel, Escher, Bach: ein endloses geflochtenes Band*, Klett-Cotta, Stuttgart 1985

Höffe, O. (Hrsg.): *Klassiker der Philosophie*, C. H. Beck, München, 1981

Jossé, Germann: *Projektmanagement – aber locker!*, CC-Verlag, Hamburg 2000

Katzenbach, J. R.; Smith, D. K.: *The wisdom of teams, creating the high-per-formance organization*, Boston 1993

Kellner, Hedwig: *Karrieresprung durch Selbstcoaching*, Campus, Frankfurt/Main 2001

Klein, Stefan: *Die Glücksformel*, Rowohlt Taschenbuch Verlag, Reinbek bei Hamburg 2007

Klose, Burkhard: *Projektabwicklung*, Ueberreuter, Wien 1996

Langenscheidts Taschenwörterbuch der griechischen und deutschen Sprache –
Erster Teil: Altgriechisch-Deutsch, Langenscheidt, Berlin/München 2000

Lay, Rupert: Geleitwort in: Sabina Bolender (Hg.), Managementtrainer -
Adressen, Referenzen, Honorare, Campus, 1998

Litke, Hans-D.: Projektmanagement - Methoden, Techniken, Verhaltensweisen,
Hanser, München/Wien 1995

Lütz, Manfred: Irre – Wir behandeln die Falschen: Unser Problem sind die
Normalen – Eine heitere Seelenkunde, Gütersloher Verlagshaus, Gütersloh
2009

Malik, Fredmund: Führen Leisten Leben – Wirksames Management für eine
neue Zeit, Deutsche Verlags-Anstalt, Stuttgart/München 2001

Maturana, H. R. und Varela, F. J.: Der Baum der Erkenntnis, Lizenzausgabe
Goldmann, 1991

Mehrmann, Elisabeth / Wirtz, Thomas: Effizientes Projektmanagement - Erfolgreich Konzepte entwickeln und realisieren, Econ & List, München 1999

Mello, Anthony de: Zeiten des Glücks, Herder, Freiburg/Basel/Wien 1996

Motzel, Erhard / Pannenbäcker, Olaf: Projektmanagement-Kanon: der deutsche Zugang zum Project Management Body of Knowledge, TÜV-Verlag,
Köln 1998

Organisationsplanung, Leitfaden für die innerbetriebliche Durchführung von
Organisationsänderungen, Siemens AG, Berlin/München 1992

Peters, Arno: Synchronoptische Weltgeschichte, Zweitausendeins, Frankfurt/
Main 2000

Precht, Richard David: Wer bin ich – und wenn ja wie viele? Eine
philosophische Reise, Holdmann HC, München 2007

Project Management Institute (PMI): A Guide to the Project Management
Body of Knowledge (PMBOK), 1996

Schäfer, Bodo: Der Weg zur finanziellen Freiheit: in sieben Jahren die erste
Million, Campus, Frankfurt/New York 1998

Schwartz, David J.: Die Wunderwirkung großzügigen Denkens, Lizenzausgabe
Bertelsmann, Gütersloh 1983

Scott, Martin: Zeitgewinn durch Selbstmanagement: Schlankheitskur für Zeit-
fresser, Campus, Frankfurt/New York 1993

Seiwert, Lothar J.: Das 1x1 des Zeitmanagement, Lizenzausgabe Droemersche
Verlagsanstalt Th. Knaur, München 1987

Sennett, Richard: HandWerk, Berlin Verlag, 2008

Sogyal Rinpoche: *Das Tibetische Buch vom Leben und vom Sterben*, Otto Wilhelm Barth, 1995

Sprenger, Reinhard K.: *Das Prinzip Selbstverantwortung: Wege zur Motivation*, Campus, Frankfurt/New York 1995

Steinbuch, Pitter A.: *Prozessorganisation – Business Reengineering – Beispiel R/3*, Friedrich Kiehl, Ludwigshafen (Rhein) 1998

Stowasser, Joseph M.: *Stowasser: lateinisch-deutsches Schulwörterbuch*, R. Oldenbourg, München 1998

Taleb, Nassim Nicholas: *Der schwarze Schwan: Die Macht höchst unwahrscheinlicher Ereignisse*, Hanser Wirtschaft, München 2007

Thaller, Georg Erwin: *ISO 9001: Software-Entwicklung in der Praxis*, Heise, Hannover 2000

Tumuscheit, Klaus D.: *Überleben im Projekt: 10 Projektfallen und wie man sie umschifft*, Orell Füssli, Zürich 2001

Unilog Integrata Training: *Das DV-Projektmanagement*, Seminar 2113, 1.1.089

Unilog Integrata Training: *Qualitätsmanagement und Qualitätssicherung in der Softwareentwicklung*, Seminar 2141, 2.6.070

Versteegen, Gerhard: *Projektmanagement mit dem rational unified process*, Springer, Berlin/Heidelberg 2000

Viorst, Judith: *Mut zur Trennung*, Hoffmann und Campe, Hamburg 1988

Wagner, Wolf: *Tatort Universität: Vom Versagen deutscher Hochschulen und ihrer Rettung*, Klett-Cotta, Stuttgart 2010

Wahrig Deutsches Wörterbuch, Bertelsmann, Gütersloh 1986

Watzlawick, Paul: *Anleitung zum Unglücklichsein*, Piper, München/Zürich 1984

Webster's Third New International Dictionary, Volume I – III, Encyclopaedia Britannica, 1981

Wolf, Notker: *Worauf warten wir? Ketzerische Gedanken zu Deutschland*, Rowohlt Taschenbuch Verlag, Reinbek 2006

Wulffen, Heinz A.: *Liegenschaften professionell verwerten*, Luchterhand, 2001

Register